微積分（第二版）

劉明昌　編著

全華圖書股份有限公司

序言

本書專為國內大專（商管）院校的**學生自修**與**教師授課**所寫。因為作者發現國內現有的中文（含中譯本）教科書普遍都有敘述囉嗦、說明冗長的特徵，導致學生讀起來效率不彰、耗費時間，授課老師教起來也難以切入重點。因此作者思考一學年（或一學期）的微積分有哪些內容是學生不能不學的，有哪些內容是大專（商管）科系都會用到的（經濟學、統計學、財務金融），由這些因素決定了本書的內容。

本書編寫時已本著**「觀功念恩」**之心，以學生學習為主體，敘述簡明扼要，編排循序漸進，期培養學生正確的數學觀念，並為未來專業領域之學習奠定紮實的數理基礎。同時，本書的目標是要讓「學生易讀、教師好教」，因此例題與習題的挑選都從簡單開始，排除技巧性的題目，且說明上展現**親切的文筆描述，詳盡的式子推演，適當的記憶口訣，內容豐富而不累贅**，則出版本書之目標已可達到。此外教師授課時亦可針對書內之章節自行刪增內容（標注 ★ 為選讀章節），以配合時數與科系的特色，增進同學吸收效率。

教學建議

本書第一章為預備知識，教師可斟酌學生背景，規劃 6 至 8 小時先修課程或自學實施。第一學期建議進度為第二章至第四章：極限、微分（期中考）；微分應用（期末考）。第二學期建議進度為第五章至第八章：積分及其應用（期中考）；雙變數微積分（期末考）。

此外，微積分在商管領域之延伸與應用，常為校內外各類考試之重點。因此，同學如能先行瞭解諸如供給需求、邊際分析、需求彈性、剩餘等經濟學與商學專有名詞之定義，將有助於 4-7 節、4-8 節、5-5 節、7-3 節及 8-6 節等單元之理解與學習。

輔助教材

本書另有提供教師輔助教材光碟，作為教學參考之用。

1. **教學 PPT**：提供詳盡而實用的教學 PPT，包含各章的重點摘要與重要公式、圖表，以供授課老師教學上使用，增進教學內容的豐富性與多元性，並使學生更能掌握學習重點。此外，本教學 PPT 可做修改，老師可依不同的教學需求自行編排其內容。
2. **習題詳解**：提供各章習題的詳細解答 WORD 檔，方便老師教學上參考。
3. **例題與習題**：提供各章的例題與習題 PDF 檔，方便老師課後出題時參考。

作者謹誌

2022 年 6 月

本書特色

◆重點學習，毫不累贅

本書只教學生不可不學的重點，內容敘述簡明扼要，文筆親切口語化並搭配豐富圖片，讓學生能夠輕鬆有效學習。

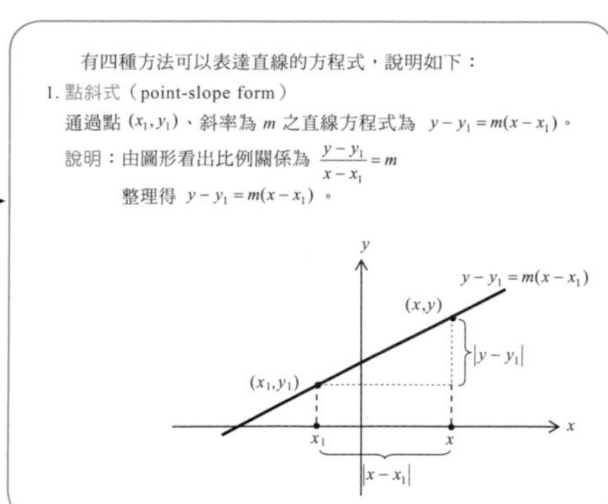

有四種方法可以表達直線的方程式，說明如下：

1. 點斜式（point-slope form）

通過點 (x_1, y_1)、斜率為 m 之直線方程式為 $y-y_1=m(x-x_1)$。

說明：由圖形看出比例關係為 $\frac{y-y_1}{x-x_1}=m$

整理得 $y-y_1=m(x-x_1)$。

例題 4

若 $f(x)=\begin{cases} x^2+10, & x\ge 2 \\ 4x+6, & x<2 \end{cases}$，則 $f'(2)=$ ？

解

(1) 先測試「連續」：$\lim\limits_{x\to 2^+} f(x)=\lim\limits_{x\to 2^+}(x^2+10)=14$

$\lim\limits_{x\to 2^-} f(x)=\lim\limits_{x\to 2^-}(4x+6)=14$

即 $f(x)$ 在 $x=2$ 已經連續。

若題目只問微分值，通常 $f(x)$ 已經是連續。

(2) 再測試「可微」：$\lim\limits_{x\to 2^+}\frac{f(x)-f(2)}{x-2}=\lim\limits_{x\to 2^+}\frac{x^2+10-14}{x-2}=\lim\limits_{x\to 2^+}\frac{x^2-4}{x-2}$

$=\lim\limits_{x\to 2^+}\frac{(x+2)(x-2)}{x-2}=4$

$\lim\limits_{x\to 2^-}\frac{f(x)-f(2)}{x-2}=\lim\limits_{x\to 2^-}\frac{4x+6-14}{x-2}=\lim\limits_{x\to 2^-}\frac{4(x-2)}{x-2}=4$

得 $f'(2)=4$。 ■

◆題型多樣，推演詳盡

例題與習題的題型多樣且豐富，排除技巧性的艱難題目，均由簡單基礎題學起，且式子推演詳盡，讓學生能夠確實掌握微積分的計算。

◆觀念釐清，口訣易記

在重要觀念與易混淆之內容，特別穿插「觀念說明」，以釐清觀念讓學習不打結。另外，適時搭配有趣易記的口訣，讓學生更易理解與記憶，學習成效加倍。

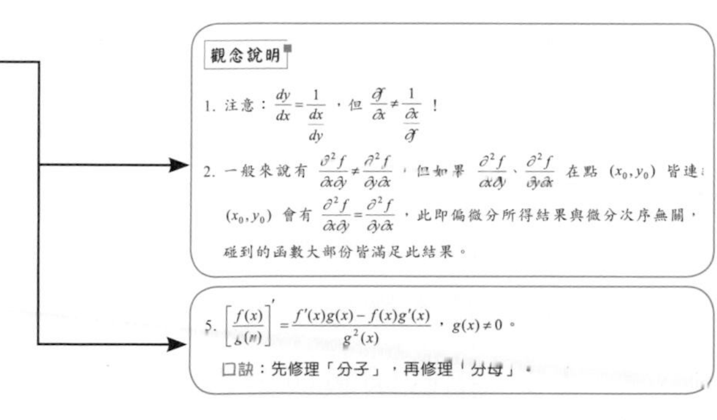

觀念說明

1. 注意：$\frac{dy}{dx}=\frac{1}{\frac{dx}{dy}}$，但 $\frac{\partial f}{\partial x}\neq\frac{1}{\frac{\partial x}{\partial f}}$！

2. 一般來說有 $\frac{\partial^2 f}{\partial x\partial y}\neq\frac{\partial^2 f}{\partial y\partial x}$，但如果 $\frac{\partial^2 f}{\partial x\partial y}$、$\frac{\partial^2 f}{\partial y\partial x}$ 在點 (x_0,y_0) 皆連續，(x_0,y_0) 會有 $\frac{\partial^2 f}{\partial x\partial y}=\frac{\partial^2 f}{\partial y\partial x}$，此即偏微分所得結果與微分次序無關，碰到的函數大部份皆滿足此結果。

5. $\left[\frac{f(x)}{g(x)}\right]'=\frac{f'(x)g(x)-f(x)g'(x)}{g^2(x)}$，$g(x)\neq 0$。

口訣：先修理「分子」，再修理「分母」。

1-5 商學之應用

成本與損益分析

若以 x 表示生產某物品（或銷售某物品）之數目，p 表示每單位

則在商學上常用到的函數說明如下：

1. 成本函數（cost function）$C(x)$：表示生產 x 單位物品之總成本（

$C(x)$ 經常表示為：

$C(x)=$ 固定成本 +（平均變動成本）$\times x$

◆商管領域延伸與應用

本書特別編寫微積分在商管領域之延伸與應用，以期為商管科學生在未來專業領域中紮下穩固的數理基礎。

目錄

1 函數與圖形

本章大綱：

學習目標：

1. 瞭解直角坐標的意義
2. 瞭解直線、圓、圓錐曲線的數學式
3. 熟悉不等式的計算
4. 瞭解合成函數、一對一函數的定義
5. 瞭解多項式、有理式、指數與對數

微積分的內容主要包含二部份：微分、積分。若以變數數目來區分，同學在學完單變數的微積分內容後，須再學習多變數的微積分，即可大功告成。

為了讓就讀科技大學的學生能順利接續大一的基礎數學或微積分課程，本章將對高職數學進行有效率的複習，以鋪好學習的橋樑！

1-1 直角坐標

直角坐標

我們在平面上畫二條垂直相交之直線，水平的直線稱為 x 軸，垂直的直線稱為 y 軸，並規定單位長度（unit of length），由 x 軸、y 軸與單位長度組成卡氏坐標系統（Cartesian Coordinate System），亦稱為直角坐標系統（rectangular coordinate system）。

直角坐標系統亦可稱為直角坐標平面。若 P 是平面上的一個點，以 (x, y) 表示 P 點的坐標（coordinate），則每一個點皆對應到一個坐標，且 x 值表示此點到 y 軸的有向距離（在 y 軸右邊，$x > 0$；在 y 軸左邊，$x < 0$；在 y 軸上，$x = 0$）；y 值表示此點到 x 軸之有向距離（在 x 軸上方，$y > 0$；在 x 軸下方，$y < 0$；在 x 軸上，$y = 0$）。

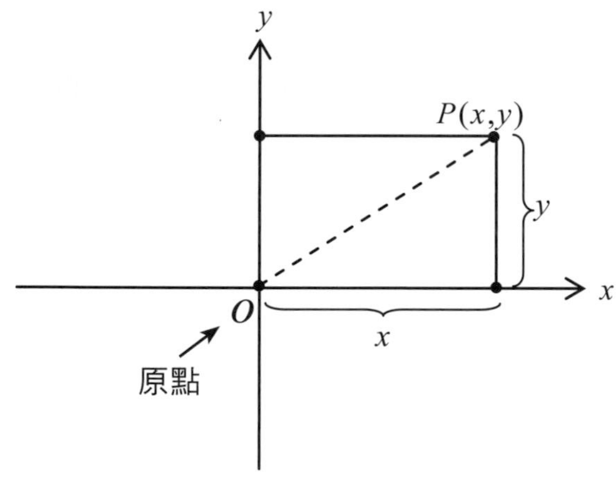

x 軸與 y 軸的交點稱為原點（origin），常以 O 表示，且將坐標平面分成四部份，稱為象限（quadrant），分別稱為第一象限、第二象限、第三象限、第四象限，在各象限內坐標的正負如下圖所示：

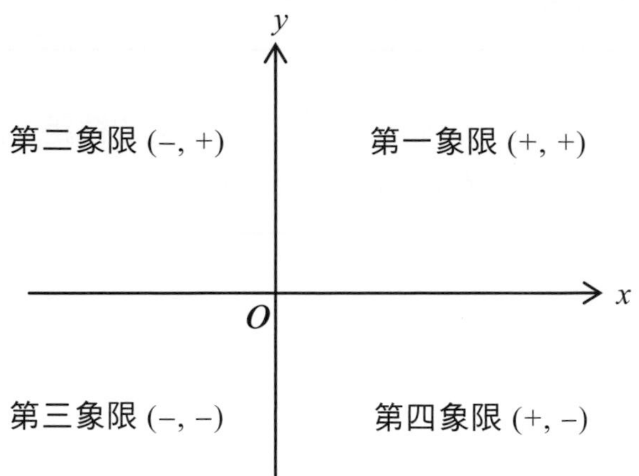

定理　二點之距離

點 (x_1, y_1) 與點 (x_2, y_2) 的距離是 $d=\sqrt{(x_1-x_2)^2+(y_1-y_2)^2}$ 。

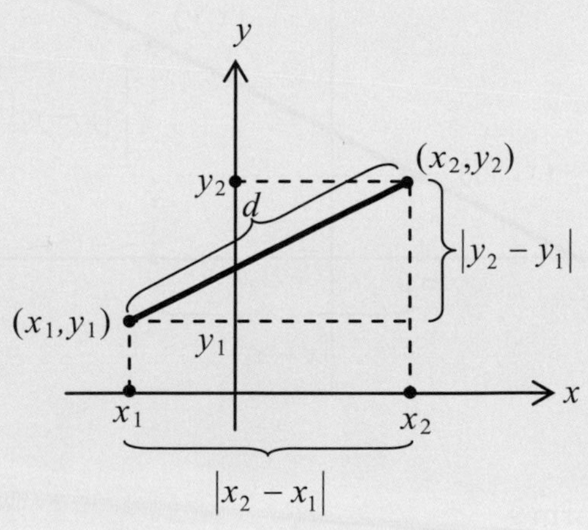

直線

直線方程式的通式為　$Ax+By+C=0$

其中　A、B、C 為常數，且 A、B 不可同時為 0。

定義

直線的斜率

相異二點 (x_1, y_1)、(x_2, y_2) 可以決定一條直線，此直線的斜率 m 為 $m=\dfrac{y_2-y_1}{x_2-x_1}$ 。

定義

直線的截距

直線與 x 軸相交於點 $(a,0)$，則 a 稱為此直線在 x 軸上的截距。同理，直線與 y 軸相交於點 $(0,b)$，則 b 稱為此直線在 y 軸上的截距。

有四種方法可以表達直線的方程式，說明如下：

1. 點斜式（point-slope form）

   通過點 (x_1,y_1)、斜率為 m 之直線方程式為 $y-y_1=m(x-x_1)$。

   說明：由圖形看出比例關係為 $\dfrac{y-y_1}{x-x_1}=m$

   整理得 $y-y_1=m(x-x_1)$ 。

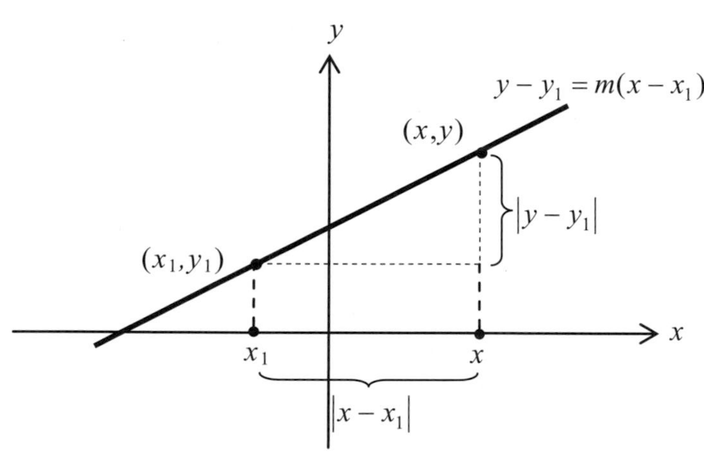

2. 二點式（two-point form）

   通過二點 (x_1,y_1)、(x_2,y_2) 之直線方程式為 $\dfrac{y-y_1}{y_2-y_1}=\dfrac{x-x_1}{x_2-x_1}$ 。

   說明：由圖形看出比例關係為 $\dfrac{y-y_1}{x-x_1}=\dfrac{y_2-y_1}{x_2-x_1}$

   整理得 $\dfrac{y-y_1}{y_2-y_1}=\dfrac{x-x_1}{x_2-x_1}$ 。

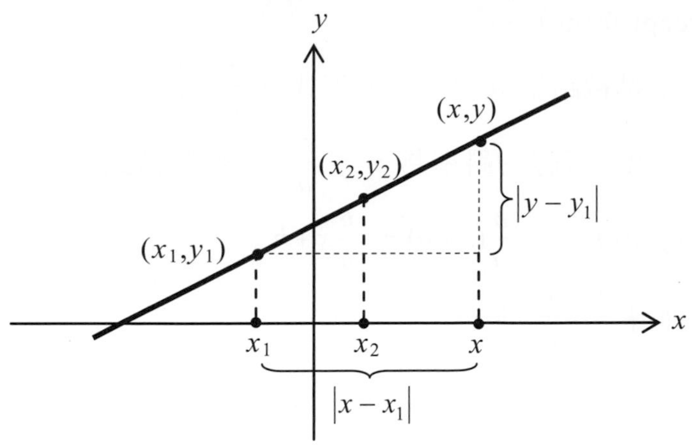

3. 斜截式（slope-intercept form）

y 軸截距為 b、斜率為 m 之直線方程式為 $y=mx+b$ 。

說明：由圖形看出 $\dfrac{y-y_1}{x-x_1}=\dfrac{y_2-y_1}{x_2-x_1}=m$

移項得 $y-y_1=m(x-x_1)$

即 $y=mx+y_1-mx_1$

令 $b=y_1-mx_1$，為 y 軸截距，得通式 $y=mx+b$ 。

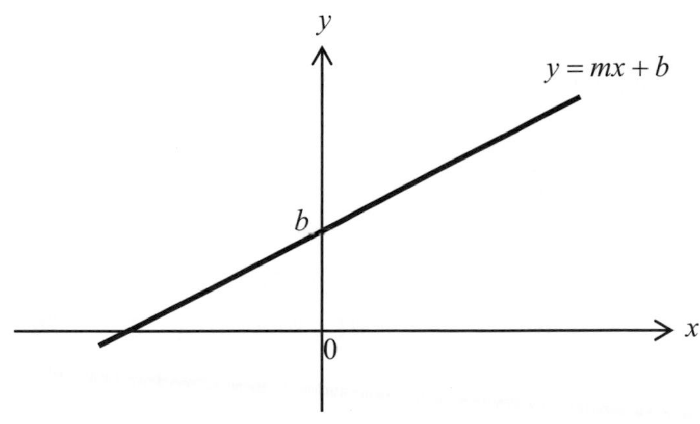

4. 截距式（intercept form）

x 軸截距為 a、y 軸截距為 b 之直線方程式為 $\frac{x}{a}+\frac{y}{b}=1$ 。

說明：由圖形看出此直線的斜率為 $m=-\frac{b}{a}$，x 軸的截距為 a

代入斜截式得 $y=-\frac{b}{a}(x-a)=-\frac{b}{a}x+b$

移項整理得 $\frac{x}{a}+\frac{y}{b}=1$ 。

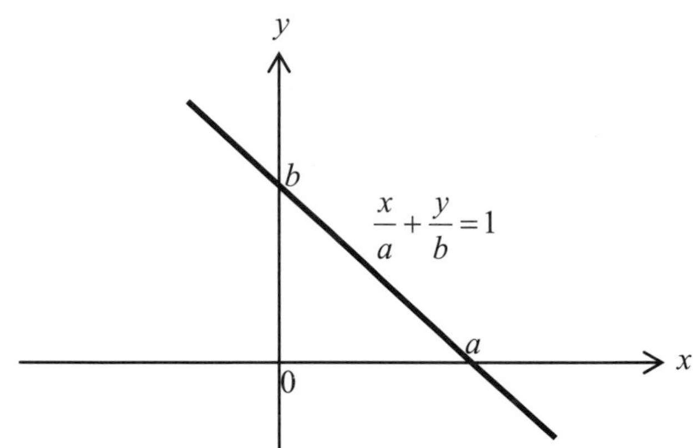

例題 1

求直線 $x-3y=6$ 的斜率與 x 軸截距、y 軸截距？

解　將 $x-3y=6$ 化為 $y=\frac{1}{3}x-2$ ，故斜率為 $\frac{1}{3}$

將 $y=0$ 代入 $x-3y=6$ 得 $x=6$，故 x 軸截距為 6

將 $x=0$ 代入 $x-3y=6$ 得 $y=-2$，故 y 軸截距為 -2。 ■

牛刀小試

求直線 $x-4y=8$ 的斜率與 x 軸截距、y 軸截距？

答：將 $x-4y=8$ 化為 $y=\frac{1}{4}x-2$ ，故斜率為 $\frac{1}{4}$

將 $y=0$ 代入 $x-4y=8$ 得 $x=8$，故 x 軸截距為 8

將 $x=0$ 代入 $x-4y=8$ 得 $y=-2$，故 y 軸截距為 -2。

圓

以 (a,b) 為圓心、半徑為 r 之圓方程式為 $(x-a)^2+(y-b)^2=r^2$ 。

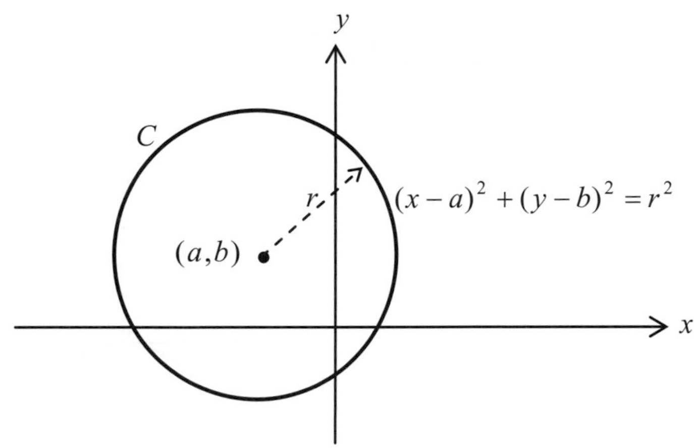

因此圓方程式的通式為 $x^2+y^2+Ax+By+C=0$ 。

直線與圓之關係

直線與圓的交點有以下三種情形：

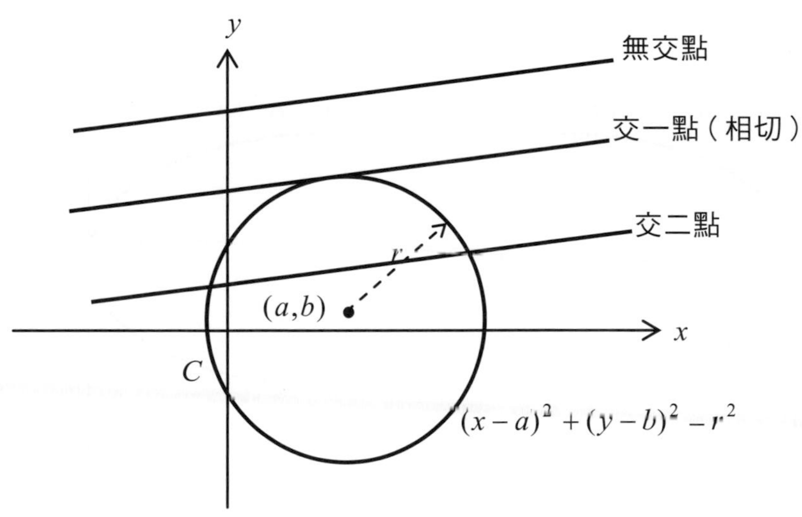

圓錐曲線

圓錐曲線（conics）的方程式有三類，說明如下：

1. 拋物線（parabolas）

開口朝上、下的拋物線通式為 $y = ax^2 + bx + c$

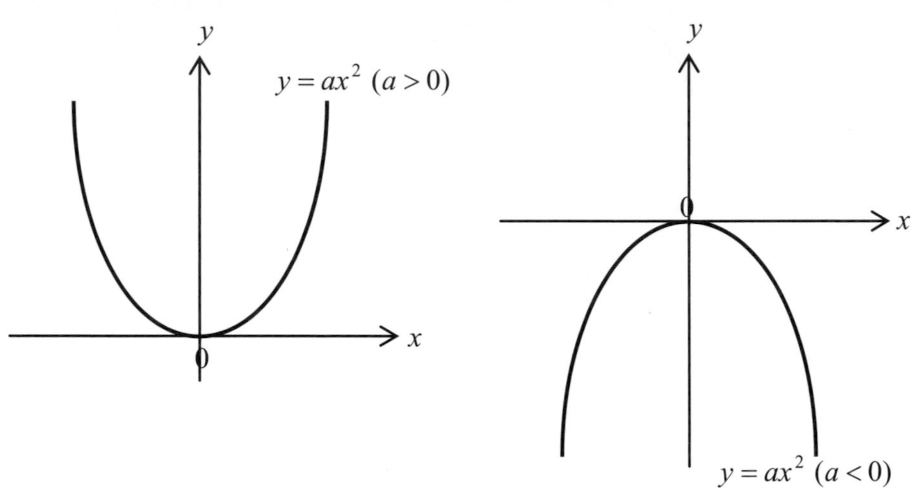

開口朝左、右的拋物線通式為 $x = ay^2 + by + c$

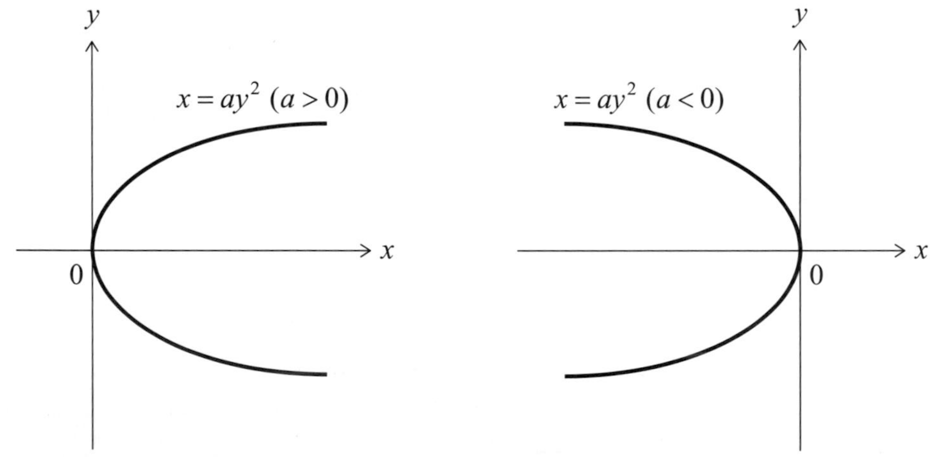

2. 橢圓（ellipses）

圓心在原點的橢圓通式為 $\frac{x^2}{a^2}+\frac{y^2}{b^2}=1$

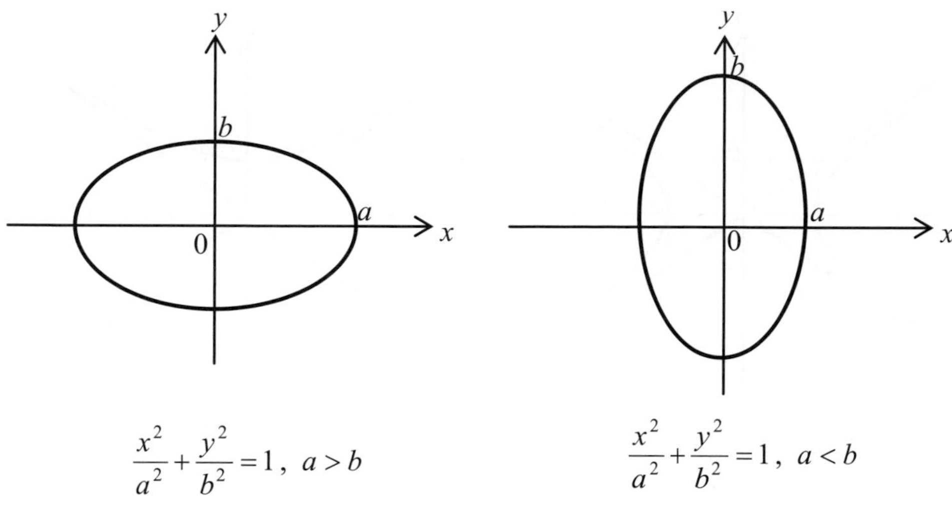

$\frac{x^2}{a^2}+\frac{y^2}{b^2}=1$，$a>b$ $\frac{x^2}{a^2}+\frac{y^2}{b^2}=1$，$a<b$

圓心在 (x_0, y_0) 的橢圓通式為 $\frac{(x-x_0)^2}{a^2}+\frac{(y-y_0)^2}{b^2}=1$

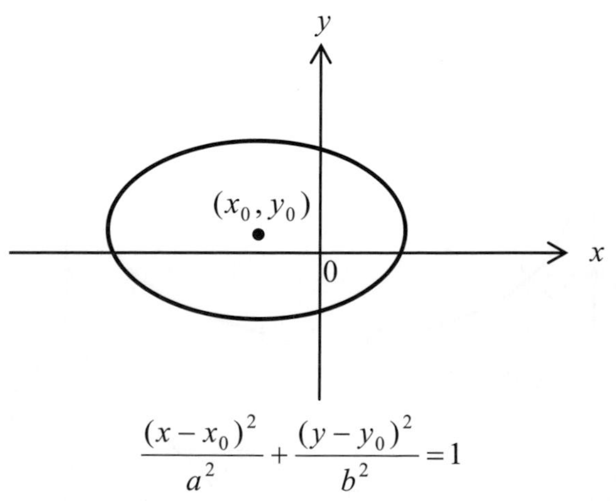

$\frac{(x-x_0)^2}{a^2}+\frac{(y-y_0)^2}{b^2}=1$

$a>b$ 時，稱 a 為長軸、b 為短軸，此時橢圓自身包圍的面積為 $A=ab\pi$ 。

3. 雙曲線（hyperbolas）

通式為 $\dfrac{x^2}{a^2}-\dfrac{y^2}{b^2}=1$ 或 $\dfrac{y^2}{b^2}-\dfrac{x^2}{a^2}=1$

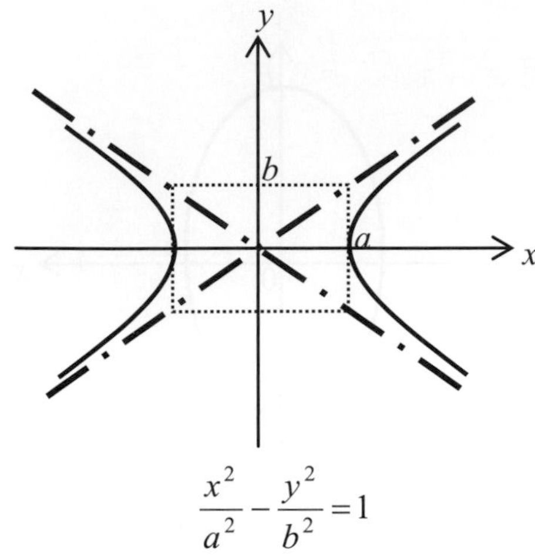

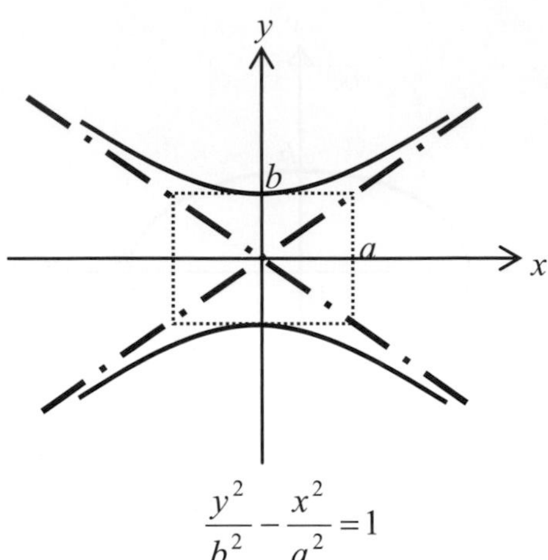

$$\frac{x^2}{a^2}-\frac{y^2}{b^2}=1 \qquad \frac{y^2}{b^2}-\frac{x^2}{a^2}=1$$

漸近線為 $y=\pm\dfrac{b}{a}x$　　　漸近線為 $y=\pm\dfrac{b}{a}x$

特例　$xy=p$ $(p>0)$ 與 $xy=-p$ $(p>0)$ 之圖形如下：

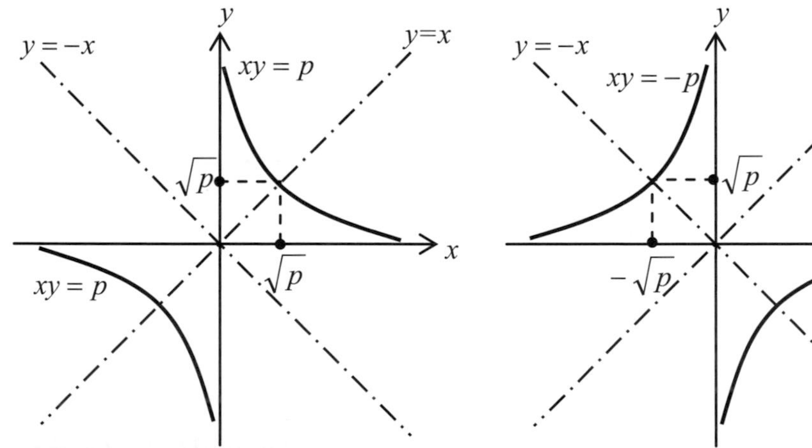

例題 2

求拋物線 $y = x^2 + 2$ 與直線 $y = x + 4$ 的交點坐標？

解 由 $\begin{cases} y = x^2 + 2 \\ y = x + 4 \end{cases}$ 聯立得 $x^2 = x + 2$，整理得 $x^2 - x - 2 = 0$

因式分解 $(x - 2)(x + 1) = 0 \to x = 2, -1$

當 $x = 2 \to y = 6$，$x = -1 \to y = 3$

故交點為 $(-1, 3)$、$(2, 6)$。 ■

牛刀小試

求拋物線 $y = x^2 + 1$ 與直線 $y = x + 3$ 的交點坐標？

答：由 $\begin{cases} y = x^2 + 1 \\ y = x + 3 \end{cases}$ 聯立得 $x^2 = x + 2$，整理得 $x^2 - x - 2 = 0$

因式分解 $(x - 2)(x + 1) = 0 \to x = 2, -1$

當 $x = 2 \to y = 5$，$x = -1 \to y = 2$，故交點為 $(-1, 2)$、$(2, 5)$。

例題 3

求拋物線 $x = y^2$ 與直線 $x = y + 2$ 的交點坐標？

解 由 $\begin{cases} x = y^2 \\ x = y + 2 \end{cases}$ 聯立得 $y^2 = y + 2$，整理得 $y^2 - y - 2 = 0$

因式分解 $(y - 2)(y + 1) = 0 \to y = 2, -1$

當 $y = 2 \to x = 4$，$y = -1 \to x = 1$

故交點為 $(1, -1)$、$(4, 2)$。 ■

牛刀小試

求拋物線 $x = y^2 + 1$ 與直線 $x = y + 3$ 的交點坐標？

答：由 $\begin{cases} x = y^2 + 1 \\ x = y + 3 \end{cases}$ 聯立得 $y^2 = y + 2$，整理得 $y^2 - y - 2 = 0$

因式分解 $(y - 2)(y + 1) = 0 \to y = 2, -1$

當 $y = 2 \to x = 5$，$y = -1 \to x = 2$，故交點為 $(2, -1)$、$(5, 2)$。

1-2 不等式

不等式的計算，直接以下面三例說明複習之。

例題 1

(1) 解不等式 $2x-1<0$

(2) 解不等式 $-2x-3<0$

解

(1) $2x-1<0 \to 2x<1 \to x<\frac{1}{2}$，故 x 之範圍為 $\left\{x<\frac{1}{2}\right\}$。

(2) $-2x-3<0 \to -2x<3 \to 2x>-3 \to x>-\frac{3}{2}$（乘負號時，＜要變成＞）

故 x 之範圍為 $\left\{x>-\frac{3}{2}\right\}$。 ■

牛刀小試

解不等式 $3x+4<0$

答：$3x+4<0 \to 3x<-4 \to x<-\frac{4}{3}$，故 x 之範圍為 $\left\{x<-\frac{4}{3}\right\}$。

例題 2

(1) 解不等式 $-3x-6<7-x$

(2) 解不等式 $-2x+7>3x-2$

解

(1) $-3x-6<7-x \to -2x<13 \to x>-\frac{13}{2}$（乘負號時，＜要變成＞）

故 x 之範圍為 $\left\{x>-\frac{13}{2}\right\}$。

(2) $-2x+7>3x-2 \to -5x>-9 \to x<\frac{9}{5}$（乘負號時，＞要變成＜）

故 x 之範圍為 $\left\{x<\frac{9}{5}\right\}$。 ■

牛刀小試

解不等式 $3x + 4 > -2x + 7$

答：$3x + 4 > -2x + 7 \to 5x > 3 \to x > \frac{3}{5}$，故 x 之範圍為 $\left\{x > \frac{3}{5}\right\}$。

例題 3

(1) 解不等式 $x^2 - 3x + 2 < 0$

(2) 解不等式 $x^2 - 5x + 4 > 0$

解

(1) $x^2 - 3x + 2 < 0 \to (x-1)(x-2) < 0 \to 1 < x < 2$

故 x 之範圍為 $\{1 < x < 2\}$。

(2) $x^2 - 5x + 4 > 0 \to (x-1)(x-4) > 0 \to x > 4$ 或 $x < 1$

故 x 之範圍為 $\{x > 4$ 或 $x < 1\}$。 ■

牛刀小試

解不等式 $x^2 - 6x + 5 < 0$

答：$x^2 - 6x + 5 < 0 \to (x - 1)(x - 5) < 0 \to 1 < x < 5$，故 x 之範圍為 $\{1 < x < 5\}$。

1-3 因式分解與有理化

因式分解

目的：求方程式的根。

1. $(x+y)^2 = x^2 + 2xy + y^2$
2. $(x-y)^2 = x^2 - 2xy + y^2$
3. $(x+y)(x-y) = x^2 - y^2$
4. $(x+y)^3 = x^3 + 3x^2y + 3xy^2 + y^3$
5. $(x-y)^3 = x^3 - 3x^2y + 3xy^2 - y^3$
6. $x^3 + y^3 = (x+y)(x^2 - xy + y^2)$
7. $x^3 - y^3 = (x-y)(x^2 + xy + y^2)$
8. $x^4 - y^4 = (x^2 + y^2)(x+y)(x-y)$

一元二次方程式的根

$$ax^2+bx+c=0 \text{ 的根為 } x=\frac{-b\pm\sqrt{b^2-4ac}}{2a} \text{。}$$

有理化與反有理化

1. 碰到分母有根號時，須要「**有理化**」以化簡算式。
2. 碰到分子有根號時，有時須要「**反有理化**」以計算極限。

例題 1

將下列算式有理化：

(1) $\frac{1}{\sqrt{2}+1}$　(2) $\frac{1}{\sqrt{3}+\sqrt{2}}$　(3) $\frac{1}{\sqrt{x+1}-\sqrt{x}}$

解

(1) 原式 $=\frac{1}{\sqrt{2}+1}\cdot\frac{\sqrt{2}-1}{\sqrt{2}-1}=\frac{\sqrt{2}-1}{2-1}=\sqrt{2}-1$。

(2) 原式 $=\frac{1}{\sqrt{3}+\sqrt{2}}\cdot\frac{\sqrt{3}-\sqrt{2}}{\sqrt{3}-\sqrt{2}}=\frac{\sqrt{3}-\sqrt{2}}{3-2}=\sqrt{3}-\sqrt{2}$。

(3) 原式 $=\frac{1}{\sqrt{x+1}-\sqrt{x}}\cdot\frac{\sqrt{x+1}+\sqrt{x}}{\sqrt{x+1}+\sqrt{x}}=\frac{\sqrt{x+1}+\sqrt{x}}{x+1-x}=\sqrt{x+1}+\sqrt{x}$。 ■

牛刀小試

將算式 $\frac{1}{\sqrt{2}-1}$ 有理化。

答：原式 $=\frac{1}{\sqrt{2}-1}\cdot\frac{\sqrt{2}+1}{\sqrt{2}+1}=\frac{\sqrt{2}+1}{2-1}=\sqrt{2}+1$。

例題 2

將下列算式反有理化：

(1) $\sqrt{1+x}-\sqrt{1-x}$　　　(2) $\sqrt{x^2+1}-x$

解

(1) 原式 $=\left(\sqrt{1+x}-\sqrt{1-x}\right)\cdot\dfrac{\sqrt{1+x}+\sqrt{1-x}}{\sqrt{1+x}+\sqrt{1-x}}=\dfrac{(1+x)-(1-x)}{\sqrt{1+x}+\sqrt{1-x}}=\dfrac{2x}{\sqrt{1+x}+\sqrt{1-x}}$ 。

(2) 原式 $=\left(\sqrt{x^2+1}-x\right)\cdot\dfrac{\sqrt{x^2+1}+x}{\sqrt{x^2+1}+x}=\dfrac{(x^2+1)-x^2}{\sqrt{x^2+1}+x}=\dfrac{1}{\sqrt{x^2+1}+x}$ 。 ■

牛刀小試

將算式 $\sqrt{x+8}-\sqrt{x-8}$ 反有理化。

答：原式 $=(\sqrt{x+8}-\sqrt{x-8})\cdot\dfrac{\sqrt{x+8}+\sqrt{x-8}}{\sqrt{x+8}+\sqrt{x-8}}=\dfrac{(x+8)-(x-8)}{\sqrt{x+8}+\sqrt{x-8}}=\dfrac{16}{\sqrt{x+8}+\sqrt{x-8}}$ 。

1-4 函數

定義

函數

若 f 為從集合 A 映射到集合 B 之對應關係，且對集合 A 中之每一個元素 x 僅映射到「唯一」之集合 B 的元素 y，表為 $y=f(x)$，則稱 f 為函數（function），集合 A 稱為定義域（domain），集合 B 稱為值域（range），以下圖表之：

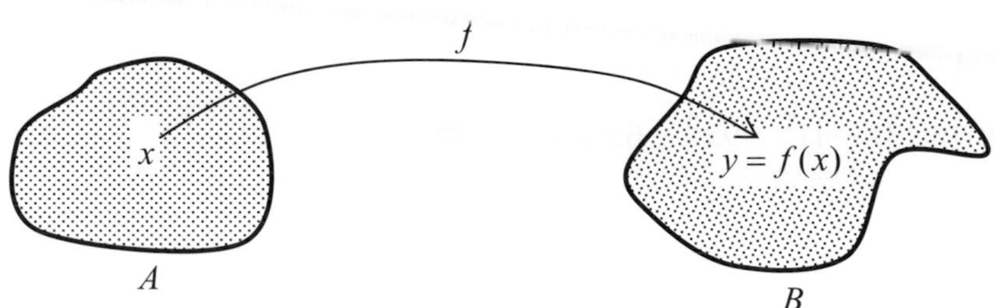

對 $y=f(x)$ 而言，x 稱為自變數（independent variable），y 稱為因變數（dependent variable）。

要點 1. 函數通常以**方程式**、**圖形**、**列表**來表示。

2. 任何一條垂直線與函數圖形只能有一個交點。

例題 1

(1) 已知函數 $y=f(x)=x^2-1$，可得知：

其定義域為 $x\in R$（實數）（除非有限定）

值域（通常要算或觀察一下！）為 $y\geq -1$。

(2) 已知函數 $y=f(x)=\dfrac{1}{x-1}$，可得知：

其定義域為 $x\neq 1$ 之實數

值域（通常要算或觀察一下！）為 $y\neq 0$ 之實數。 ■

定義

合成函數

若 $u=g(x)$，$y=f(u)$，則稱 $y=f(g(x))$ 為 f 與 g 之合成函數（composite function），亦可表示為 $(f\circ g)(x)$，其中 x 為 g 之定義域，$g(x)$ 為 f 之定義域，以下圖表之：

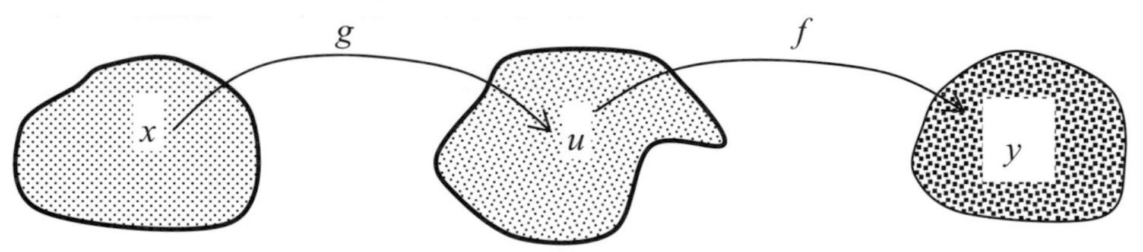

例題 2

已知 $f(x)=3x-1$，$g(x)=x^2$，求 $f(g(x))=?$ $g(f(x))=?$

解 $f(g(x))=3(x^2)-1=3x^2-1$。

$g(f(x))=(3x-1)^2=9x^2-6x+1$。 ■

牛刀小試

已知 $f(x)=2x+3$，$g(x)=x^3$，求 $f(g(x))=?$ $g(f(x))=?$

答：$f(g(x))=2(x^3)+3=2x^3+3$

$g(f(x))=(2x+3)^3$。

定義

偶函數、奇函數

(1) $f(x) = f(-x)$，則稱 $f(x)$ 為偶函數（even function）（圖形對稱於 y 軸）。

(2) $f(x) = -f(-x)$，則稱 $f(x)$ 為奇函數（odd function）（圖形對稱於原點）。

此處將偶函數與奇函數繪圖如下：

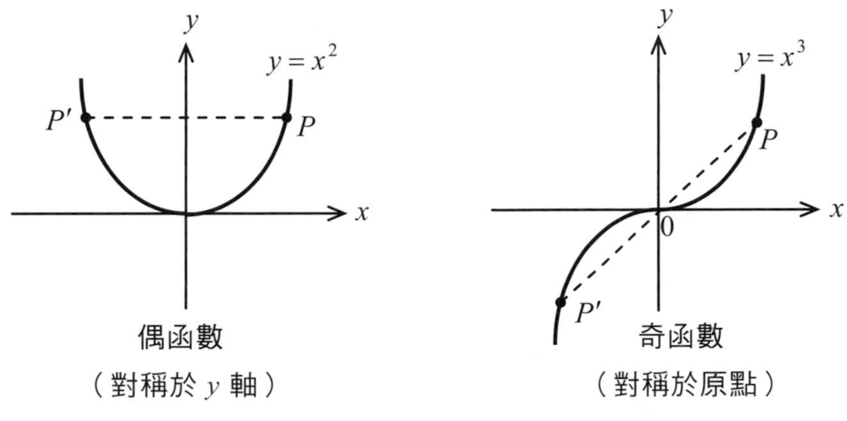

偶函數
（對稱於 y 軸）

奇函數
（對稱於原點）

例題 3

$f(x) = x$、$f(x) = x^3$ 皆為奇函數。

$f(x) = 1$、$f(x) = x^2$ 皆為偶函數。 ■

關於偶函數與奇函數加、減、乘、除運算後之奇、偶特性，請見下表：（有興趣的同學自行依奇、偶函數之定義即可證得）

數學運算	結果
偶 ± 偶	偶
奇 ± 偶	不奇不偶
奇 ± 奇	奇
偶 ×（或）÷ 偶	偶
奇 ×（或）÷ 偶	奇
奇 ×（或）÷ 奇	偶

定義

一對一函數

對函數 $y = f(x)$ 而言，輸入一個 x，僅得到一個輸出 y，且輸入一個 y，僅得到一個輸出 x，則稱 $f(x)$ 為一對一函數（one-to-one function）。

一對一函數之幾何意義為：**任何一條水平線與垂直線與圖形均只能有一個交點**。滿足這樣的函數都是遞增或遞減函數（即圖形一直上升或一直下降，不可以又上升又下降），現在繪示意圖如下：

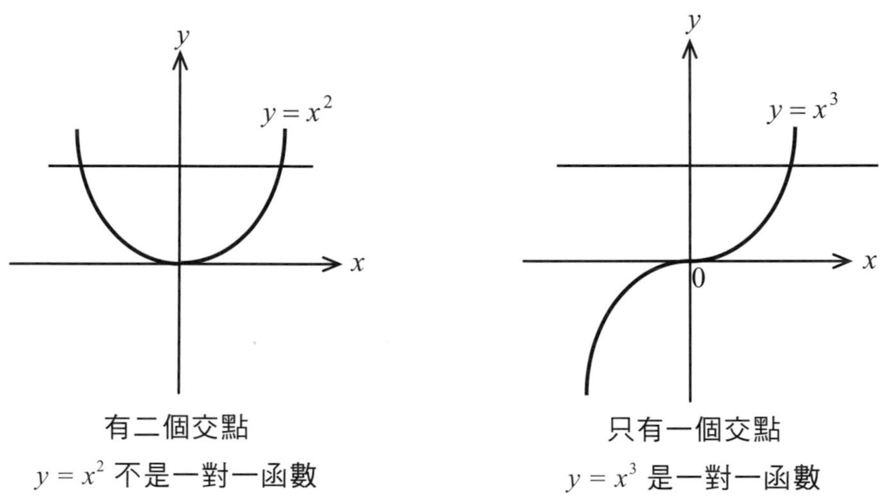

有二個交點
$y = x^2$ 不是一對一函數

只有一個交點
$y = x^3$ 是一對一函數

反函數

定義

反函數

若 f 為從集合 A 映射到集合 B 之「一對一」函數，則 f 存在反函數（inverse function）g，

$$g：B \rightarrow A$$

以數學式表為：$x = g(y) \Leftrightarrow y = f(x)$，稱 g 為 f 之反函數，記為 $g = f^{-1}$，即

$$x = f^{-1}(y)$$

為了方便計算，將 f 的反函數記為 f^{-1}，則 f 與 f^{-1} 二者的關係可以下圖表之：

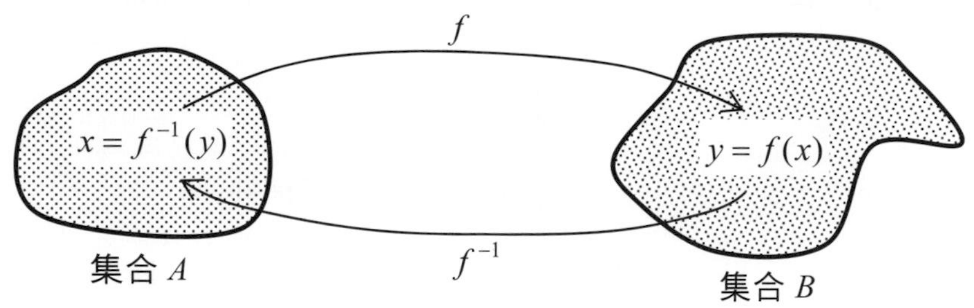

以下列舉一些反函數之觀念與性質如下：

1. 函數 $\begin{cases}\text{一對一：存在反函數。}\\ \text{多對一：在限制為一對一後，即存在反函數。}\end{cases}$

2. $\left(f^{-1}\right)^{-1}=f$ 。

3. $f^{-1}\left(f(x)\right)=x,\ f(f^{-1}(y))=y$，即 $f\left(f^{-1}(\square)\right)=\square$ ，$f^{-1}\left(f(\square)\right)=\square$ 。

4. 將 $y=f(x)$ 之 x 以 $f^{-1}(y)$ 代入得 $y=f\left(f^{-1}(y)\right)$，此式僅含 y，利用此式解出 $f^{-1}(y)$，為求出反函數之計算式。

例題 4

設 $y=f(x)=2x+3$，若 f 為可逆函數，求其反函數。

解

〈法一〉依反函數之意義，有 $f^{-1}(y)=x$

由 $y=2x+3 \ \rightarrow \ x=\dfrac{y-3}{2}=f^{-1}(y)$ ，故 $f^{-1}(x)=\dfrac{x-3}{2}$ 。

〈法二〉利用 $y=f\left(f^{-1}(y)\right)$，得 $y=2f^{-1}(y)+3$ ，即 $f^{-1}(y)=\dfrac{y-3}{2}$

故 $f^{-1}(x)=\dfrac{x-3}{2}$ 。 ■

函數與反函數之間最重要之幾何關係為：在 x-y 平面坐標上其圖形對於直線 $y=x$ 所具有的對稱性（symmetry），如下定理所描述：

■定理

函數 f 與反函數 f^{-1} 在 $x-y$ 平面上，其圖形對稱於 $y=x$ 之直線。

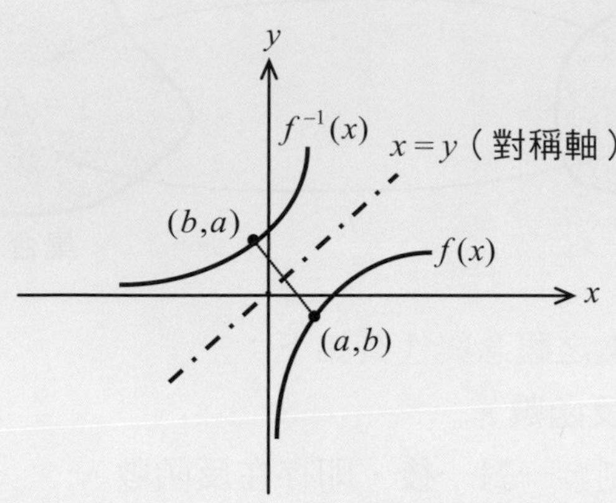

例題 5

設 $y=f(x)=2x+3$，請繪 f 與 f^{-1} 之圖形。

解 已知 $f(x)=2x+3$

計算後知 $f^{-1}(x)=\dfrac{x-3}{2}$

現繪圖如右：

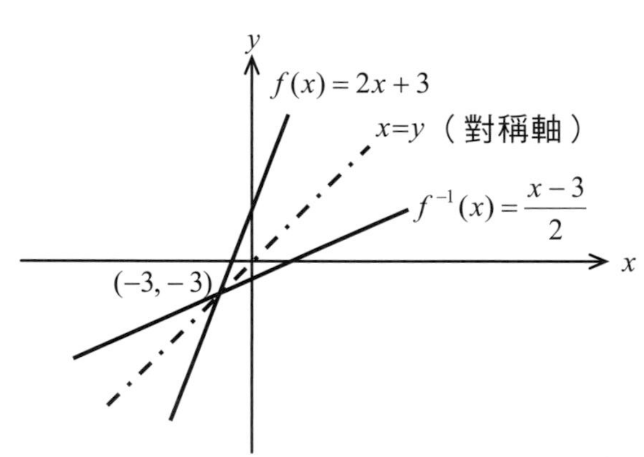

■

特殊函數

1. 絕對值函數（absolute function）：

$$|x-a|=\begin{cases} x-a, & x\geq a \\ a-x, & x<a \end{cases}$$

即 $x=a$（稱為「轉折點」）附近會變號，如右圖所示：

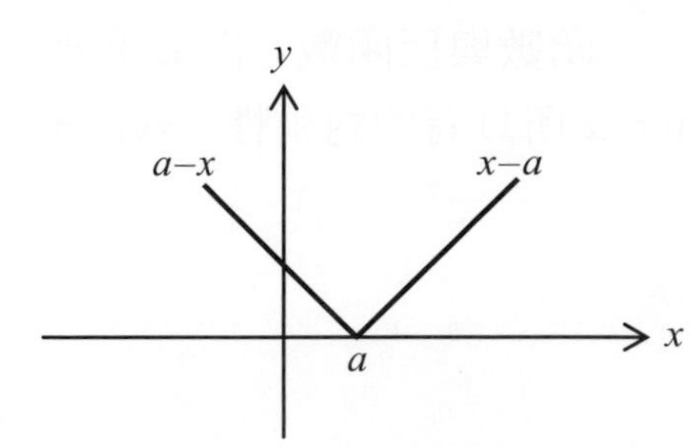

2. 高斯函數（Gauss function）：$[x]$ 表示**不大於本身之最大整數**。如 $[2.5] = 2$，$[-2.3] = -3$，$[-0.2] = -1$，$[0.4] = 0$ 等，以數學式來定義則如下所示：

$$x-1<[x]\le x$$

此定義式其實直接由下圖即可看出！故高斯函數之圖形會有跳動現象，因此高斯函數又稱「階梯函數」，現在將 $y = [x]$、$y = [2x]$ 之圖形表示如下：

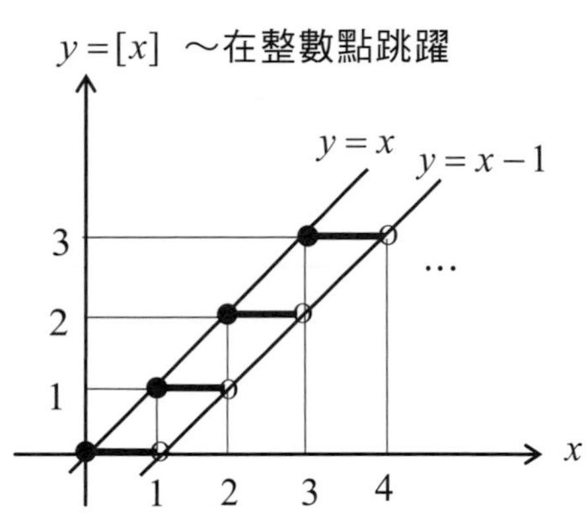

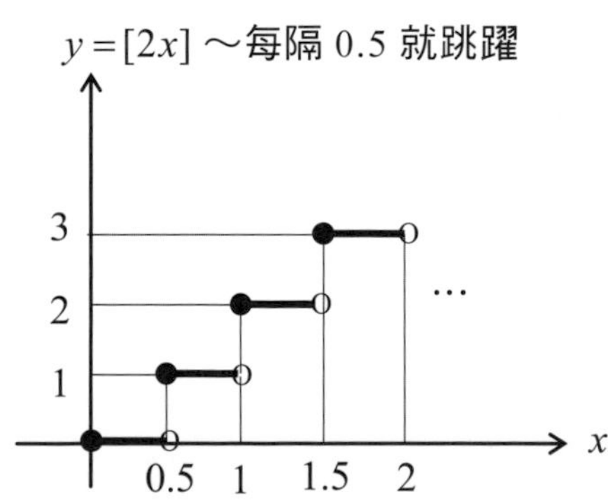

3. 條件型函數（conditional function）（或稱「分段定義函數」）：由 x 之不同範圍對應到不同之數學式，如：

$$f(x)=\begin{cases} 2x+3, & x<2 \\ x-3, & x\ge 2 \end{cases}$$

多項式與有理式

定義

多項式

$f(x)=a_nx^n+a_{n-1}x^{n-1}+\cdots+a_1x+a_0$ ， $n\in N\cap\{0\}$ ， $a_n\neq 0$

稱 $f(x)$ 為次數（degree）為 n 之多項式。

如 $f(x)=3x+2$ 為一次多項式，

$f(x)=x^2+2x+3$ 為二次多項式。

定義

有理式

若 $f(x)=\dfrac{P(x)}{Q(x)}$ ，其中 $P(x)$, $Q(x)$ 皆為多項式，則稱 $f(x)$ 為有理式。

指數與對數

指數 a^x, $a>0$ 有如下之運算式：

$a^0=1$

$a^{-x}=\dfrac{1}{a^x}$

$a^x\cdot a^y=a^{x+y}$ ～相乘變相加

$a^x\div a^y=a^{x-y}$ ～相除變相減

$(a^x)^y=a^{xy}$

對數 $\log_a x$ $(a>0,\ a\neq 1)$ 有如下之運算式：

$\log_a 1=0$

$\log_a(xy)=\log_a x+\log_a y$ ～相乘變相加

$\log_a(\dfrac{x}{y})=\log_a x-\log_a y$ ～相除變相減

$\log_a(x^n)=n\log_a x$ ～次方變倍數

$\log_x y=\dfrac{\log_a y}{\log_a x}$ ～換底公式

現在將 $y=3^x$ 與 $y=\log_3 x$ 之圖形繪出如下：

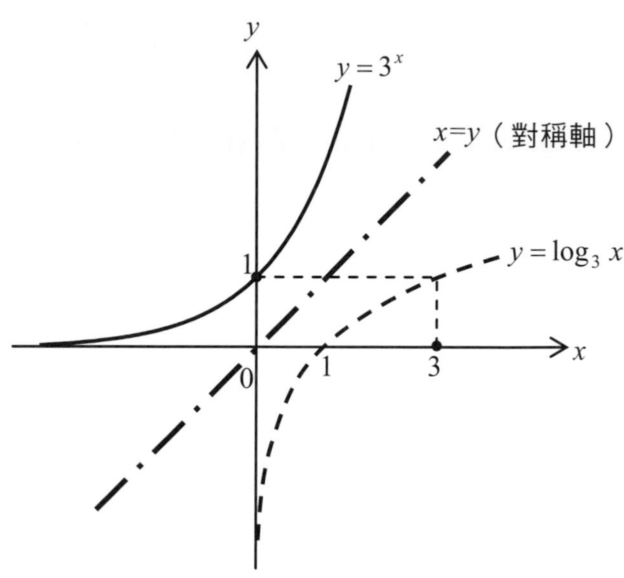

習題 1-4

1. 已知 $f(x)=x^2-1$，$g(x)=\sqrt{x}$，求 $f(g(x))=?$ $g(f(x))=?$
2. 已知 $f(x)=x^3-3x^2-2x+5$，且 $g(x)=2$，則 $f(g(x))=?$ $g(f(x))=?$
3. 下列哪些不是奇函數？

   (A) $x+\dfrac{1}{x}$ (B) x^2+2 (C) x^3+2 (D) $\dfrac{x}{x^2+3}$ (E) $\sqrt[3]{x}$
4. $3^0=?$ $3^{-1}=?$ $3^{-2}=?$
5. 已知 $2^x=\dfrac{1}{8}$，求 $x=?$
6. 已知 $\log_a(5^a)=\dfrac{a}{3}$，求 $a=?$

★1-5 商學之應用

成本與損益分析

若以 x 表示生產某物品（或銷售某物品）之數目，p 表示每單位物品之價格，則在商學上常用到的函數說明如下：

1. 成本函數（cost function） $C(x)$：表示生產 x 單位物品之總成本（total cost），$C(x)$ 經常表示為：

$$C(x) = \text{固定成本} + (\text{平均變動成本}) \times x$$

2. 平均成本函數（average cost function） $\overline{C}(x)$：表示生產 x 單位物品之平均成本，$\overline{C}(x)$ 表示為 $\overline{C}(x) = \dfrac{C(x)}{x}$。

3. 收入函數（revenue function） $R(x)$：表示銷售 x 單位物品之總收入（total revenue），$R(x)$ 皆表示為 $R(x) = xp$。

4. 利潤函數（profit function） $P(x)$：表示銷售 x 單位物品之總收入減去總成本，$P(x)$ 皆表示為 $P(x) = R(x) - C(x)$。
   當 $P(x) > 0$，稱為「**獲利**」。
   當 $P(x) < 0$，稱為「**虧損**」。

5. 損益平衡點（break-even point）：利潤為 0 之銷售水準，即 $R(x) = C(x)$，此時之銷售量 x 稱為損益平衡量（break-even value）。

市場均衡分析

若以 x 表示自由經濟市場上某物品之需求量，p 表示每單位物品之價格，則在商學上常用到的函數說明如下：

1. 需求函數（demand function） $D(x)$：表示需求 x 單位物品之價格，數學式為 $p = f(x) = D(x)$，此方程式稱為需求方程式（demand equation），其圖形稱為需求曲線（demand curve）。典型的需求函數為當價格 p 降低時，則需求量 x 隨之增加，當價格 p 上升時，則需求量 x 隨之減小。需求曲線之示意圖如下：

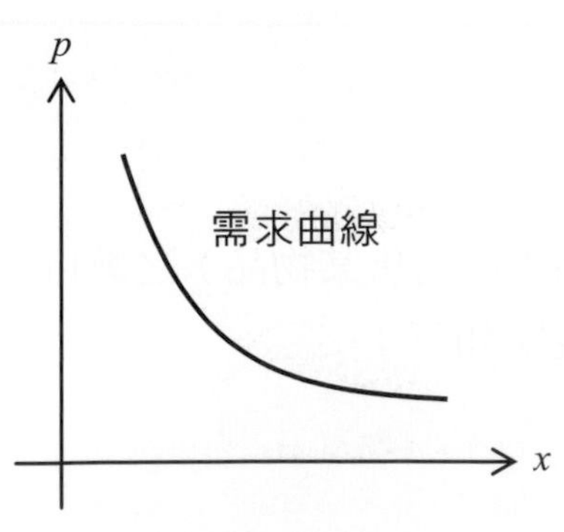

2. 供給函數（supply function）$S(x)$：表示供給 x 單位物品之價格，數學式為 $p=f(x)=S(x)$，此方程式稱為供給方程式（supply equation），其圖形稱為供給曲線（supply curve）。典型的供給函數為當價格 p 降低時，則生產商之供給量 x 隨之減小，當價格 p 上升時，則生產商之供給量 x 隨之增加。供給曲線之示意圖如下：

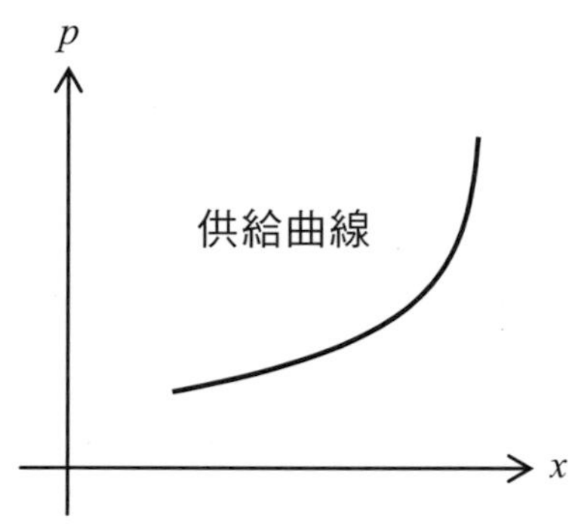

3. 均衡點（equilibrium point）：供給曲線與需求曲線的交點，此時之供給量 x 稱為均衡數量（equilibrium quantity），此時之價格 p 稱為均衡價格（equilibrium price）。

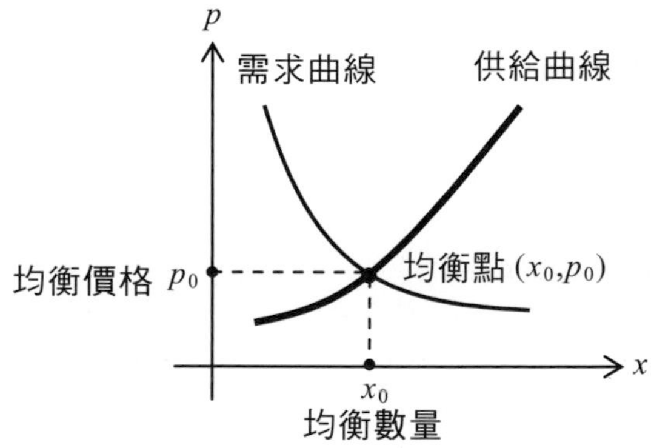

例題 1

已知水梨的價格－需求函數為 $p(x)=\dfrac{-x}{500}+20$ ，設固定費用為 12,000 元，且每單位之成本為 4.5，試求利潤函數 $P(x)$。

解 由題意知收入函數為 $R(x)=xp(x)=x(20-\dfrac{x}{500})=20x-\dfrac{x^2}{500}$

成本函數為 $C(x)=12000+4.5x$

故利潤函數為：

$$P(x)=R(x)-C(x)=20x-\frac{x^2}{500}-12000-4.5x=15.5x-\frac{x^2}{500}-12000$$ 。 ■

例題 2

一知名蛋卷廠商以每單位價格 8 元出售蛋卷。設固定費用為 5,000 元，且每單位之成本為 22/9，試求：

(1) 收入函數 $R(x)$ 與成本函數 $C(x)$。

(2) 平均成本函數 $\overline{C}(x)$。

(3) 銷售量為 1,800 單位時之利潤。

(4) 銷售量應為若干單位可使利潤為 10,000 元。

(5) 損益平衡點之銷售量 $x = ?$

解

(1) 由題意得知 $R(x)=8x,\ C(x)=\frac{22}{9}x+5000$。

(2) $\overline{C}(x)=\frac{C(x)}{x}=\frac{\frac{22}{9}x+5000}{x}=\frac{22}{9}+\frac{5000}{x}$。

(3) 利潤函數為
$$\begin{aligned}P(x)&=R(x)-C(x)\\&=8x-\frac{22}{9}x-5000\\&=\frac{50}{9}x-5000\end{aligned}$$

$\therefore\ P(1800)=\frac{50}{9}\times 1800-5000=10000-5000=5000$ 元。

(4) $10000=\frac{50}{9}x-5000 \rightarrow \frac{50}{9}x=15000$

$\therefore\ x=\frac{15000\times 9}{50}=2700$ 單位。

(5) $P(x)=0 \rightarrow \frac{50}{9}x-5000=0 \rightarrow x=\frac{9}{50}\times 5000=900$ 單位。 ■

例題 3

鳳梨酥的需求函數 $D(x)$ 與供給函數 $S(x)$ 分別表示如下：

$$p = D(x) = 199 - 3.8x$$

$$p = S(x) = 150 + 3.2x$$

其中 p 是價格（元），而 x 的單位是萬元，求在均衡點時之均衡數量 x 與均衡價格 p。

解 由 $D(x) = S(x) \to 199 - 3.8x = 150 + 3.2x \to 7x = 49 \to x = 7$

代回 $p = D(7) = 199 - 3.8 \times 7 = 199 - 26.6 = 172.4$

故均衡數量為 $x = 7$（萬元），均衡價格為 $p = 172.4$（元）。 ■

例題 4

設某商品在漲價前之供給與需求方程式分別為：

供給方程式 $y = 8x + 5000$；需求方程式 $y = -7x + 6500$

漲價後之供給與需求方程式分別為：

供給方程式 $y = 8x + 5150$；需求方程式 $y = -7x + 6500$

試求：

(1) 漲價前之均衡點及總收入。 (2) 漲價後之均衡點及總收入。

解

(1) 由 $8x + 5000 = -7x + 6500 \to x = 100$

此時 $y = 8 \cdot 100 + 5000 = 5800$

均衡點為 $(x, y) = (100, 5800)$

總收入為 $R = xy = 100 \times 5800 = 580000$ 元。

(2) 由 $8x + 5150 = -7x + 6500 \to x = 90$

此時 $y = 8 \cdot 90 + 5150 = 5870$

均衡點為 $(x, y) = (90, 5870)$

總收入為 $R = xy = 90 \times 5870 = 528300$ 元。 ■

習題 1-5

1. 已知鳳梨的價格－需求函數為 $p(x) = \frac{-x}{300} + 50$，設固定費用為 10,000 元，且每單位之成本為 5，試求利潤函數 $P(x)$。

2. 某知名方塊酥廠商以每單位價格 10 元出售方塊酥。設固定費用為 8,000 元，且每單位之成本為 5，試求：
   (1) 收入函數 $R(x)$ 與成本函數 $C(x)$。
   (2) 平均成本函數 $\overline{C}(x)$。
   (3) 銷售量為 2,000 單位時之利潤。
   (4) 銷售量應為若干單位可使利潤為 15,000 元。
   (5) 損益平衡點之銷售量 $x=?$
3. 設蜜蘋果之供給與需求方程式分別為
   供給方程式 $p=154+18x+x^2$；需求方程式 $p=250+14x-x^2$
   試求：均衡數量及均衡價格。
4. 設某商品之供給與需求方程式分別為：
   供給方程式 $y=150+3.2x$；需求方程式 $y=195-3.8x$
   試求：均衡點及總收入。

習題解答

1-4

1. $f(g(x))=x-1$， $g(f(x))=\sqrt{x^2-1}$
2. $f(g(x))=-3$， $g(f(x))=2$
3. BC
4. $3^0=1$ $3^{-1}=\frac{1}{3}$ $3^{-2}=\frac{1}{9}$
5. -3
6. $a=125$

1-5

1. 利潤函數為 $45x-\dfrac{x^2}{300}-10000$
2. (1) $R(x)=10x$，$C(x)=5x+8000$
   (2) $\overline{C}(x)=5+\dfrac{8000}{x}$
   (3) 2000 元
   (4) 4600 單位
   (5) 1600 單位
3. 均衡數量 $x=6$，均衡價格 $p=298$
4. 均衡點為 $(\frac{45}{7},170.6)$
   總收入為 3510 元

開心笑園

師問曰：「有一隻猴子很聰明，很愛數學，但卻學不會跟平行線有關的性質，理由為何？」

生答曰：因為沒有「相交」！

2 函數之極限與連續

本章大綱：

§ 2-1 極限之定義

§ 2-2 極限求法

§ 2-3 圖形之連續性

§ 2-4 漸近線

學習目標：

1. 瞭解極限的意義
2. 瞭解極限的一些基本性質
3. 熟悉對各型極限的計算
4. 瞭解圖形之連續性與計算
5. 瞭解漸近線的意義與求法

2-1 極限之定義

極限（limit）是學習微積分（數學）的基礎工具，但其觀念直到十九世紀初才由法國數學家柯西（Cauchy，1789 ～ 1857）以數學語言描述成功。本書開門見山地以「俏皮話」來解釋極限式

$$\lim_{x \to a} f(x) = b \cdots\cdots\cdots(1)$$

之意義會較親切，即：

「如果 x 趨近 a（但 $x \neq a$），則 $f(x)$ 會趨近 b，能多近就多近！」

(1) 式僅出現 4 個數字：a、b、x、$f(x)$，現在舉例來說明其關係是最好不過了！例如：**用功程度與考試分數一定有關係**。假設微積分這一科的考試滿分為 100 分（$b = 100$），而每人一天當中最大可能的讀書時間為 10 小時（$a = 10$），現藉由下表所列：

讀書時間 （自變數） x	最大讀書時間 （固定） a	分數 （因變數） $f(x)$	滿分 （固定） b
5	10	50	100
7	10	70	100
9	10	90	100
9.5	10	95	100
9.9 →	10	99 →	100

已可看出 $\lim_{x\to a} f(x)=b$ 之真正意義！以數學原汁原味敘述 $\lim_{x\to a} f(x)=b$ 如下所示：

定義

極限 $\lim_{x\to a} f(x)=b$ 之數學定義（柯西所定義）為：
「對任何 $\varepsilon>0$，恆可找到一個 $\delta>0$（此 δ 和 ε 有關），使得當 $0<|x-a|<\delta$ 時，必有 $|f(x)-b|<\varepsilon$。」

觀念說明

1. 同學須瞭解 $\lim_{x\to a} f(x)=b$ 之「因果」含意。我們常說：「種因得果」，$x\to a$ 是「因」，而 $f(x)\to b$ 是「果」。**且極限結果只有二種可能：「存在」或「不存在」。** 若極限存在，則「等於」b（確定之數字）。
2. 現以幾何與函數觀念來解釋 ε 與 δ 之意義，如下圖所示。

$0<|x-a|<\delta$：δ 是**定義域**（domain）x 之範圍（且看出需 $x\neq a$）

$|f(x)-b|<\varepsilon$：ε 是**值域**（range）之範圍（且看出容許 $f(x)=b$）

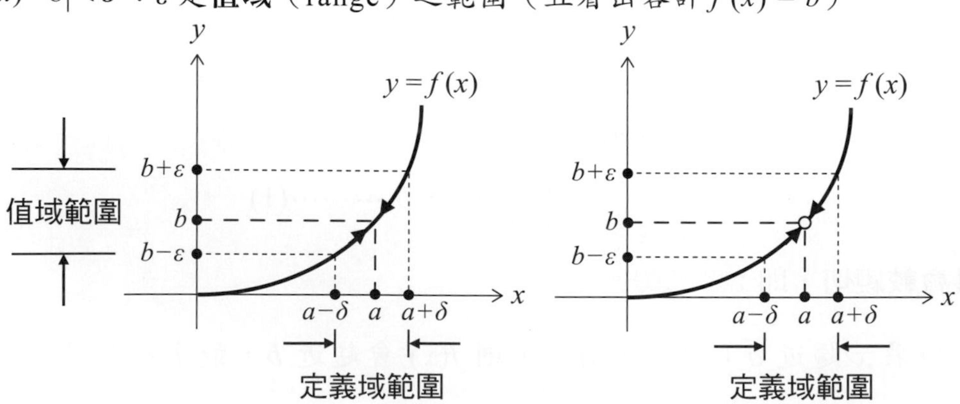

說明：左圖之 $f(a)$ 存在，右圖之 $f(a)$ 不存在，但二圖之 $\lim_{x\to a} f(x)$ 皆存在。

即 $\begin{cases}\lim_{x\to a} f(x)\text{：極限值}\\ f(a)\text{：函數值}\end{cases}$ ～ $\lim_{x\to a} f(x)$ 與 $f(a)$ 是獨立事件（即二者無關！）

極限定律：極限運算之基本性質

若已知$\lim\limits_{x\to a} f(x)=A$，$\lim\limits_{x\to a} g(x)=B$，則

1. $\lim\limits_{x\to a}[f(x)\pm g(x)]=\lim\limits_{x\to a} f(x)\pm\lim\limits_{x\to a} g(x)=A\pm B$

   即：「先加減，再求極限」與「先求極限，再加減」相同。

2. $\lim\limits_{x\to a} kf(x)=k\lim\limits_{x\to a} f(x)=kA$，其中 k 為常數。

3. $\lim\limits_{x\to a}[f(x)\cdot g(x)]=\lim\limits_{x\to a} f(x)\cdot\lim\limits_{x\to a} g(x)=A\cdot B$

   即：「先乘再求極限」與「先求極限再乘」相同。

4. $\lim\limits_{x\to a}\dfrac{f(x)}{g(x)}=\dfrac{\lim\limits_{x\to a} f(x)}{\lim\limits_{x\to a} g(x)}=\dfrac{A}{B}$，但 $B\neq 0$。

   即：「先除再求極限」與「先求極限再除」相同。

引申：

5. $\lim\limits_{x\to a}[f(x)]^n=\left[\lim\limits_{x\to a} f(x)\right]^n=A^n$，其中 $n\in N$。

6. $\lim\limits_{x\to a}[f(x)]^{1/n}=\left[\lim\limits_{x\to a} f(x)\right]^{1/n}=A^{1/n}$。

有了以上的極限定律，則以下的極限工具也都可以接受了：

1. 常數型：$\lim\limits_{x\to a}(c)=c$，其中 c 為一常數。

2. 多項式型：$\lim\limits_{x\to a}(b_n x^n+\cdots+b_1 x+b_0)=b_n a^n+\cdots+b_1 a+b_0$。

3. 絕對值型：$\lim\limits_{x\to a}|x|=|a|$。

4. 分式型：$\lim\limits_{x\to a}\dfrac{1}{x}=\dfrac{1}{a}$，但 $a\neq 0$。

以上性質經常用之，但須注意一個前提：**個別（單一）之極限值均應先存在後才可計算**，如下例題之說明。

例題 1 基本題

若 $f(x)=\begin{cases} x+2, & x\neq 0 \\ 1, & x=0 \end{cases}$，求 $\lim\limits_{x\to 0} f(x)=?$

解 $f(x)$ 之圖形如圖所示：

看出 $\lim\limits_{x\to 0} f(x)=\lim\limits_{x\to 0}(x+2)=2$

雖然 $f(0)\neq 2$！ ■

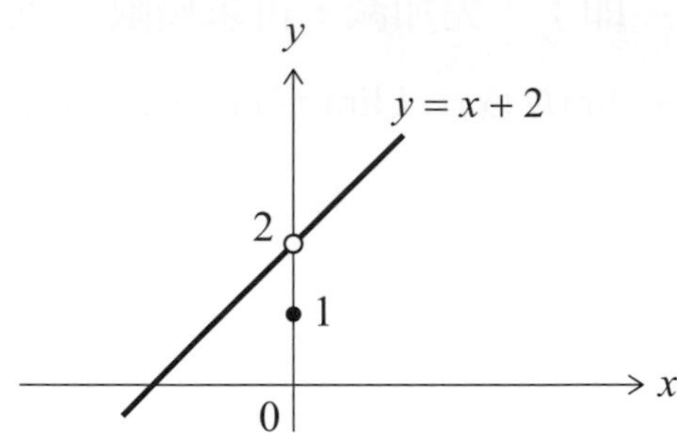

牛刀小試

若 $f(x)=\begin{cases} x+3, & x\neq 0 \\ 2, & x=0 \end{cases}$，求 $\lim\limits_{x\to 0} f(x)=?$

答：$\lim\limits_{x\to 0} f(x)=\lim\limits_{x\to 0}(x+3)=3$。

例題 2 基本題

請問 $\lim\limits_{x\to 2}\left[x^2+(-4x)\right]=\lim\limits_{x\to 2}x^2+\lim\limits_{x\to 2}(-4x)$ 是否成立？為什麼？

解 成立！

$\because \lim\limits_{x\to 2}x^2=4$，$\lim\limits_{x\to 2}(-4x)=-8$

$\therefore \lim\limits_{x\to 2}\left[x^2+(-4x)\right]=\lim\limits_{x\to 2}x^2+\lim\limits_{x\to 2}(-4x)=4-8=-4$（存在）。 ■

牛刀小試

請問 $\lim\limits_{x\to 3}(x^2+2x)=\lim\limits_{x\to 3}x^2+\lim\limits_{x\to 3}2x$ 是否成立？

答：成立！

$\because \lim\limits_{x\to 3}x^2=9$，$\lim\limits_{x\to 3}2x=6$

$\therefore \lim\limits_{x\to 3}(x^2+2x)=\lim\limits_{x\to 3}x^2+\lim\limits_{x\to 3}2x=9+6=15$（存在）。

例題 3 基本題

請問 $\lim_{x\to 0}\left[\frac{1}{x}+\left(-\frac{1}{x}\right)\right]=\lim_{x\to 0}\frac{1}{x}+\lim_{x\to 0}\left(-\frac{1}{x}\right)$ 是否成立？為什麼？

解 不成立！

$\because \lim_{x\to 0}\frac{1}{x}=\infty$（不存在）。 ■

牛刀小試

請問 $\lim_{x\to 0}\left(x\cdot\frac{1}{x}\right)=\lim_{x\to 0}x\cdot\lim_{x\to 0}\frac{1}{x}$ 是否成立？為什麼？

答：不成立！

$\because \lim_{x\to 0}\frac{1}{x}=\infty$（不存在）。

例題 4 基本題

若 $\lim_{x\to 0}f(x)=2$，$\lim_{x\to 0}g(x)=-7$，求 $\lim_{x\to 0}[3+f(x)]g(x)=?$

解 原式 $=\lim_{x\to 0}3g(x)+\lim_{x\to 0}f(x)\cdot\lim_{x\to 0}g(x)=3\cdot(-7)+2\cdot(-7)=-35$。 ■

牛刀小試

若 $\lim_{x\to 0}f(x)=2$，求 $\lim_{x\to 0}\left[3x^2+f(x)\right]=?$

答：原式 $=0+\lim_{x\to 0}f(x)=0+2=2$。

例題 5 基本題

若 $\lim_{x\to 0} f(x)=5$ ，$\lim_{x\to 0} g(x)=7$ ，求 $\lim_{x\to 0}[f(x)-3g(x)]=?$

解 原式 $=\lim_{x\to 0} f(x)-3\lim_{x\to 0} g(x)=5-3\cdot 7=-16$ 。 ■

牛刀小試

若 $\lim_{x\to 2} f(x)=4$ ，$\lim_{x\to 2} g(x)=-3$ ，求 $\lim_{x\to 2}[2f(x)-g(x)]=?$

答：原式 $=2\lim_{x\to 2} f(x)-\lim_{x\to 2} g(x)=2\cdot 4-(-3)=11$ 。

習題 2-1

1. 「已知 $f(3)=6$，則 $\lim_{x\to 3} f(x)=6$ 」，此敘述對嗎？
2. 請問 $\lim_{x\to 3}\left[\frac{1}{x-3}+\left(-\frac{1}{x-3}\right)\right]=\lim_{x\to 3}\frac{1}{x-3}+\lim_{x\to 3}\left(-\frac{1}{x-3}\right)$ 是否成立？
3. 若 $\lim_{x\to 0} f(x)=5$ ，求 $\lim_{x\to 0}\left[3x^2+f(x)\right]=?$
4. 已知 $\lim_{x\to 1} f(x)=1$ ，$\lim_{x\to 1} g(x)=-4$ ，則 $\lim_{x\to 1}[f(x)-2g(x)]=?$

2-2 極限求法

極限之計算，依目前進度整理成如下五種類型（先學會算較重要），說穿了只是「極限國」的小咖而已，先從基礎快樂學習吧！

第一型 連續函數型 → 直接代入

1. 當函數是連續就直接代入。
2. 分式型極限 $\lim_{x\to a}\frac{f(x)}{g(x)}$ 之 $g(a)\neq 0$ ，仍然直接代入！

例題 1

(1) 求 $\lim_{x\to 1}(x^2-2)=?$

(2) 求 $\lim_{x\to 1}|x-2|=?$

解 (1) 令 $x=1$ 直接代入得 $\lim_{x\to 1}(x^2-2)=-1$ 。

(2) 令 $x=1$ 直接代入得 $\lim_{x\to 1}|x-2|=|-1|=1$ 。 ■

牛刀小試

求 (1) $\lim_{x\to 1}(2x+3)=?$ (2) $\lim_{x\to 2}|x-2|=?$

答：(1) 令 $x=1$ 直接代入得 $\lim_{x\to 1}(2x+3)=2+3=5$ 。

(2) 令 $x=2$ 直接代入得 $\lim_{x\to 2}|x-2|=|0|=0$ 。

例題 2

求 $\lim_{x\to 1}\dfrac{x-4}{x^2+3x+2}=?$

解 觀察分母知 $x^2+3x+2\big|_{x=1}=6\neq 0$

故以 $x=1$ 直接代入得 $\lim_{x\to 1}\dfrac{x-4}{x^2+3x+2}=\dfrac{-3}{6}=-\dfrac{1}{2}$ 。 ■

牛刀小試

求 $\lim_{x\to 5}\dfrac{x+5}{x^2-15}=?$

答：令 $x=5$ 直接代入得原式 $=\dfrac{5+5}{25-15}=\dfrac{10}{10}=1$ 。

第二型　分子、分母同時趨近於 0 之極限（即 $\frac{0}{0}$）

若 $\lim\limits_{x\to a}\frac{f(x)}{g(x)}$ 會使 $g(a)=0$ ，則會有以下二種結果：

1. 若 $f(a)\neq 0$，則不用計算即知極限不存在。
2. 若 $f(a)=0$，則極限可能存在、亦可能不存在，需進一步計算才知。

◆ 計算策略 ◆

設法把分母會是 0 之因素消除！方法如下：

因式分解：將產生 0 之因式提出來約掉。

（基本原則：使分母不為 0）

例題 3

求 $\lim\limits_{x\to 2}\frac{x^2-5x+6}{x^2-4}=?$

解　本題考的是「因式分解」！

$$\text{原式}=\lim_{x\to 2}\frac{(x-3)\cancel{(x-2)}}{(x+2)\cancel{(x-2)}}=\lim_{x\to 2}\frac{x-3}{x+2}=\frac{-1}{4}\text{。}\quad\blacksquare$$

牛刀小試

求 $\lim\limits_{x\to 2}\frac{x^2+3x-10}{x^2+x-6}=?$

答：原式 $=\lim\limits_{x\to 2}\frac{(x+5)(x-2)}{(x-2)(x+3)}=\frac{7}{5}$。

例題 4

求 $\lim\limits_{x\to 2}\frac{x(x-2)}{x^2-4x+4}=?$

解　原式 $=\lim\limits_{x\to 2}\frac{x(x-2)}{(x-2)^2}=\lim\limits_{x\to 2}\frac{x}{x-2}=$ 不存在。 ■

牛刀小試

求 $\lim_{x\to 3}\dfrac{(x-1)(x-3)}{x^2-6x+9}=?$

答：原式 $=\lim_{x\to 3}\dfrac{(x-1)(x-3)}{(x-3)^2}=\lim_{x\to 3}\dfrac{x-1}{x-3}=$ 不存在。

第三型　趨近 ∞ 之極限

當 $x\to\infty$ 時，導致函數或分子、分母會趨近無限大，這時將函數儘量化成「**分式型式**」，藉由產生分子、分母以比較大小，作者稱為「九牛一毛」法，即利用「一毛」與「九牛」相比之下可略去的觀念而求出極限。

◆計算策略◆

$$\lim_{x\to\infty}\frac{a_m x^m+\cdots+a_1x+a_0}{b_n x^n+\cdots+b_1x+b_0}=\begin{cases}\text{分母次方 } n>\text{分子次方 } m,\ 0\\ \text{分母次方 } n=\text{分子次方 } m,\ \dfrac{a_m}{b_n}\\ \text{分母次方 } n<\text{分子次方 } m,\ \pm\infty\end{cases}$$

例題 5

$\lim_{x\to\infty}\dfrac{x^2+x+2}{2x^3+4x^2+x}=0$，分母次方 > 分子次方

$\lim_{x\to\infty}\dfrac{2x^3+4x^2+x+2}{x^2+x+5}=\infty$，分母次方 < 分子次方

$\lim_{x\to\infty}\dfrac{2x^2+x+1}{3x^2+x}=\dfrac{2}{3}$，分母次方 = 分子次方

牛刀小試

求 $\lim_{x\to\infty}\dfrac{8x^2-4x+5}{(5x-1)^2}=?$

答：分母次方 = 分子次方，比較最高次方之係數即可！得 $\dfrac{8}{5^2}$。

第四型 左右極限之求法

有些函數在某些點的左、右附近，會有變號、跳動或振盪的情形發生，就必須考慮左右極限，例如函數 $f(x)=\dfrac{|x|}{x}$ 在原點之情形如下圖所示：

$$f(x)=\frac{|x|}{x}=\begin{cases}\dfrac{x}{x}=1 \text{ , } x>0\\ \dfrac{-x}{x}=-1 \text{ , } x<0\end{cases}$$

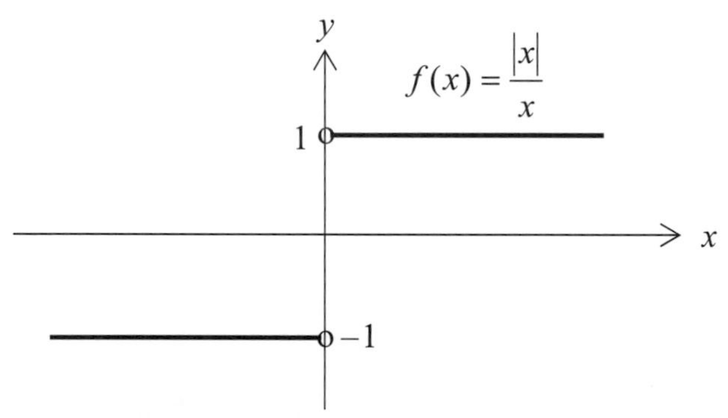

此時欲求得函數之極限值，需右極限或左極限分別計算，通稱左、右極限為單邊極限（one-side limit），請看如下之定義：

定義

右極限、左極限

設 $f(x)$ 為一函數，$b\in R$，對任意給定之正數 ε，都能找到 $\delta>0$，使得當 $a<x<a+\delta$ 時，有 $|f(x)-b|<\varepsilon$，則稱 $f(x)$ 之右極限（right limit）為 b，記為 $\lim\limits_{x\to a^+} f(x)=b$。

同理，可將左極限（left limit）記為 $\lim\limits_{x\to a^-} f(x)=b$。

說穿了，從右邊逼近就是右極限，從左邊逼近就是左極限。

故知：左、右極限僅是原先極限之單邊特例也，當函數有不連續之情況，或依題意要求時，左、右極限之計算就可派上用場。

觀念說明

由極限之定義 $\lim_{x \to a} f(x) = b$，此極限存在之意義乃表示：不論左極限或右極限，其極限都存在且相同，使得 $f(x)$ 之值在 $x = a$ 點附近無變號或跳動現象！故

$$\lim_{x \to a} f(x) = b \iff \lim_{x \to a^+} f(x) = \lim_{x \to a^-} f(x) = b$$

即「**極限若存在，則必唯一**」，可視為極限之「基本事實」也！

以下整理出（憑數學常識就對了！）會用到單邊極限之三種函數類型：

1. **條件型函數**：如 $f(x) = \begin{cases} x+1, & x \le -1 \\ -x, & -1 < x < 1 \\ 2x-3, & x \ge 1 \end{cases}$。

2. **絕對值函數**：如 $f(x) = |x-a| = \begin{cases} x-a, & x \ge a \\ a-x, & x < a \end{cases}$。

3. **高斯函數**：如 $f(x) = [x]$。

例題 6

若 $f(x) = \begin{cases} x+1, & -2 \le x < 0 \\ 2, & x = 0 \\ -x, & 0 < x < 2 \\ 0, & x = 2 \\ x-4, & 2 < x \le 4 \end{cases}$，求 $\lim_{x \to 0} f(x) = ?$ $\lim_{x \to 2} f(x) = ?$

解 此類題目先畫圖即可回答！

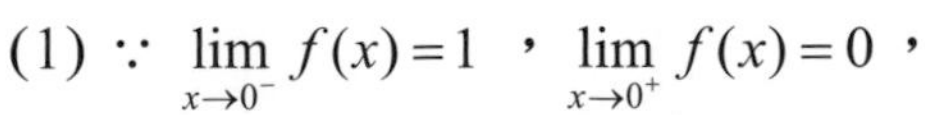

(1) $\because \lim_{x \to 0^-} f(x) = 1$，$\lim_{x \to 0^+} f(x) = 0$，

$\therefore \lim_{x \to 0} f(x)$ 不存在。

(2) $\because \lim_{x \to 2^-} f(x) = -2$，$\lim_{x \to 2^+} f(x) = -2$，

$\therefore \lim_{x \to 2} f(x) = -2$。 ■

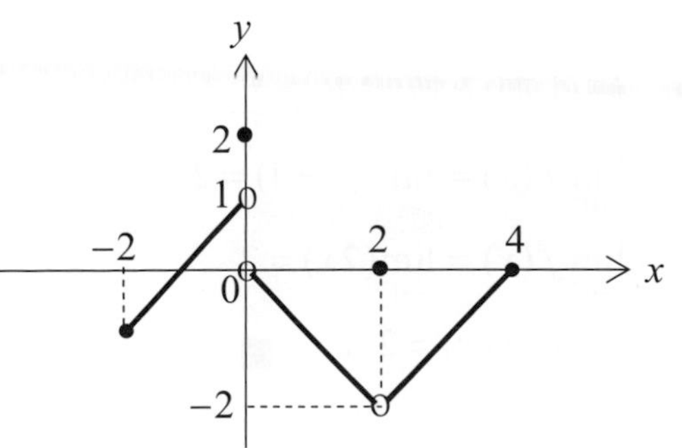

牛刀小試

若 $f(x)=\begin{cases}1-x, & -1\le x<0\\ x^2-1, & 0\le x\le 1\\ -x+2, & 1<x<2\\ 1, & x=2\\ 2x-4, & 2<x\le 3\end{cases}$，求 $\lim\limits_{x\to 0}f(x)=?$ $\lim\limits_{x\to 1}f(x)=?$ $\lim\limits_{x\to 2}f(x)=?$

答：

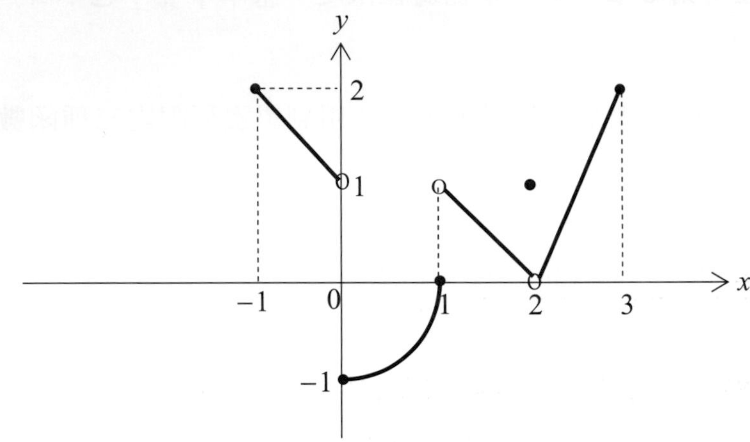

$\because \lim\limits_{x\to 0^-}f(x)=1$，$\lim\limits_{x\to 0^+}f(x)=-1$，$\therefore \lim\limits_{x\to 0}f(x)$ 不存在。

$\because \lim\limits_{x\to 1^-}f(x)=0$，$\lim\limits_{x\to 1^+}f(x)=1$，$\therefore \lim\limits_{x\to 1}f(x)$ 不存在。

$\because \lim\limits_{x\to 2^-}f(x)=0$，$\lim\limits_{x\to 2^+}f(x)=0$，$\therefore \lim\limits_{x\to 2}f(x)=0$。

例題 7

若 $f(x)=\begin{cases}2x, & x<1\\ x^2+1, & x>1\end{cases}$，求 $\lim\limits_{x\to 1}f(x)=?$

解 條件型函數需考慮左右極限！

$\lim\limits_{x\to 1^+}f(x)=\lim\limits_{x\to 1^+}(x^2+1)=2$

$\lim\limits_{x\to 1^-}f(x)=\lim\limits_{x\to 1^-}(2x)=2$

故 $\lim\limits_{x\to 1}f(x)=2$。■

牛刀小試

若 $f(x)=\begin{cases}3x, & x<2\\ x^2+2, & x>2\end{cases}$，求 $\lim\limits_{x\to 2} f(x)=?$

答：$\lim\limits_{x\to 2^+} f(x)=\lim\limits_{x\to 2^+}(x^2+2)=6$

$\lim\limits_{x\to 2^-} f(x)=\lim\limits_{x\to 2^-}(3x)=6$

故 $\lim\limits_{x\to 2} f(x)=6$ 。

例題 8

求 $\lim\limits_{x\to 2}\dfrac{x-2}{|x-2|}=?$

解 有變號之情形下，需考慮左右極限！

$$\lim_{x\to 2^+}\frac{x-2}{|x-2|}=\lim_{x\to 2^+}\frac{x-2}{x-2}=1$$

$$\lim_{x\to 2^-}\frac{x-2}{|x-2|}=\lim_{x\to 2^-}\frac{x-2}{2-x}=-1$$

故極限不存在。 ■

牛刀小試

求 $\lim\limits_{x\to 0}(\dfrac{|x|}{x}+2x)=?$

答：$\lim\limits_{x\to 0^+}(\dfrac{|x|}{x}+2x)=\lim\limits_{x\to 0^+}(\dfrac{x}{x}+2x)=1$，$\lim\limits_{x\to 0^-}(\dfrac{|x|}{x}+2x)=\lim\limits_{x\to 0^-}(\dfrac{-x}{x}+2x)=-1$

故極限不存在。

例題 9

求 $\lim\limits_{x\to -2^+} x\dfrac{|x+2|}{x+2}=?$

解 題意僅要求單邊極限！

原式 $=\lim\limits_{x\to -2^+} x\dfrac{x+2}{x+2}=-2\cdot 1=-2$ 。 ■

牛刀小試

求 $\lim\limits_{x\to 2^-} x\dfrac{x-2}{|x-2|}=?$

答：原式 $=\lim\limits_{x\to 2^-} x\dfrac{x-2}{-(x-2)}=2\cdot(-1)=-2$ 。

例題 10

求 $\lim\limits_{x\to 3}\dfrac{|5-2x|-|x-2|}{|x-5|-|3x-7|}=?$

解 $x=3$ 不是其絕對值（ $|5-2x|$ 、⋯）的轉折點，
故不必再算左、右極限，只要直接計算即可！

原式 $=\lim\limits_{x\to 3}\dfrac{(2x-5)-(x-2)}{(5-x)-(3x-7)}=\lim\limits_{x\to 3}\dfrac{x-3}{12-4x}=-\dfrac{1}{4}$ 。 ■

牛刀小試

$\lim\limits_{x\to 0}\dfrac{|2x-1|-|2x+1|}{2x}=?$

答：原式 $=\lim\limits_{x\to 0}\dfrac{(1-2x)-(2x+1)}{2x}=\lim\limits_{x\to 0}\dfrac{-4x}{2x}=-2$ 。

例題 11

求 $\lim\limits_{x\to 1}[x+1]=?$ 其中 [ ] 為高斯函數。

解 右極限 $=\lim\limits_{x\to 1^+}[x+1]=2$ ，左極限 $=\lim\limits_{x\to 1^-}[x+1]=1$

想像 $x=1.1$　　　　想像 $x=0.9$

故 $\lim\limits_{x\to 1}[x+1]$ 不存在。 ■

牛刀小試

求 $\lim\limits_{x\to 1}[2x-1]=?$

答：右極限 $=\lim\limits_{x\to 1^+}[2x-1]=1$，左極限 $=\lim\limits_{x\to 1^-}[2x-1]=0$

想像 $x=1.1$　　想像 $x=0.9$

故 $\lim\limits_{x\to 1}[2x-1]$ 不存在。

例題 12

求 $\lim\limits_{x\to 1}([x]+[x-1])=?$ 其中 [ ] 為高斯函數。

解 右極限 $=\lim\limits_{x\to 1^+}(1+0)=1$，左極限 $=\lim\limits_{x\to 1^-}(0-1)=-1$

想像 $x=1.1$　　想像 $x=0.9$

故 $\lim\limits_{x\to 1}([x]+[x-1])$ 不存在。 ■

牛刀小試

求 $\lim\limits_{x\to 0}([1-x]+[x+2])=?$

答：右極限 $=\lim\limits_{x\to 0^+}(0+2)=2$，左極限 $=\lim\limits_{x\to 0^-}(1+1)=2$

想像 $x=0.1$　　想像 $x=-0.1$

故 $\lim\limits_{x\to 0}([1-x]+[x+2])=2$。

第五型 夾擠定理

若極限難求時，可取某一個不等式，然後逼迫二側之值使其相等，則所求之極限便被夾擠而求得了。現敘述此一定理如下。

定理 夾擠定理

若 $g(x)\le f(x)\le h(x)$，且 $\lim\limits_{x\to a}g(x)=\lim\limits_{x\to a}h(x)=L$，則 $\lim\limits_{x\to a}f(x)=L$。

學習上可將三明治定理視為理所當然之事實，同學不需會證明。幾何意義如下：

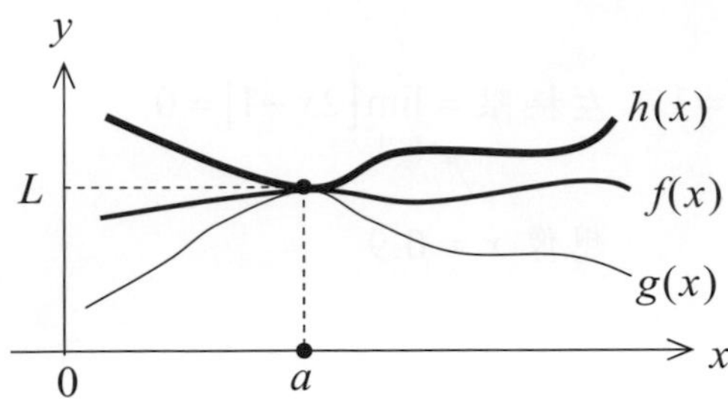

觀念說明

夾擠定理乃是使用其它方法皆失敗後才使用之方法，且常配合高斯函數使用，如 $x-1<[x]\le x$ 。

例題 13

求 $\lim\limits_{x\to 0^+} x^2\left[\dfrac{1}{x}\right]=?$ 其中 [ ] 表高斯函數。

解 對高斯函數，必有 □ $-1<$ [□] $\le$ □，其中 □ 表示任何變數！

$\because\ \dfrac{1}{x}-1<\left[\dfrac{1}{x}\right]\le\dfrac{1}{x}\xrightarrow{\times x^2}x^2(\dfrac{1}{x}-1)<x^2\left[\dfrac{1}{x}\right]\le x^2(\dfrac{1}{x})$

即 $x-x^2<x^2\left[\dfrac{1}{x}\right]\le x$

取極限得 $\lim\limits_{x\to 0^+} x^2\left[\dfrac{1}{x}\right]=0$ 。 ■

牛刀小試

求 $\lim\limits_{x\to 0}\left[\dfrac{1}{x^3}\right]x^4=?$

答：$\because\ \dfrac{1}{x^3}-1<\left[\dfrac{1}{x^3}\right]\le\dfrac{1}{x^3}$ ，$\therefore\ x^4(\dfrac{1}{x^3}-1)<x^4\left[\dfrac{1}{x^3}\right]\le\dfrac{x^4}{x^3}$

即 $x-x^4<x^4\left[\dfrac{1}{x^3}\right]\le x$ ，取極限得 $\lim\limits_{x\to 0}\left[\dfrac{1}{x^3}\right]x^4=0$ 。

習題 2-2

1. 求 $\lim_{x\to -1}(-x^2-6x+5)=?$

2. 求 $\lim_{x\to 2}(2x^2+15x-10)=?$

3. 求 $\lim_{x\to 3}\frac{x^2-7x}{x+5}=?$

4. 求 $\lim_{x\to 8}\frac{x^2+5x-24}{x^2+10x+16}=?$

   提示：$x^2+10x+16=(x+2)(x+8)$

5. 求 $\lim_{x\to 0}\frac{x^3-2x+4}{x^2}=?$

6. 求 $\lim_{x\to 1}\frac{x(x-1)^2}{(x-1)^2}=?$

7. 求 $\lim_{x\to \infty}\frac{x^2-4}{3-7x-3x^2}=?$

8. 求 $\lim_{x\to 2}\frac{x^2+x-6}{x^2-4}=?$

9. 求 $\lim_{x\to 1}\frac{x^2-x}{x^2-2x+1}=?$

10. 求 $\lim_{x\to -1}\frac{x^2-x-2}{x+1}=?$

11. 求 $\lim_{x\to \infty}\frac{x^2+x-5}{1-2x-x^3}=?$

12. 求 $\lim_{x\to 0}x\left[\frac{1}{x}\right]=?$

13. 求 $\lim_{x\to 0}\frac{|x^3|}{x^3}=?$

14. $\lim_{x\to -3}\frac{x+3}{|x+3|}=?$

15. 求 $\lim_{x\to -1}\frac{|x|-1}{x+1}=?$

16. 求 $\lim_{x\to 0^-}\left(\frac{1}{x}+\frac{1}{|x|}\right)=?$

17. 求 $\lim_{x\to 1^-}([x]-|x|)=?$

18. 求 $\lim_{x\to 0}\left(\frac{1}{x}-\frac{1}{|x|}\right)=?$

19. 設 $f(x)=\begin{cases} x^2+3, & x\le 3 \\ 2x+a, & x>3 \end{cases}$，若 $\lim\limits_{x\to 3} f(x)$ 存在，求 $a=$ ？

提示：注意左、右極限。

20. 設 $f(x)=\begin{cases} 2x+1 & , x\le 0 \\ x^2+2x+a, & x>0 \end{cases}$，若 $\lim\limits_{x\to 0} f(x)$ 存在，求 $a=$ ？

21. $y=f(x)$ 之圖形如右圖所示，求：

(1) $\lim\limits_{x\to 3^-} f(x)=?$

(2) $\lim\limits_{x\to 3} f(x)=?$

(3) $f(3)=?$

(4) $\lim\limits_{x\to 5^-} f(x)=?$

(5) $\lim\limits_{x\to 5^+} f(x)=?$

(6) $f(5)=?$

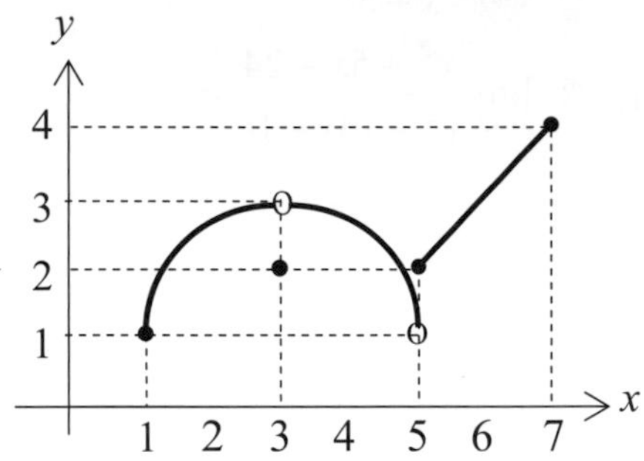

22. $y=f(x)$ 之圖形如圖所示，求：

(1) $\lim\limits_{x\to 1^-} f(x)=?$

(2) $\lim\limits_{x\to 1^+} f(x)=?$

(3) $f(1)=?$

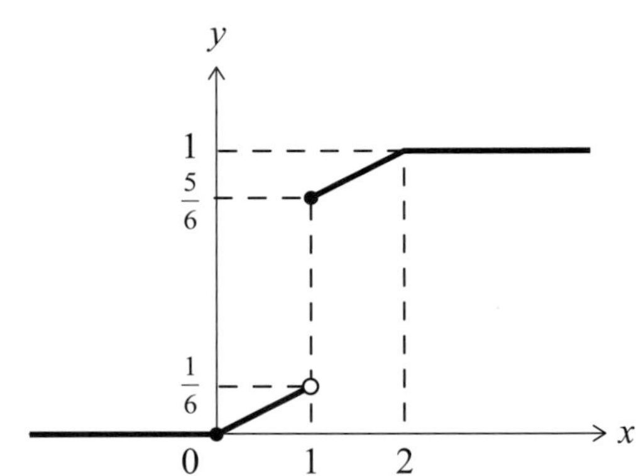

23. $y=f(x)$ 之圖形如圖所示，求：

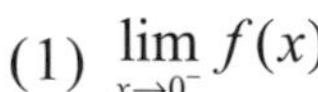
(1) $\lim\limits_{x\to 0^-} f(x)$

(2) $\lim\limits_{x\to 0^+} f(x)$

(3) $\lim\limits_{x\to 0} f(x)$

(4) $f(2)$

(5) $\lim\limits_{x\to 4} f(x)$

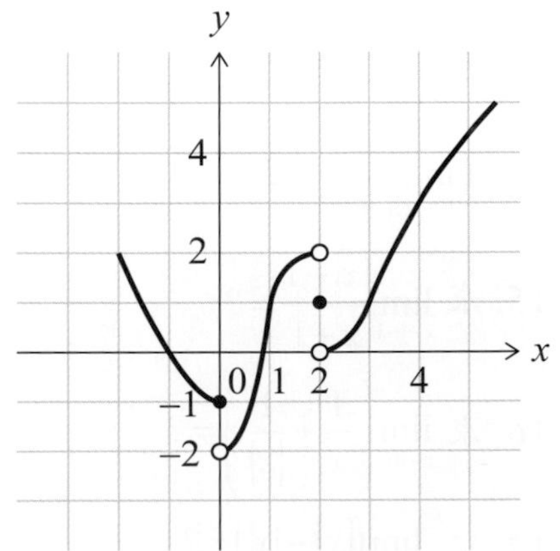

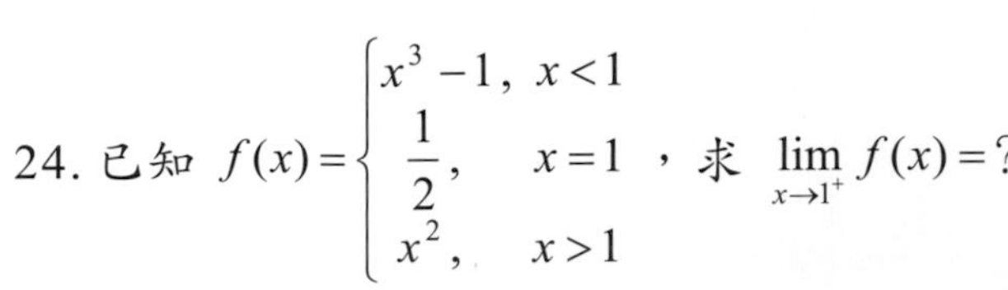
24. 已知 $f(x)=\begin{cases} x^3-1, & x<1 \\ \dfrac{1}{2}, & x=1 \\ x^2, & x>1 \end{cases}$，求 $\lim\limits_{x\to 1^+} f(x)=?$

25. 已知 $f(x)=\begin{cases}(1+x)^2, & x<-1\\ \dfrac{1}{(1+x)^2}, & x>-1\end{cases}$，求 $\lim\limits_{x\to -1^+} f(x)=?$

26. 已知 $f(x)=\begin{cases}x^2+4, & x<2\\ x^3, & x>2\end{cases}$，求 $\lim\limits_{x\to 2} f(x)=?$

提示：注意左、右極限。

27. 若 $f(x)=\begin{cases}x+1, & x<2\\ x^2, & x=2\\ 2x-1, & x>2\end{cases}$，求 $\lim\limits_{x\to 2} f(x)=?$

提示：注意左、右極限。

2-3 圖形之連續性

何謂圖形之連續？顧名思義，圖形外觀上沒有「缺口」即為連續！先看以下三個圖形與說明：

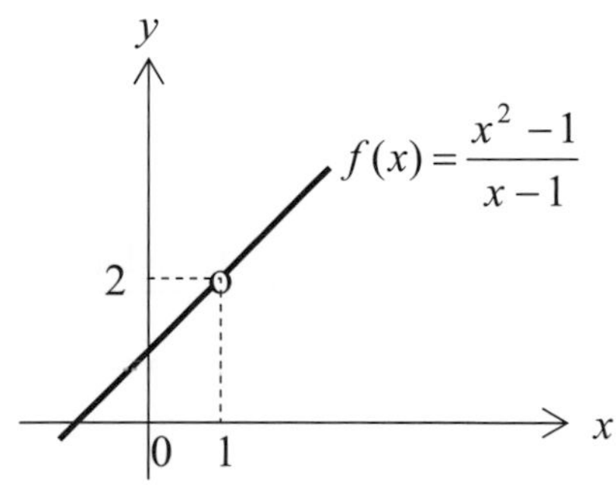

對此圖，計算 $f(x)$ 在 $x=1$ 的極限如下：

$$\lim_{x\to 1} f(x)=\lim_{x\to 1}\frac{x^2-1}{x-1}=\lim_{x\to 1}\frac{(x+1)(x-1)}{x-1}=2 \text{ 存在}$$

但 $f(1)$ 不存在

因此看出圖形在 $x=1$ 不連續！（有缺口）

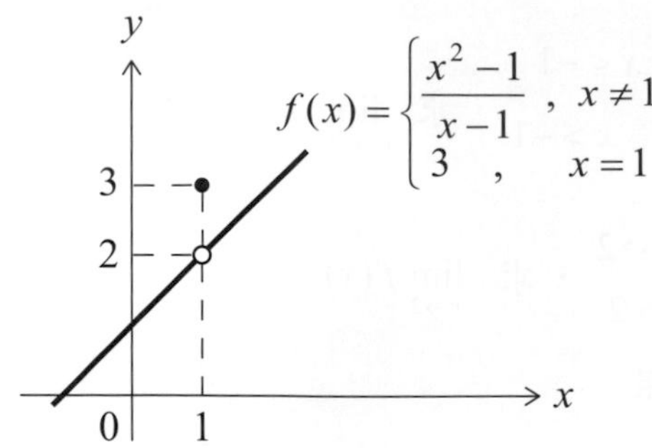

對此圖，計算 $f(x)$ 在 $x=1$ 的極限如下：

$\lim_{x\to 1} f(x)=\lim_{x\to 1}\frac{x^2-1}{x-1}=\lim_{x\to 1}\frac{(x+1)(x-1)}{x-1}=2$ 存在

但 $f(1)=3$

因此看出圖形在 $x=1$ 仍不連續！（有缺口）

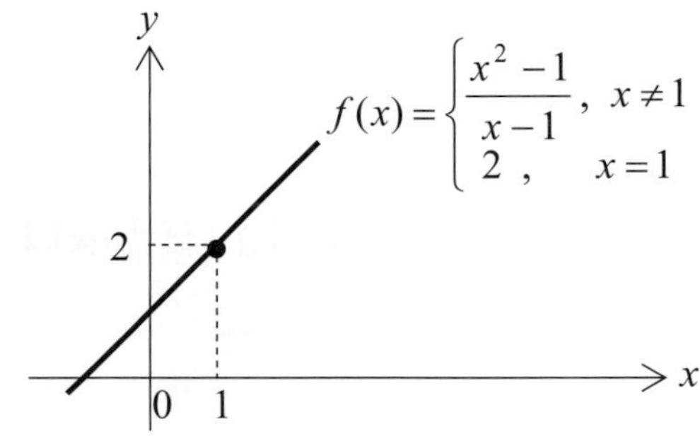

對此圖，計算 $f(x)$ 在 $x=1$ 的極限如下：

$$\lim_{x\to 1} f(x)=\lim_{x\to 1}\frac{x^2-1}{x-1}=\lim_{x\to 1}\frac{(x+1)(x-1)}{x-1}=2$$

且有 $f(1)=2$

看出圖形在 $x=1$ 已經連續！

因此可知當 $x\to a$ 時，$f(x)$ 的極限值不只要存在，還要等於 $f(a)$，則圖形即可被「連接」而連續！所以若利用「數學話」來定義連續，應有如下之敘述。

定義

連續

若 $\lim_{x\to a} f(x)=f(a)$，則 $f(x)$ 在 $x=a$ 連續（continuity）。

因此，從定義知欲證明一個函數 $f(x)$ 在 $x=a$ 是否連續，須測試以下三步驟：

1. $\lim_{x\to a} f(x)$ 存在（此為**極限之求法**）
2. $f(a)$ 有定義（即 $f(a)$ 存在，此為**函數之定義或求法**）
3. 且 $\lim_{x\to a} f(x)=f(a)$

其中步驟 1. 與 2. 在計算上是獨立事件（也就是無關）！請見以下例題之說明。

例題 1

若 $f(x)=\begin{cases} x+4, & x\neq 0 \\ 4, & x=0 \end{cases}$，問 $f(x)$ 在 $x=0$ 是否連續？

解 $\because f(0)=4$

且 $\lim_{x\to 0} f(x)=\lim_{x\to 0}(x+4)=4$

故 $f(x)$ 在 $x=0$ 為連續。 ■

牛刀小試

若 $f(x)=\begin{cases} x+5, & x\neq 0 \\ 5, & x=0 \end{cases}$，則 $f(x)$ 在 $x=0$ 連續否？

答：$\because f(0)=5$，且 $\lim_{x\to 0} f(x)=\lim_{x\to 0}(x+5)=5$，故 $f(x)$ 在 $x=0$ 為連續。

例題 2

若 $f(x)=\begin{cases} x+2, & x\neq 0 \\ 1, & x=0 \end{cases}$，問 $f(x)$ 在 $x=0$ 是否連續？

解　$\because f(0)=1$

且 $\lim\limits_{x\to 0} f(x)=\lim\limits_{x\to 0}(x+2)=2$

故 $f(x)$ 在 $x=0$ 為不連續。■

牛刀小試

若 $f(x)=\begin{cases} x+5, & x\neq 0 \\ 0, & x=0 \end{cases}$，則 $f(x)$ 在 $x=0$ 連續否？

答：$\because f(0)=0$，且 $\lim\limits_{x\to 0} f(x)=\lim\limits_{x\to 0}(x+5)=5$，故 $f(x)$ 在 $x=0$ 不連續。

例題 3

若 $f(x)=\begin{cases} x^2, & x\geq 0 \\ x, & x<0 \end{cases}$，問 $f(x)$ 在 $x=0$ 是否連續？

解　因為 $\lim\limits_{x\to 0^+} f(x)=\lim\limits_{x\to 0^+} x^2=0$

$\lim\limits_{x\to 0^-} f(x)=\lim\limits_{x\to 0^-} x=0$

$\therefore \lim\limits_{x\to 0} f(x)=0$

又 $f(0)=0^2=0$，故 $f(x)$ 在 $x=0$ 為連續。■

牛刀小試

若 $f(x)=\begin{cases} (x-1)^2, & x\geq 1 \\ x-1, & x<1 \end{cases}$，則 $f(x)$ 在 $x=1$ 連續否？

答：因為 $\lim\limits_{x\to 1^+} f(x)=\lim\limits_{x\to 1^+}(x-1)^2=0$

$\lim\limits_{x\to 1^-} f(x)=\lim\limits_{x\to 1^-}(x-1)=0$

$\therefore \lim\limits_{x\to 1} f(x)=0$

又 $f(1)=(1-1)^2=0$，故 $f(x)$ 在 $x=1$ 為連續。

例題 4

若 $f(x)=\begin{cases}\dfrac{k(x^2-4)+x-2}{x-2}, & x\neq 2\\ 3, & x=2\end{cases}$ 在 $x=2$ 連續，則 k 值為何？

解

(1) $f(2)=3$ 是存在的。

(2) $\lim\limits_{x\to 2} f(x)$ 要存在，且其值為 3，即 $\lim\limits_{x\to 2}\dfrac{k(x^2-4)+x-2}{x-2}=3$

由 $\lim\limits_{x\to 2}\dfrac{k(x^2-4)+x-2}{x-2}=\lim\limits_{x\to 2}\dfrac{(x-2)[k(x+2)+1]}{x-2}=4k+1=3$

知 $k=\dfrac{1}{2}$ 。 ■

牛刀小試

若 $f(x)=\begin{cases}\dfrac{k(x^2-9)-x+3}{x-3}, & x\neq 3\\ 5, & x=3\end{cases}$ 在 $x=3$ 連續，則 k 值為何？

答：由 $\lim\limits_{x\to 3}\dfrac{k(x^2-9)-x+3}{x-3}=\lim\limits_{x\to 3}\dfrac{(x-3)[k(x+3)-1]}{x-3}=6k-1=5$，知 $k=1$。

例題 5

設 $f(x)=\begin{cases}ax+1, & x<-1\\ 3x+b, & -1\le x<2\\ x^2+1, & x\ge 2\end{cases}$ 為連續函數，求 a、$b=$？

解 只看特殊點即可！

在點 $x=-1$：由 $f(-1^-)=f(-1^+)\to -a+1=-3+b$

在點 $x=2$：由 $f(2^-)=f(2^+)\to 6+b=5$ 。

由 $\begin{cases}-a=-4+b\\ 6+b=5\end{cases}\xrightarrow{\text{解得}} a=5,\ b=-1$ 。 ■

牛刀小試

若 $f(x)=\begin{cases} x+2，x<2 \\ ax^2-bx+3，2\le x<3 \\ 2x-a+b，x\ge 3 \end{cases}$ 為連續函數，則 a、$b=$？

答：$f(2^-)=\lim\limits_{x\to 2^-}(x+2)=4$ ，$f(2^+)=\lim\limits_{x\to 2^+}(ax^2-bx+3)=4a-2b+3$

又 $f(3^-)=9a-3b+3$，$f(3^+)=6-a+b$

由 $\begin{cases} f(2^-)=f(2^+)\to 4a-2b=1 \\ f(3^-)=f(3^+)\to 10a-4b=3 \end{cases}\xrightarrow{\text{解得}} a=\dfrac{1}{2}$，$b=\dfrac{1}{2}$。

由 $f(x)$ 在某一點連續性與極限之計算，可知：若 $f(x)$ 之極限不存在，則 $f(x)$ 一定不連續；即使 $f(x)$ 之極限存在，$f(x)$ 也不一定連續！因此心得如下：

心得 極限存在 $\xrightarrow{\text{不一定}}$ 連續；連續 $\xrightarrow{\text{一定}}$ 極限存在

又連續函數有哪些定理或事實可以當數學常識加以應用呢？請見以下的定理與說明。

定理　多項式之連續性

多項式處處連續。（早就是常識！）

定理　連續函數四則運算的連續狀況

$f(x)$、$g(x)$ 在 $x=a$ 皆連續，且 $g(a)\neq 0$，則 $f(x)\pm g(x)$、$f(x)\cdot g(x)$、$\dfrac{f(x)}{g(x)}$ 在 $x=a$ 皆連續。

定理　中間值定理

若函數 $f(x)$ 在 $[a, b]$ 上連續，且最大值與最小值分別為 M、m，則介於 M 與 m 間之任意 k 值（$m<k<M$），必存在一點 c 介於 a、b 之間，使得 $f(c)=k$。

此定理成立之事實可由下圖幾何意義而得知！

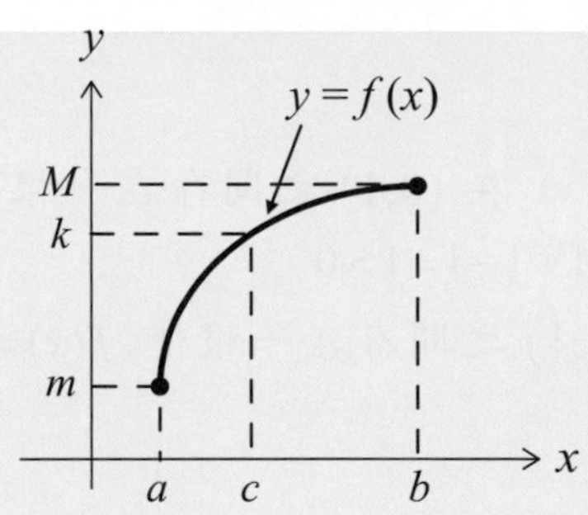

定理 勘根定理──中間值定理之特例

設 $f(x)$ 在 $[a,b]$ 為連續，且 $f(a)f(b)<0$，則至少存在一數 $c\in(a,b)$ 使得 $f(c)=0$（即 c 為 $f(x)=0$ 之根）。

勘根定理（root theorem）之幾何意義如下：將中間值定理（intermediate value theorem）之圖形往下平移就是勘根定理！

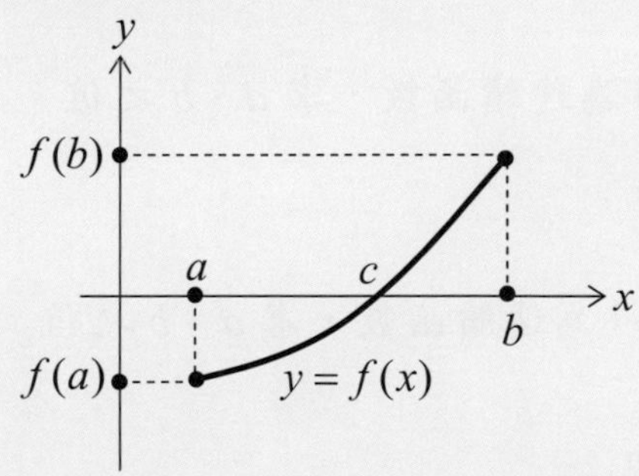

例題 6 說明題

若 $f(x)=x^3+x^2-1$，證明 $f(x)$ 在 $(0,1)$ 之間存在一根。

解 $\because f(0)=-1<0$

$f(1)=1+1-1=1>0$

故依據勘根定理知在 $(0,1)$ 之間存在一根使 $f(x)=0$。■

牛刀小試

若 $f(x)=x^3+x-1$，證明 $f(x)$ 在 $(0,1)$ 之間存在一根。

答：$\because f(0)=-1<0$，$f(1)=1+1-1=1>0$

故依據勘根定理知在 $(0,1)$ 之間存在一根使 $f(x)=0$。

習題 2-3

1. 設 $f(x)=\begin{cases}3x+2, & x\neq 0\\ 2, & x=0\end{cases}$，問 $f(x)$ 在 $x=0$ 是否連續？

2. 設 $f(x)=\begin{cases}x^2+2x+1, & x\neq 0\\ 3, & x=0\end{cases}$，問 $f(x)$ 在 $x=0$ 是否連續？

3. 設 $f(x)=\begin{cases}(x-5)^2, & x\geq 5\\ x-5, & x<5\end{cases}$，則 $f(x)$ 在 $x=5$ 連續否？

   提示：注意左、右極限。

4. 設 $f(x)=\begin{cases}x+1, & x<0\\ a+x^2, & 0\leq x<1\\ bx, & x\geq 1\end{cases}$ 為連續函數，求 a、b 之值。

5. 設 $f(x)=\begin{cases}-3, & x\leq -1\\ ax+b, & -1<x\leq 1\\ 3, & x>1\end{cases}$ 為連續函數，求 a、b 之值。

6. 已知 $f(x)=\begin{cases}x+4, & x<2\\ x^3-2, & x>2\end{cases}$，則 $f(x)$ 在 $x=2$ 連續嗎？

   提示：注意連續之定義。

7. 若 $f(x)=x^5+x-1$，證明 $f(x)$ 在 $(0,1)$ 之間存在一根。

   提示：利用勘根定理。

8. 若 $f(x)=x^{100}-9x^2+1$，證明 $f(x)$ 在 $(0,1)$ 之間存在一根。

2-4 漸近線

本節說明極限之應用──求函數之漸近線（asymptote），在繪圖與商業應用上皆有幫助。此處將函數 $y=f(x)$ 在 x-y 平面之漸近線依「外型」分為二類，分別說明如下：

定義

垂直漸近線

(1) 若 $\lim_{x\to a} y(x)=\infty$ ，則 $x = a$ 為 $y(x)$ 之垂直漸近線（vertical asymptote）。

(2) 若 $\lim_{x\to b} y(x)=-\infty$ ，則 $x = b$ 為 $y(x)$ 之垂直漸近線。

例如： $y=\dfrac{1}{(x+1)(x-3)}$

由 $\lim_{x\to 3}\dfrac{1}{(x+1)(x-3)}=\pm\infty$ ，知 $x = 3$ 為垂直漸近線

由 $\lim_{x\to -1}\dfrac{1}{(x+1)(x-3)}=\pm\infty$，知 $x = -1$ 為垂直漸近線

如下圖所示：

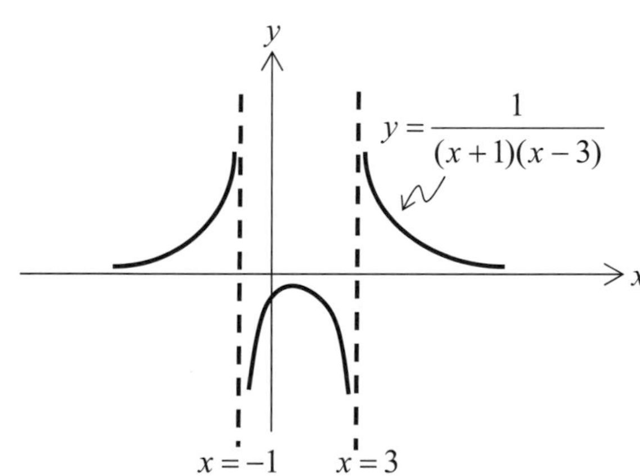

觀察法：使分母為 0 之方程式就是垂直漸近線！

註明：依幾何特性，若 $y(x)$ 在 $(-\infty, \infty)$ 為連續函數，則無垂直漸近線！且垂直漸近線若存在，可以容許有無限多條！

定義

水平漸近線

(1) 若 $\lim_{x\to\infty} y(x)=a$ ，則 $y = a$ 為 $y(x)$ 之水平漸近線（horizontal asymptote）。

(2) 若 $\lim_{x\to -\infty} y(x)=b$ ，則 $y = b$ 為 $y(x)$ 之水平漸近線。

例如：$y=\dfrac{\sqrt{x^2+1}}{x}$

由 $\lim\limits_{x\to\infty}\dfrac{\sqrt{x^2+1}}{x}=1$，知 $y=1$ 為一水平漸近線

$\lim\limits_{x\to-\infty}\dfrac{\sqrt{x^2+1}}{x}=-1$，知 $y=-1$ 為一水平漸近線

如下圖所示：

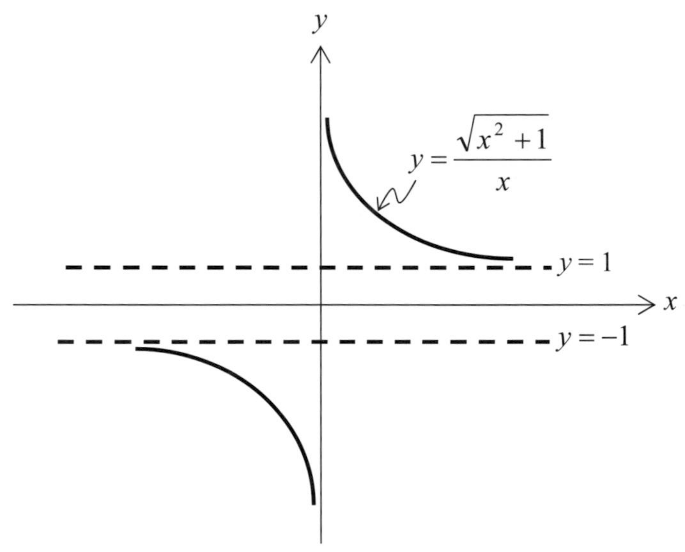

說明：由定義（即當 $x\to\infty$，或 $x\to-\infty$）得知，每個圖形的水平漸近線若存在，則「至多」有二條！

例題 1

求 $f(x)=\dfrac{x+3}{(x-3)(x+1)}$ 之水平與垂直漸近線。

解 $\lim\limits_{x\to-1}\dfrac{x+3}{(x-3)(x+1)}=\infty$，$x=-1$ 為垂直漸近線。

$\lim\limits_{x\to3}\dfrac{x+3}{(x-3)(x+1)}=\infty$，$x=3$ 為垂直漸近線。

$\lim\limits_{x\to\infty}\dfrac{x+3}{(x-3)(x+1)}=0$，$y=0$ 為水平漸近線。 ■

牛刀小試

求 $f(x)=\dfrac{4x+1}{x(x-1)}$ 之漸近線？

答：$\lim\limits_{x\to 0}\dfrac{4x+1}{x(x-1)}=\infty$，得 $x=0$ 為垂直漸近線。

$\lim\limits_{x\to 1}\dfrac{4x+1}{x(x-1)}=\infty$，得 $x=1$ 為垂直漸近線。

$\lim\limits_{x\to\infty}\dfrac{4x+1}{x(x-1)}=0$，得 $y=0$ 為水平漸近線。

例題 2

求 $y=\dfrac{x}{x^2+1}$ 之漸近線？

解 由 $\lim\limits_{x\to\infty}\dfrac{x}{x^2+1}=0$，得 $y=0$ 為水平漸近線。 ■

牛刀小試

求 $f(x)=\dfrac{2x}{3x^2+1}$ 之漸近線？

答：由 $\lim\limits_{x\to\infty}\dfrac{2x}{3x^2+1}=0$，得 $y=0$ 為水平漸近線。

例題 3

求 $f(x)=\dfrac{2x^2+3}{x^2+x+1}$ 之漸近線。

解 $\lim\limits_{x\to\infty}\dfrac{2x^2+3}{x^2+x+1}=2$，$\therefore$ $y=2$ 為水平漸近線。 ■

牛刀小試

求 $f(x)=\dfrac{4x^2+3}{x^2+2x+4}$ 之漸近線？

答：$\lim\limits_{x\to\infty}\dfrac{4x^2+3}{x^2+2x+4}=4$ ，∴ $y=4$ 為水平漸近線。

例題 4

好好企業社生產高級汽車之輪胎鋁圈。設固定費用為 200 萬元，且每單位之成本為 1.2（萬元 / 個），試求：

(1) 成本函數 $C(x)$。

(2) 平均成本函數 $\overline{C}(x)$。

(3) 當銷售量無限增加時，平均成本函數 $\overline{C}(x)$ 為何？

解

(1) 由題意得知 $C(x)=1.2x+200$ 。

(2) $\overline{C}(x)=\dfrac{C(x)}{x}=\dfrac{1.2x+200}{x}=1.2+\dfrac{200}{x}$ 。

(3) $\lim\limits_{x\to\infty}\overline{C}(x)=\lim\limits_{x\to\infty}\left(1.2+\dfrac{200}{x}\right)=1.2$（萬元／個）。 ■

習題 2-4

1. $y=\dfrac{2x^2+1}{x^3+x}$ 之漸近線。

2. $y=\dfrac{x^3+3x^2+3x+1}{(x-1)(x^2+x+1)}$ 之漸近線。

3. 求 $y(x)=\dfrac{3x}{x+2}$ 之漸近線？

4. 甲申由企業社生產加工機之滾珠螺桿。設固定費用為 500 萬元，且每單位之成本為 12（萬元／個），試求：

   (1) 成本函數 $C(x)$。

   (2) 平均成本函數 $\overline{C}(x)$。

   (3) 當銷售量無限增加時，平均成本函數 $\overline{C}(x)$ 為何？

習題解答

2-1

1. 錯
2. 不成立
3. 5
4. 9

2-2

1. 10
2. 28
3. $-\frac{3}{2}$
4. $\frac{1}{2}$
5. 不存在
6. 1
7. $-\frac{1}{3}$
8. $\frac{5}{4}$
9. 不存在
10. -3
11. 0
12. 1
13. 不存在
14. 不存在
15. -1
16. 0
17. -1
18. 不存在
19. $a = 6$
20. $a = 1$
21. (1) 3 (2) 3 (3) 2
    (4) 1 (5) 2 (6) 2
22. (1) $\frac{1}{6}$ (2) $\frac{5}{6}$ (3) $\frac{5}{6}$
23. (1) -1 (2) -2 (3) 不存在
    (4) 1 (5) 3
24. 1
25. ∞
26. 8
27. 3

2-3

1. 連續
2. 不連續
3. 連續
4. $a = 1$，$b = 2$
5. $a = 3$，$b = 0$
6. 不連續
7. $f(0)f(1) < 0$
8. $f(0)f(1) < 0$

2-4

1. $x = 0$ 為垂直漸近線
   $y = 0$ 為水平漸近線
2. $x = 1$ 為垂直漸近線
   $y = 1$ 為水平漸近線
3. $x = -2$ 為垂直漸近線
   $y = 3$ 為水平漸近線
4. (1) $C(x) = 12x + 500$
   (2) $\bar{C}(x) = 12 + \dfrac{500}{x}$
   (3) $\lim\limits_{x \to \infty} \bar{C}(x) = 12$（萬元／個）

開心笑園

學微積分的學生大都是大一新鮮人，雖然大一活動很多，但仍有許多男女同學已經微積分快學完了卻還是宅男、宅女，請問這些宅男、宅女如何認識交往？

老師答：靠「宅配」啦！

3 微分

本章大綱：

§ 3-1 微分之意義

§ 3-2 基本微分公式

§ 3-3 指數函數與對數函數之微分

§ 3-4 連鎖律與對數微分法

§ 3-5 高階微分之求法

§ 3-6 隱函數之微分

學習目標：

1. 瞭解微分的意義
2. 熟悉基本的微分公式
3. 瞭解指數、對數之微分
4. 瞭解連鎖律、對數微分法
5. 瞭解高階微分的計算
6. 瞭解隱函數之微分

3-1 微分之意義

如下圖所示：

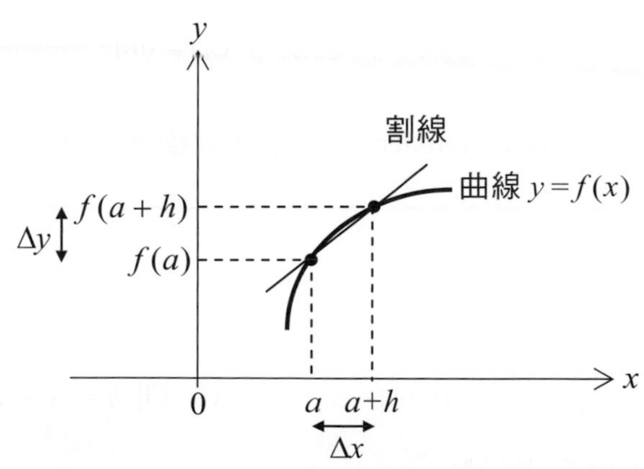

對函數 $y=f(x)$，考慮自變數 x 從 a 變化到 $a+h$（亦即 x 之變化量為 $\Delta x=h$）時，此時因變數 y 的變動量即為 $\Delta y=f(a+h)-f(a)$，接著看出其割線斜率為

$$\frac{\Delta y}{\Delta x}=\frac{f(a+h)-f(a)}{h}\ \left(\frac{\text{高度差}}{\text{水平差}}\right)$$

此處稱 $\frac{f(a+h)-f(a)}{h}$ 為差分商（difference quotient）（意即先相減再相除），再令 $h\to 0$，則上式即成為一極限問題！因此可得以下之定義：

定義

導數、可微分

若函數 $y=f(x)$ 在 $x=a$ 處之極限

$$\lim_{h\to 0}\frac{f(a+h)-f(a)}{h}\ \cdots\cdots\cdots(1)$$

存在，則稱此極限值為函數 $f(x)$ 在 $x=a$ 點的導數（derivative），以 $f'(a)$ 表示之，即

$$f'(a)=\lim_{h\to 0}\frac{f(a+h)-f(a)}{h}$$

並稱函數 $f(x)$ 在 $x=a$ 點可微分（differentiable）。

定義

導函數

對函數 $y=f(x)$ 而言，若每一個數 x 皆能使 $f'(x)=\lim\limits_{h\to 0}\frac{f(x+h)-f(x)}{h}$ 存在，則稱 $f'(x)$ 為 $f(x)$ 之導函數（function of derivative），此極限值又可記為 $\frac{dy}{dx}$ 或 $\frac{df}{dx}$。

導數在應用上經變數變換，可推出第二種表示式，說明如下：

在 (1) 式 $\lim\limits_{h\to 0}\frac{f(a+h)-f(a)}{h}$ 中，令 $a+h=x$，則 $h=x-a$，當 $h\to 0$ 即表示 $x\to a$，故可將 (1) 式再度表示為

$$\lim_{h\to 0}\frac{f(a+h)-f(a)}{h}=\lim_{x\to a}\frac{f(x)-f(a)}{x-a}\equiv f'(a)\cdots\cdots\cdots(2)$$

(2) 式可視為 (1) 式之「姊妹式」，需記住。

導數的幾何意義

如下圖所示：

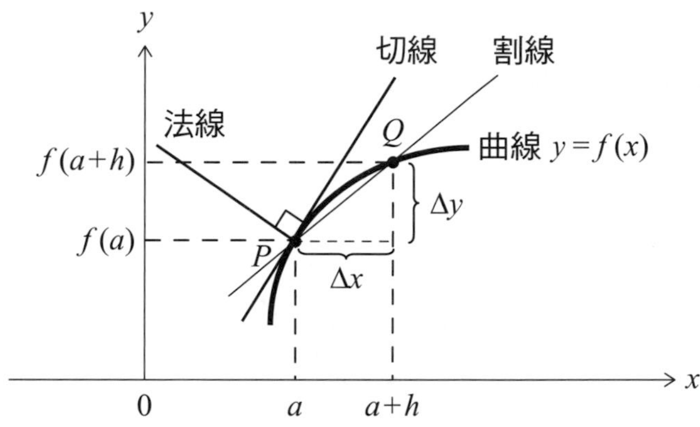

割線 $\overline{PQ}$ 之斜率為

$$m=\frac{\Delta y}{\Delta x}=\frac{f(a+h)-f(a)}{h}$$

此斜率稱為 $f(x)$ 在 P、Q 二點間之平均變化率（average rate of change）。

當 $h\to 0$ 時，有 $Q\to P$，m 值即與過 $P(a,f(a))$ 點之切線斜率相同。因此若

$$f'(a)=\lim_{h\to 0}\frac{f(a+h)-f(a)}{h}$$

存在，此極限之幾何意義即代表過 P 點之切線斜率也，亦為 $f(x)$ 在 P 點之瞬間變化率（instantaneous rate of change）。

幾何應用

給定曲線 $y=f(x)$，則過切點 $(a,f(a))$ 之切線（tangent line）方程式為

$$y-f(a)=f'(a)(x-a)$$

與切線垂直之法線（normal line）方程式為 $y-f(a)=\dfrac{-1}{f'(a)}(x-a)$。

至於一個函數之可微分與連續，這二種幾何特性是否有關聯呢？下面的定理正好可以回答此問題：

定理

設 $f(x)$ 在 $x=a$ 點可微分，則 $f(x)$ 在 $x=a$ 點連續。

「**但連續函數不一定可微分。**」為說明此事實，此處利用函數圖形分成三類說明之。

1. 第一類如 $y=f(x)=|x|$ 之圖形如下所示：

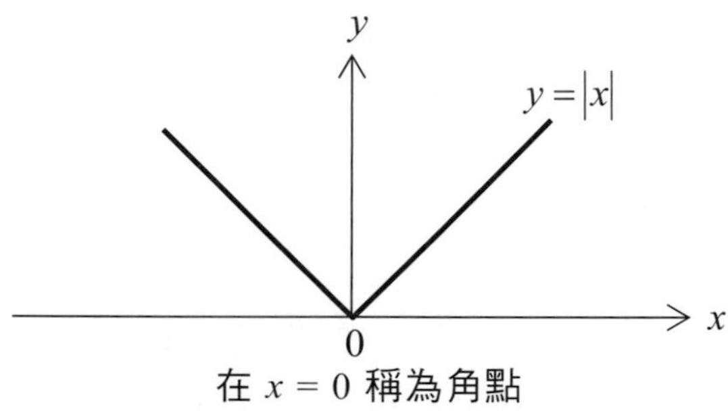

在 $x=0$ 稱為角點

因為 $\lim\limits_{x\to 0^+}\dfrac{f(x)-f(0)}{x-0}=\lim\limits_{x\to 0^+}\dfrac{x-0}{x}=1$

$$\lim_{x\to 0^-}\frac{f(x)-f(0)}{x-0}=\lim_{x\to 0^-}\frac{-x-0}{x}=-1$$

二邊之極限值不等，即不可微分，此點依外型稱為角點（corner）。

2. 第二類如 $y=f(x)=x^{2/3}$，則 $f'(x)=\dfrac{2}{3x^{1/3}}$

   在 $x=0$ 有 $f'(0^+)=\infty$，$f'(0^-)=-\infty$

   故不可微分，依外型稱此點為尖點（cusp），如下圖所示：

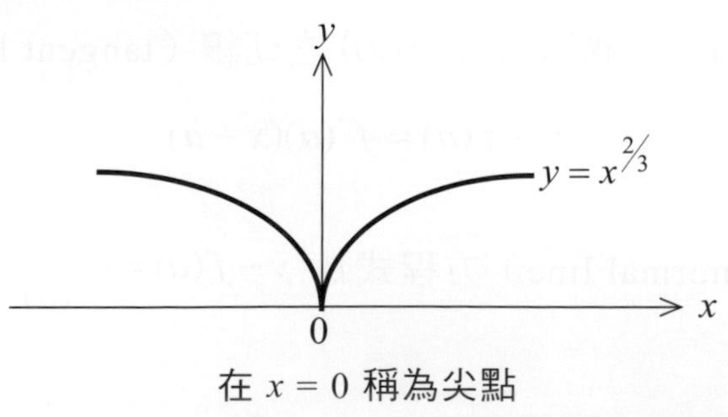

在 $x=0$ 稱為尖點

3. 第三類如 $y=f(x)=\sqrt[3]{x}$ ，則 $f'(x)=\dfrac{1}{3x^{2/3}}$

在 $x=0$ 時有 $f'(0^+)=\infty$ ，$f'(0^-)=\infty$ ，故圖形雖平順，仍不可微分。

但此圖形在外型上「仍」具有垂直切線（vertical tangent），如下圖所示：

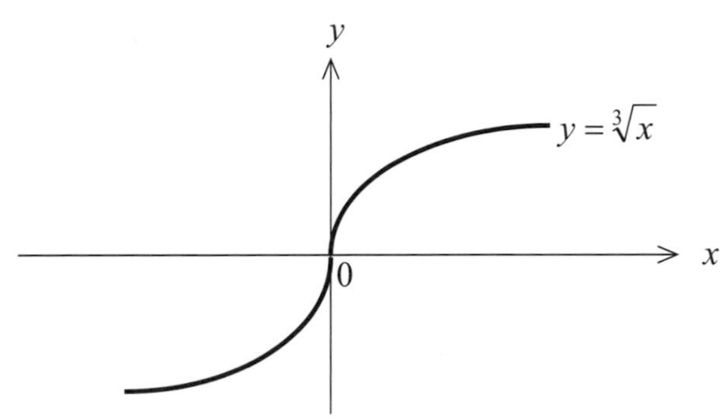

根據以上的說明，對任一個函數 $f(x)$ 在某一點之特性而言，我們可得如下的重要心得：

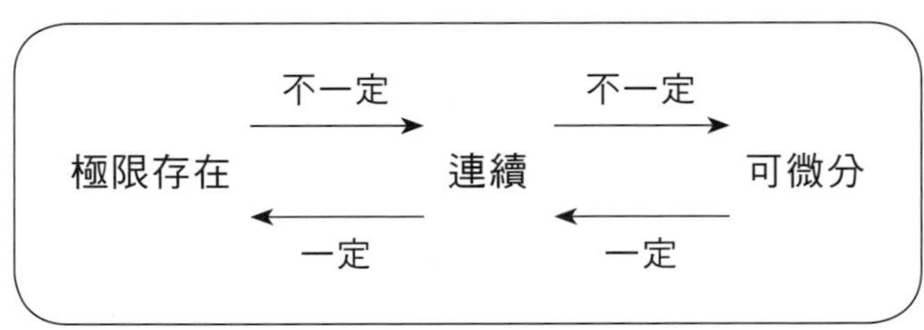

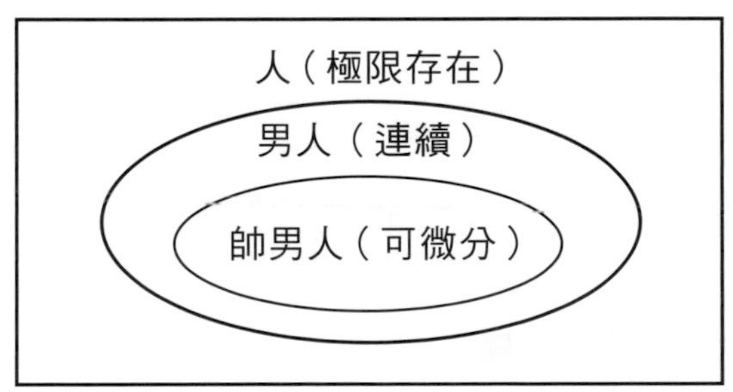

觀念說明

1. 凡遇絕對值函數、高斯函數、根號函數、分段定義型函數等，皆須以討論方式求「特殊點」之微分值（因為這些函數易有斷點、尖點、角點之可能）。
2. 若已有 $f'(a)$ 存在（即已經可微分），則必存在下列二個事實：

   (1) $\lim\limits_{x\to a^+} f(x)=\lim\limits_{x\to a^-} f(x)=\lim\limits_{x\to a} f(x)=f(a)$ ～即已經連續

(2) $\lim_{x \to a^+} \frac{f(x)-f(a)}{x-a} = \lim_{x \to a^-} \frac{f(x)-f(a)}{x-a} = \lim_{x \to a} \frac{f(x)-f(a)}{x-a} = f'(a)$

3. 導函數 $f'(a)$ 之值為正、負之幾何意義：

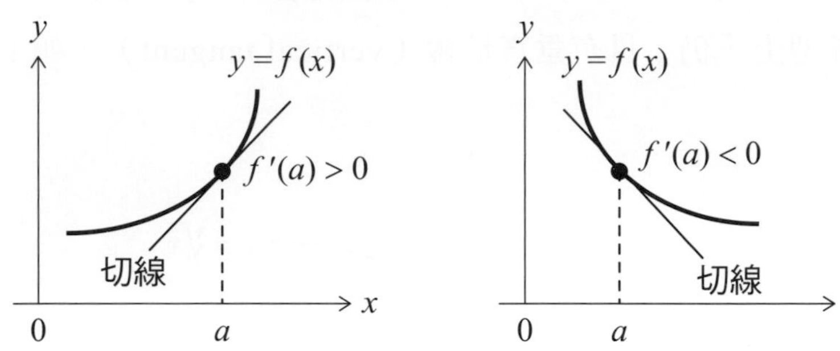

由圖形可以看出：

$f'(a)>0$ 時，$f(x)$ 在 $x=a$ 是「上升」或稱遞增（increasing）。

$f'(a)<0$ 時，$f(x)$ 在 $x=a$ 是「下降」或稱遞減（decreasing）。

例題 1

若 $f(x)=x^2$，依微分之定義求 $f'(2)=$ ？

解 依微分之定義計算！

〈法一〉 $f'(2)=\lim_{h \to 0} \frac{f(2+h)-f(2)}{h} = \lim_{h \to 0} \frac{(2+h)^2-2^2}{h} = \lim_{h \to 0} \frac{4+4h+h^2-4}{h}$

$= \lim_{h \to 0} \frac{4h+h^2}{h} = \lim_{h \to 0} \frac{4+h}{1} = 4$。

〈法二〉 $f'(2)=\lim_{x \to 2} \frac{f(x)-f(2)}{x-2} = \lim_{x \to 2} \frac{x^2-2^2}{x-2} = \lim_{x \to 2} \frac{(x+2)(x-2)}{x-2}$

$= \lim_{x \to 2}(x+2) = 4$。 ■

牛刀小試

若 $f(x)=x^2+1$，依微分之定義求 $f'(1)=$ ？

答：

〈法一〉 $f'(1)=\lim_{h \to 0} \frac{f(1+h)-f(1)}{h} = \lim_{h \to 0} \frac{(1+h)^2+1-(1^2+1)}{h} = \lim_{h \to 0} \frac{2h+h^2}{h}$

$= \lim_{h \to 0} \frac{2+h}{1} = 2$。

〈法二〉 $f'(1)=\lim\limits_{x\to 1}\dfrac{f(x)-f(1)}{x-1}=\lim\limits_{x\to 1}\dfrac{x^2+1-(1^2+1)}{x-1}=\lim\limits_{x\to 1}\dfrac{(x+1)(x-1)}{x-1}$

$=\lim\limits_{x\to 1}(x+1)=2$ 。

例題 2

設 $f(x)=\left|x^2-1\right|$ ，則 $f(x)$ 在 $x=1$ 處是否可微？

解　觀察可知此點 $x=1$ 為 $\left|x^2-1\right|$ 之轉折點，故依微分定義檢驗！

由 $\lim\limits_{x\to 1^+}\dfrac{f(x)-f(1)}{x-1}=\lim\limits_{x\to 1^+}\dfrac{(x^2-1)-0}{x-1}=\lim\limits_{x\to 1^+}(x+1)=2$

$\lim\limits_{x\to 1^-}\dfrac{f(x)-f(1)}{x-1}=\lim\limits_{x\to 1^-}\dfrac{-(x^2-1)-0}{x-1}=\lim\limits_{x\to 1^-}(-x-1)=-2$

故 $f(x)$ 在 $x=1$ 不可微分。

圖形參考如下：

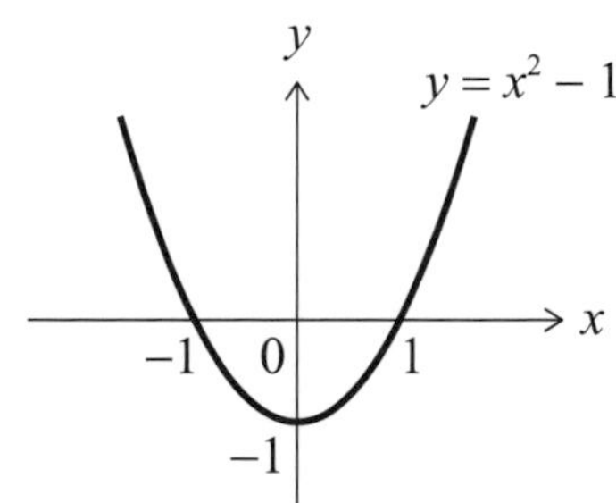

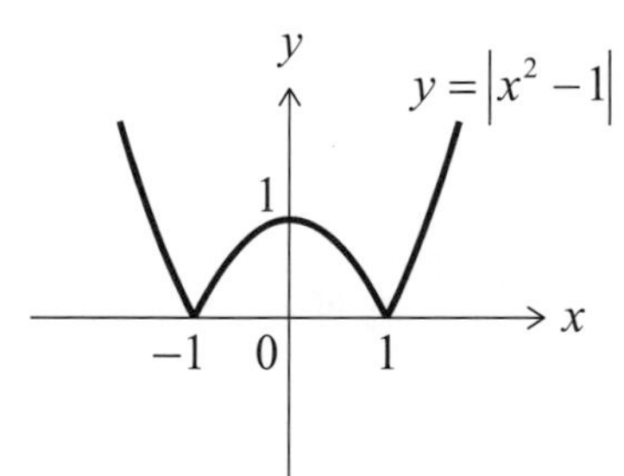

■

牛刀小試

若 $f(x)=\left|x-1\right|$ ，則 $f(x)$ 在 $x=1$ 處是否可微？

答：觀察可知此點 $x=1$ 為 $\left|x-1\right|$ 之轉折點，故依微分定義檢驗！

由 $\lim\limits_{x\to 1^+}\dfrac{f(x)-f(1)}{x-1}=\lim\limits_{x\to 1^+}\dfrac{(x-1)-0}{x-1}=\lim\limits_{x\to 1^+}1=1$

$\lim\limits_{x\to 1^-}\dfrac{f(x)-f(1)}{x-1}=\lim\limits_{x\to 1^-}\dfrac{-(x-1)-0}{x-1}=\lim\limits_{x\to 1^-}(-1)=-1$

故 $f(x)$ 在 $x=1$ 不可微分。

例題 3

設 $f(x)=\begin{cases} x^2+3, & x>0 \\ mx+b, & x\le 0 \end{cases}$ 為可微分函數，求 m 與 b 之值？

解

(1) 先測試「連續」：$\lim\limits_{x\to 0^+} f(x)=\lim\limits_{x\to 0^+}(x^2+3)=3$

$\lim\limits_{x\to 0^-} f(x)=\lim\limits_{x\to 0^-}(mx+b)=b$

得 $b=3$。

(2) 再測試「可微」：$\lim\limits_{x\to 0^+}\dfrac{f(x)-f(0)}{x-0}=\lim\limits_{x\to 0^+}\dfrac{x^2+3-3}{x}=\lim\limits_{x\to 0^+}(x)=0$

$\lim\limits_{x\to 0^-}\dfrac{f(x)-f(0)}{x-0}=\lim\limits_{x\to 0^-}\dfrac{mx-0}{x}=m$

得 $m=0$。 ■

牛刀小試

若 $f(x)=\begin{cases} x^2, & x\le 1 \\ ax+b, & x>1 \end{cases}$ 為可微分函數，求 m 與 b 之值？

答：

先測試「連續」：$\lim\limits_{x\to 1^+} f(x)=\lim\limits_{x\to 1^+}(ax+b)=a+b$

$\lim\limits_{x\to 1^-} f(x)=\lim\limits_{x\to 1^-} x^2=1$

得 $a+b=1$。

再測試「可微」：$\lim\limits_{x\to 1^+}\dfrac{f(x)-f(1)}{x-1}=\lim\limits_{x\to 1^+}\dfrac{ax+b-1}{x-1}=\lim\limits_{x\to 1^+}\dfrac{ax+b-a-b}{x-1}=\lim\limits_{x\to 1^+}\dfrac{a(x-1)}{x-1}=a$

$\lim\limits_{x\to 1^-}\dfrac{f(x)-f(1)}{x-1}=\lim\limits_{x\to 1^-}\dfrac{x^2-1}{x-1}=\lim\limits_{x\to 1^-}(x+1)=2$

得 $a=2$，並得 $b=-1$。

例題 4

若 $f(x)=\begin{cases} x^2+10, & x\ge 2 \\ 4x+6, & x<2 \end{cases}$，則 $f'(2)$ = ？

解

(1) 先測試「連續」：$\lim_{x\to 2^+} f(x)=\lim_{x\to 2^+}(x^2+10)=14$

$\lim_{x\to 2^-} f(x)=\lim_{x\to 2^-}(4x+6)=14$

即 $f(x)$ 在 $x=2$ 已經連續。

若題目只問微分值，通常 $f(x)$ 已經是連續。

(2) 再測試「可微」：$\lim_{x\to 2^+}\dfrac{f(x)-f(2)}{x-2}=\lim_{x\to 2^+}\dfrac{x^2+10-14}{x-2}=\lim_{x\to 2^+}\dfrac{x^2-4}{x-2}$

$=\lim_{x\to 2^+}\dfrac{(x+2)(x-2)}{x-2}=4$

$\lim_{x\to 2^-}\dfrac{f(x)-f(2)}{x-2}=\lim_{x\to 2^-}\dfrac{4x+6-14}{x-2}=\lim_{x\to 2^-}\dfrac{4(x-2)}{x-2}=4$

得 $f'(2)=4$。 ■

牛刀小試

若 $f(x)=\begin{cases} x^2+2, & x\ge 1 \\ x+2, & x<1 \end{cases}$，則 $f'(1)=$?

答：

測試「可微」：$\lim_{x\to 1^+}\dfrac{f(x)-f(1)}{x-1}=\lim_{x\to 1^+}\dfrac{x^2+2-3}{x-1}=\lim_{x\to 1^+}\dfrac{x^2-1}{x-1}=\lim_{x\to 1^+}\dfrac{(x+1)(x-1)}{x-1}=2$

$\lim_{x\to 1^-}\dfrac{f(x)-f(1)}{x-1}=\lim_{x\to 1^-}\dfrac{x+2-3}{x-1}=\lim_{x\to 1^-}\dfrac{x-1}{x-1}=1$

得知 $f'(1)$ 不存在。

函數可微分的觀念簡單易懂，學習上是不會有障礙的。

習題 3-1

1. 設 $f(x)=x^2+2x$，依微分之定義求 $f'(1)$ = ？
2. 設 $f(x)=\left|x^2-4\right|$，則 $f(x)$ 在 $x=2$ 處是否可微？

3. 已知 $f(x)=\begin{cases} x^2-a, & x\geq 2 \\ mx+6, & x<2 \end{cases}$ 為可微分函數，求 m 與 a 之值？

4. 若 $f(x)=\begin{cases} ax^2+b, & x<1 \\ x^3, & x\geq 1 \end{cases}$，求 a、b 之值使 $f(x)$ 為可微。

5. 若 $f(x)=\begin{cases} x^2+6, & x\geq 2 \\ 4x+2, & x<2 \end{cases}$，則 $f'(2)=$？

6. 若 $f(x)=\begin{cases} x^2+5, & x<2 \\ 7x-5, & x\geq 2 \end{cases}$，則 $f'(2)=$？

3-2 基本微分公式

求一個函數 $f(x)$ 之微分，固然可以利用其定義式求之，但總是相當繁瑣，因此有必要創造一些常見函數之微分公式，以利數學上之運算，不好意思囉：以下的公式都要記住（很簡單的）。

導函數基本公式

設 $f(x)$、$g(x)$ 均為可微分函數，c 為常數，則：

1. $(c)'=0$。
2. $[cf(x)]'=cf'(x)$。
3. $[f(x)\pm g(x)]'=f'(x)\pm g'(x)$。
4. $[f(x)g(x)]'=f'(x)g(x)+f(x)g'(x)$。

   口訣：前微 × 後不微 + 前不微 × 後微。

   推論：$(fgh)'=f'gh+fg'h+fgh'$。
5. $\left[\dfrac{f(x)}{g(x)}\right]'=\dfrac{f'(x)g(x)-f(x)g'(x)}{g^2(x)}$，$g(x)\neq 0$。

   口訣：先修理「分子」，再修理「分母」。

特例　$\left[\dfrac{1}{g(x)}\right]'=\dfrac{-g'(x)}{g^2(x)}$，$g(x)\neq 0$。

6. $(x^n)' = nx^{n-1}$，$n \in R$

推論： $f(x) = a_n x^n + a_{n-1}x^{n-1} + \cdots + a_1 x + a_0$

則 $f'(x) = na_n x^{n-1} + (n-1)a_{n-1}x^{n-2} + \cdots + a_1$。

例題 1

若 $f(x) = x^3 - 3x^2 + 6x$，則 $f'(x) =$?

解 $f'(x) = 3x^2 - 6x + 6$。 ■

牛刀小試

若 $f(x) = 2x^2 - 5x + 8$，則 $f'(x) = ?$

答：$f'(x) = 4x - 5$。

例題 2

若 $f(x) = 2\sqrt{x} - \dfrac{1}{2\sqrt{x}}$，則 $f'(x) = ?$

解 $f'(x) = 2 \cdot \dfrac{1}{2}x^{-\frac{1}{2}} - \dfrac{1}{2} \cdot (-\dfrac{1}{2}x^{-\frac{3}{2}}) = \dfrac{1}{\sqrt{x}} + \dfrac{1}{4x^{\frac{3}{2}}}$。 ■

牛刀小試

若 $f(x) = x^{\frac{1}{2}} - 2x^{\frac{1}{4}}$，則 $f'(x) = ?$

答：$f'(x) = \dfrac{1}{2}x^{-\frac{1}{2}} - \dfrac{1}{2}x^{-\frac{3}{4}}$。

例題 3

若 $f(x) = (x-1)(x^2 + x + 1)$，則 $f'(x) = ?$

解 $f'(x) = 1 \cdot (x^2 + x + 1) + (x-1) \cdot (2x+1)$

$= x^2 + x + 1 + 2x^2 - x - 1$

$= 3x^2$。 ■

牛刀小試

若 $f(x)=(x+1)(x^2-x+1)$，則 $f'(x)=?$

答：$f'(x)=1\cdot(x^2-x+1)+(x+1)\cdot(2x-1)=x^2-x+1+2x^2+x-1=3x^2$ 。

例題 4

若 $f(x)=\dfrac{x}{x^2+1}$，則 $f'(x)=?$

解 $f'(x)=\dfrac{1\cdot(x^2+1)-x\cdot 2x}{(x^2+1)^2}=\dfrac{-x^2+1}{(x^2+1)^2}$ 。 ■

牛刀小試

若 $f(x)=\dfrac{x^2}{(x-1)^3}$，則 $f'(x)=?$

答：$f'(x)=\dfrac{2x(x-1)^3-x^2\cdot 3(x-1)^2}{(x-1)^6}=\dfrac{-x^2-2x}{(x-1)^4}$ 。

例題 5

求函數 $y=2x-x^2$ 在切線斜率為 -4 時之切線方程式。

解 先微分得 $y'(x)=2-2x$ ，由 $2-2x=-4\rightarrow x=3$

$\therefore\ y=2\cdot 3-3^2=-3$，得切點為 $(3,-3)$

故切線方程式：$y+3=-4(x-3)$ 。 ■

牛刀小試

求函數 $y=x^2-4x+3$ 在切線斜率為 -2 時之切線方程式。

答：

先微分得 $y'(x)=2x-4$ ，由 $2x-4=-2\rightarrow x=1$

$\therefore y=1^2-4+3=0$，得切點為 $(1, 0)$

故切線方程式：$y=-2(x-1)$。

例題 6 基本題

求曲線 $y = 3x^5 - 4x^2 + 1$ 上通過 (1, 0) 之切線與法線方程式？

解　$y'(x) = 15x^4 - 8x$，代入點 (1, 0) 得切線斜率為 $y'\big|_{x=1} = 7$

故得切線方程式為 $y = 7(x - 1)$

過同一點且與切線垂直的直線稱為法線！

故法線方程式為 $y = -\frac{1}{7}(x-1)$。 ■

牛刀小試

求曲線 $y = x^4 - 1$ 上通過 (1, 0) 之切線與法線方程式？

答：

$y'(x) = 4x^3$，代入點 (1, 0) 得切線斜率為 $y'\big|_{x=1} = 4$

故得切線方程式為 $y = 4(x - 1)$；法線方程式為 $y = -\frac{1}{4}(x-1)$。

例題 7 利潤分析

威信五金加工廠製造機車排汽管，發現 x 單位（百個）之利潤函數為：

$$P(x) = -3x^2 + 24x + 200 \text{（萬元）}$$

當 $x = 3$ 時，其利潤是增加或減少？

解　微分得 $P'(x) = -6x + 24$，$\therefore P'(3) = -6 \cdot 3 + 24 = 6 > 0$

故知其利潤為增加。 ■

牛刀小試

裕東企業社製造夜間用高爾夫球，發現 x 單位（百個）之利潤函數為 $P(x) = -2x^2 + 11x + 100$（元）。當 $x = 2$ 時，其利潤是增加或減少？

答：

微分得 $P'(x) = -4x + 11$，$\therefore P'(2) = -4 \cdot 2 + 11 = 3 > 0$

故知其利潤為增加。

例題 8 銷售成長速度

新開發的梅花牌智慧型熱水器，銷售經理預測銷售數量為：

$$S(t)=0.14t^2+0.68t+3.1 \text{（萬個）}，0\le t\le 5$$

t 的單位是年，$t=0$ 為 2022 年。

(1) 請問該智慧型熱水器開始導入市場時（2022 年）銷售數量為何？當時銷售成長速度為何？

(2) 請問在 2026 年初銷售成長速度為何？

解

(1) $t=0$ 代入得 $S(0)=3.1$（萬個）

$$\frac{dS}{dt}=0.28t+0.68，\therefore \frac{dS}{dt}(0)=0.68\ \frac{\text{萬個}}{\text{年}}。$$

(2) $\frac{dS}{dt}(4)=0.28\times 4+0.68=1.8\ \frac{\text{萬個}}{\text{年}}$。 ■

牛刀小試

新開發的高山用爐具，因為登山人口的增加，銷售經理預測銷售數量為 $S(t)=0.2t^2+0.56t+2.5$（千個），$0\le t\le 5$，t 的單位是年，$t=0$ 為 2022 年。

(1) 請問該爐具開始導入市場時（2022 年）銷售數量為何？當時銷售成長速度為何？

(2) 請問在 2026 年年初銷售成長速度為何？

答：

(1) $t=0$ 代入得 $S(0)=2.5$（千個）

$$\frac{dS}{dt}=0.4t+0.56，\therefore \frac{dS}{dt}(0)=0.56\text{（千個 / 年）}。$$

(2) $\frac{dS}{dt}(4)=0.4\times 4+0.56=2.16$（千個 / 年）。

習題 3-2

1. 若 $f(x)=3x^5-4x^4$，則 $f'(x)=?$
2. 若 $f(x)=3x^{2/3}-4x^{1/2}$，則 $f'(x)=?$
3. 若 $f(x)=(x+2)(x^2-2x+4)$，則 $f'(x)=?$
4. 若 $f(x)=\dfrac{x}{x^2-1}$，則 $f'(x)=?$
5. 若 $y=16\sqrt{x}$，則 $y'(4)=?$
6. 求曲線 $y=x^4-1$ 上通過 $(1,0)$ 之切線方程式？
7. 求曲線 $y=x^3$ 上哪一點的切線斜率為 12 ？
8. 曲線 $y=3x^2-x+1$ 上一點之切線與 $y=5x+8$ 平行，則此切點為何？
9. 求曲線 $y=x^3+x-2$ 上哪一點的切線平行於 $y=4x+1$？
10. 新開發的愛貓牌寵物專用袋，隨著養貓人口的持續增加，銷售經理預測銷售數量為 $S(t)=0.2t^2+0.5t+5$（千個），$0\le t\le 5$。

    t 的單位是年，$t=0$ 為 2022 年。

    (1) 請問該寵物專用袋開始導入市場時（2022 年）銷售數量為何？當時銷售成長速度為何？

    (2) 請問在 2026 年初銷售成長速度為何？

3-3 指數函數與對數函數之微分

本節開始討論「指數函數」與「對數函數」之微分，這二類函數在商業行為中經常使用，尤其是指數增長或指數衰減等這些字眼，大家更是耳熟能詳！

一、指數函數

對指數函數 $f(x)=a^x$，$a>0$ 而言，欲推導 $f'(x)$，若從微分之定義式著手會較繁雜，因而此處先由以下的定義式出發：

定義

$$e=\lim_{n\to\infty}(1+\frac{1}{n})^n \text{ 或 } e=\lim_{x\to 0}(1+x)^{1/x} \quad \cdots\cdots\cdots(1)$$

(1) 式是微積分很重要的定義，需記住！此處先代入幾個 n 算算其值是多少！

$n=1$，則 $(1+\frac{1}{1})^1=2$

$n=2$，則 $(1+\frac{1}{2})^2=2.25$

$n=3$，則 $(1+\frac{1}{3})^3=2.37037\cdots$

$n=4$，則 $(1+\frac{1}{4})^4=2.44140625$

$n=5$，則 $(1+\frac{1}{5})^5=2.48832$

$n=6$，則 $(1+\frac{1}{6})^6=2.521626\cdots$

$\vdots$

若利用電腦計算，當 $n\to\infty$ 後有 $e=2.718281828\cdots$（無理數哦！），稱 e 為自然底數（natural base）。

對一般人而言，圓周率 π 的故事較清楚（在小學就接觸 π 了），但說到 e，現在讀大學才開始接觸，同學就先想像 e 為微積分之一個「魔數」好了！常以 $e\approx 2.7$ 表示，計算機上都可以找到 e 之相關計算。

e 出現後，$f(x)=e^x$ 特稱為自然指數函數（natural exponential function），自然指數函數的微分會變得好方便，如下之定理：

定理

$(e^x)'=e^x$ ………(2)　～記！

說明：由 (1) 式 $e=\lim\limits_{x\to 0}(1+x)^{1/x}$ 可知，對很小的 h 而言，有 $e^h\approx 1+h$

因此由微分定義得知

$$f'(x)=\lim_{h\to 0}\frac{f(x+h)-f(x)}{h}$$

$$=\lim_{h\to 0}\frac{e^{x+h}-e^x}{h}=\lim_{h\to 0}\frac{e^x(e^h-1)}{h}$$

$$=e^x\lim_{h\to 0}\frac{1+h-1}{h}=e^x\text{。}$$

二、對數函數

至於對數函數 $f(x)=\log x$，欲求 $f'(x)$，在 e 出現後，也變得簡單了！首先建立如下之符號：

$$\log_e x=\ln x$$

稱 $f(x)=\ln x$ 為自然對數函數（natural logarithmic function），因此有

$$\log_e e=\ln e=1$$

且 $f(x)=\ln x$ 的微分也會變得很方便，如以下定理之說明：

定理

$(\ln x)'=\dfrac{1}{x}$ ⋯⋯⋯(3)　～記！

說明：由定義知

$$\begin{aligned} f'(x) &= \lim_{h\to 0}\frac{f(x+h)-f(x)}{h} \\ &= \lim_{h\to 0}\frac{\ln(x+h)-\ln x}{h} \\ &= \lim_{h\to 0}\frac{\ln\left(\frac{x+h}{x}\right)}{h} \\ &= \lim_{h\to 0}\frac{\ln\left(1+\frac{h}{x}\right)}{h} \end{aligned}$$

令 $h=kx$，則 $h\to 0$ 會導致 $k\to 0$

代入得 $f'(x)=\lim\limits_{k\to 0}\dfrac{\ln\left(1+\frac{kx}{x}\right)}{kx}=\dfrac{1}{x}\lim\limits_{k\to 0}\ln(1+k)^{1/k}=\dfrac{1}{x}\cdot\ln e=\dfrac{1}{x}$。

現將指數函數 $y=e^x$（或記為 $y = \exp(x)$）與對數函數 $y=\ln x$ 之圖形表示如下：

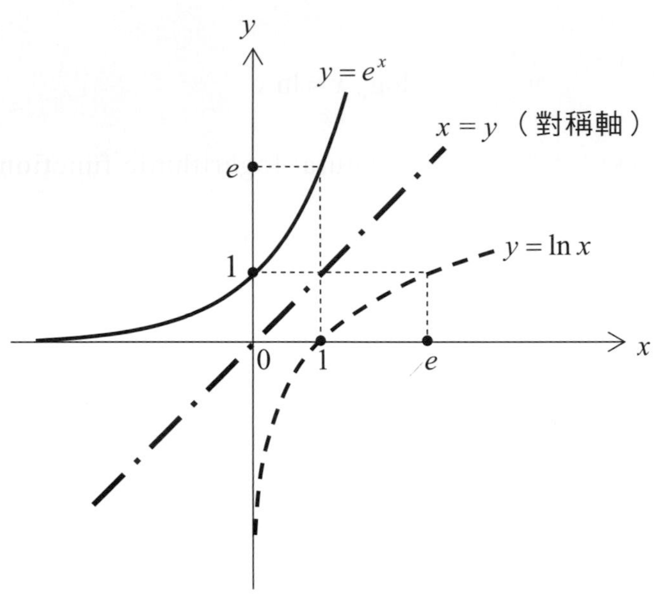

且發現：指數函數與對數函數之圖形對稱於 $x = y$ 之直線，因為它們正好是「**函數與反函數**」之關係。

說明至此，已經有如下之感觸：在一切都「連續」的世界中，以 e 為底的指數與對數最好算。至於在高中時期以 10 為底的指數與對數，雖稱為「常用」對數，但在微積分（亦即大學以上）的世界中反而「不常用」！

例題 1

(1) $\frac{d}{dx}(xe^x)=?$

(2) $\frac{d}{dx}(x\ln x)=?$

(3) $\frac{d}{dx}(\frac{\ln x}{x})=?$

解

(1) $\frac{d}{dx}(xe^x)=1\cdot e^x+x\cdot e^x=(x+1)e^x$ 。

(2) $\frac{d}{dx}(x\ln x)=1\cdot\ln x+x\cdot\frac{1}{x}=\ln x+1$ 。

(3) $\frac{d}{dx}(\frac{\ln x}{x})=\frac{\frac{1}{x}\cdot x-(\ln x)\cdot 1}{x^2}=\frac{1-\ln x}{x^2}$ 。 ■

牛刀小試

求 $\frac{d}{dx}(x^2e^x)=?$ $\frac{d}{dx}\left(\frac{\ln x}{x^2}\right)=?$

答：

$\frac{d}{dx}(x^2e^x)=2x\cdot e^x+x^2\cdot e^x=(2x+x^2)e^x$

$\frac{d}{dx}\left(\frac{\ln x}{x^2}\right)=\frac{\frac{1}{x}\cdot x^2-(\ln x)\cdot 2x}{x^4}=\frac{1-2\ln x}{x^3}$ 。

例題 2

求曲線 $y=e^x$ 上通過 (0,1) 之切線方程式？

解 $y'(x)=e^x$

代入點 (0,1) 得切線斜率為 $y'|_{x=0}=e^x\big|_{x=0}=1$

故得切線方程式為 $y-1=x-0$ ，即 $y=x+1$ 。 ■

牛刀小試

求曲線 $y=\ln x$ 上通過 (1, 0) 之切線方程式？

答：

$y'(x)=\frac{1}{x}$

代入點 (1, 0) 得切線斜率為 $y'|_{x=1}=\frac{1}{x}\Big|_{x=1}=1$

故得切線方程式為 $y=x-1$。

例題 3 延伸計算

已知 $\lim_{n\to\infty}(1+\frac{1}{n})^n=e$，則 $\lim_{n\to\infty}(1+\frac{a}{n})^n=?$ $\lim_{n\to\infty}(1+\frac{1}{n})^{bn}=?$

其中 a、b 均為常數。

解 已知：$\lim_{n\to\infty}(1+\frac{1}{n})^n=\lim_{x\to 0}(1+x)^{1/x}=e$ ！（$x=\frac{1}{n}$）

(1) $\lim_{n\to\infty}(1+\frac{a}{n})^n=\lim_{m\to\infty}(1+\frac{1}{m})^{am}=\lim_{m\to\infty}\left[(1+\frac{1}{m})^m\right]^a=e^a$ 。（$n=am$）

(2) $\lim_{n\to\infty}(1+\frac{1}{n})^{bn}=\lim_{n\to\infty}\left[(1+\frac{1}{n})^n\right]^b=e^b$ 。 ■

牛刀小試

求 $\lim_{n\to\infty}\left(1+\frac{2}{n}\right)^n=?$

答：$\lim_{n\to\infty}\left(1+\frac{2}{n}\right)^n=e^2$ 。

推論：$\lim_{n\to\infty}(1-\frac{1}{n})^n=e^{-1}$ ，$\lim_{n\to\infty}(1-\frac{a}{n})^n=e^{-a}$ ，$\lim_{n\to\infty}(1+\frac{a}{n})^{bn}=e^{ab}$ 。

三、指數增長與衰減

將自然指數函數 $y(t)=ae^{kt}$ ，$a>0$ ，$t>0$ 在 $k>0$ 與 $k<0$ 的圖形分別表示如下：

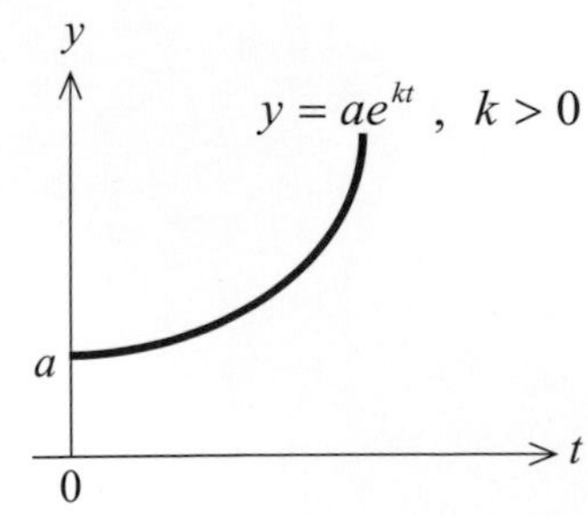

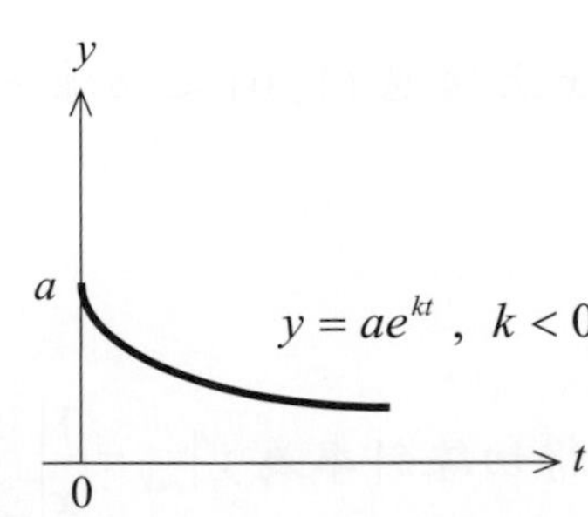

可以看出：當 $k>0$ 時，$y(t)$ 的值為遞增，此時 k 稱為增長常數（growth constant），a 稱為起始值；當 $k<0$ 時，$y(t)$ 的值為遞減，k 稱為衰減常數（decay constant）。

例題 4

統計指出：從 2022 年開始，由於老年人口的增加，導致成人紙尿布的銷售數量 $N(t)$ 成指數增加，關係如下：

$$N(t)=2e^{0.12t}$$

其中 t：年；$N(t)$：10 萬包

請問：

(1) 在 2022 年，銷售數量 $N(t)$ 為多少？

(2) 到了 2032 年，銷售數量 $N(t)$ 為多少？

解

(1) 以 $t=0$ 代入得 $N(0)=2e^{0}=2$，即 20 萬包。

(2) 以 $t=10$ 代入得 $N(10)=2e^{0.12\times 10}=2e^{1.2}=6.64$，即 66.4 萬包。 ■

牛刀小試

統計指出：從 2022 年開始，由於登山人口的增加，導致登山杖的銷售數量 $N(t)$ 成指數增加，關係如下：

$$N(t)=6e^{0.1t}$$

其中 t：年；$N(t)$：1 萬支

請問：

(1) 在 2022 年，銷售數量 $N(t)$ 為多少？

(2) 到了 2032 年，銷售數量 $N(t)$ 為多少？

答：

(1) 以 $t=0$ 代入得 $N(0)=6e^{0}=6$，即 6 萬支。

(2) 以 $t=10$ 代入得 $N(10)=6e^{0.1\times 10}=6e^{1}\approx 16.3$，即 16.3 萬支。

例題 5

統計指出：由於嬰兒出生數量的減少，導致從 2022 年開始個人電腦的銷售數量 $N(t)$ 成指數衰減，關係如下：

$$N(t) = 2e^{-0.02t}$$

其中 t：年；$N(t)$：10 萬部

請問：

(1) 在 2022 年，銷售數量 $N(t)$ 為多少？

(2) 到了 2032 年，銷售數量 $N(t)$ 為多少？

解

(1) 以 $t=0$ 代入得 $N(0)=2e^{0}=2$，即 20 萬部。

(2) 以 $t=10$ 代入得 $N(10)=2e^{-0.02\times 10}=2e^{-0.2}=1.64$，即 16.4 萬部。 ■

牛刀小試

統計指出：由於飲食習慣的改變，導致從 2022 年開始稻米的銷售數量 $N(t)$ 成指數衰退，關係如下：

$$N(t) = 30e^{-0.01t}$$

其中 t：年；$N(t)$：萬公噸

請問：

(1) 在 2022 年，銷售數量 $N(t)$ 為多少？

(2) 到了 2032 年，銷售數量 $N(t)$ 為多少？

答：

(1) 以 $t=0$ 代入得 $N(0)=30e^{0}=30$，即 30 萬公噸。

(2) 以 $t=10$ 代入得 $N(10)=30e^{-0.01\times 10}=30e^{-0.1}\approx 27.1$，即 27.1 萬公噸。

例題 6

竹北市人口在 2000 年有 250,000 人，到了 2010 年增加到 300,000 人。假設人口呈指數增長，增長的速率是常數，那麼到 2030 年竹北市人口會有多少？

解 由題意知 $y(t) = ae^{kt}$

代入 $y(0) = 250000 \to a = 250000$

$\therefore\ y(t) = 250000e^{kt}$

10 年後，代入 $t = 10$ 得

$y(10) = 300000 \to\ 300000 = 250000e^{10k}$，$\therefore\ k = \frac{1}{10}\ln(\frac{6}{5})$

$\therefore\ y(30) = 250000e^{30\cdot\frac{1}{10}\ln(\frac{6}{5})} = 432000$（人）。 ■

牛刀小試

統計指出：全世界電動車的數量在 2018 年有 150000 台，到了 2020 年增加到 300000 台。假設電動車的數量呈指數增長，增長的速率是常數，那麼到 2028 年全世界電動車的數量會有多少？

答：

由題意知 $y(t) = ae^{kt}$

代入 $y(0) = 150000 \to a = 150000$

$\therefore y(t) = 150000e^{kt}$

2 年後，代入 $t = 2$ 得

$y(2) = 300000 \to 300000 = 150000e^{2k}$，$\therefore k = \frac{1}{2}\ln 2$

$\therefore y(10) = 150000e^{10\cdot\frac{1}{2}\ln 2} = 4800000$（台）。

習題 3-3

1. 若 $f(x)=x^2e^x$，則 $f'(x)=?$
2. 若 $f(x)=x^2\ln x$，則 $f'(x)=?$
3. 若 $f(x)=e^x\ln x$，則 $f'(x)=?$
4. 若 $f(x)=\dfrac{e^x}{x}$，則 $f'(x)=?$
5. 求曲線 $y=2\ln x$ 上通過 $(1,0)$ 之切線方程式？
6. 已知某細菌的數目 $N(t)$ 成指數增長，關係如下：

   $N(t)=1000e^{0.1t}$

   其中 t：小時；$N(t)$：隻

   請問：

   (1) 在一開始，細菌的數目 $N(t)$ 為多少？

   (2) 經過 10 小時後，細菌的數目 $N(t)$ 為多少？
7. 已知某放射性物質的質量 $M(t)$ 隨時間成指數衰減，關係如下：

   $M(t)=100e^{-0.1t}$

   其中 t：年；$M(t)$：公斤

   請問：

   (1) 在一開始，放射性物質的質量 $M(t)$ 為多少？

   (2) 經過 10 年後，放射性物質的質量 $M(t)$ 為多少？
8. 將煮好的仙草雞放在室溫下冷卻，測量發現一開始仙草雞的溫度為 100℃，經過 10 分鐘後溫度降為 80℃。假設溫度 $T(t)$ 呈指數衰減，衰減的速率是常數，那麼經過 30 分鐘後溫度是多少？

3-4 連鎖律與對數微分法

至此我們已經知道 $(e^x)'=e^x$，但 $(e^{2x})'=?$ 這就要利用下面要談的連鎖律（chain rule），它可說是微分運算之「打手」，有了它，微分的世界才能徹底發揚光大！因為**要擴大微分的功能就靠連鎖律！**

連鎖律

定理

設 $y=f(u)$，$u=g(x)$，f、g 均為可微分函數，則

$$\{f[g(x)]\}'=f'[g(x)]\cdot g'(x)$$

口訣：先外後內

微分通式：$[f(\square)]'=f'(\square)\cdot\square'$，其中 □ 表示任意函數。

$f[g(x)]$ 稱為合成函數（composite function），即合成函數的微分公式稱為連鎖律，有了連鎖律後，則指數函數、對數函數之微分即可得如下之公式：

(1) $\left\{e^{f(x)}\right\}'=e^{f(x)}\cdot f'(x)$

(2) $\{\ln[f(x)]\}'=\dfrac{1}{f(x)}\cdot f'(x)$

連鎖律之引申

設 $y=f(u)$，$u=g(x)$，$x=h(t)$，即 $y\xrightarrow{f}u\xrightarrow{g}x\xrightarrow{h}t$

則 $\dfrac{dy}{dt}=\dfrac{dy}{du}\cdot\dfrac{du}{dx}\cdot\dfrac{dx}{dt}$ 。

例題 1

求 (1) $\frac{d}{dx}\left[(x^2+x)^3\right]=?$　　(2) $\frac{d}{dx}\left[(x^2+\frac{1}{x})^{10}\right]=?$

解

(1) $\frac{d}{dx}\left[(x^2+x)^3\right]=3(x^2+x)^2\cdot(2x+1)$ 。

(2) $\frac{d}{dx}\left[(x^2+\frac{1}{x})^{10}\right]=10(x^2+\frac{1}{x})^9\cdot(2x-\frac{1}{x^2})$ 。 ■

牛刀小試

求 $\frac{d}{dx}\left[(8x^4-5x^2+1)^8\right]=?$

答：$\frac{d}{dx}\left[(8x^4-5x^2+1)^8\right]=8(8x^4-5x^2+1)^7\cdot(32x^3-10x)$ 。

例題 2

求 (1) $\frac{d}{dx}(e^{x^2})=?$　　(2) $\frac{d}{dx}(e^{-x^2-x})=?$

解

(1) $\frac{d}{dx}(e^{x^2})=e^{x^2}\cdot 2x=2xe^{x^2}$ 。

(2) $\frac{d}{dx}(e^{-x^2-x})=e^{-x^2-x}\cdot(-2x-1)=-(2x+1)e^{-x^2-x}$ 。 ■

牛刀小試

求 $\frac{d}{dx}(e^{x^3})=?$

答：$\frac{d}{dx}(e^{x^3})=e^{x^3}\cdot 3x^2$ 。

例題 3

求 (1) $\frac{d}{dx}(a^x)=?$ (2) $\frac{d}{dx}(\log_a x)=?$

解

(1) 換成以 e 為底才好微分！令 $a^x=e^{\square}$

二邊取自然對數得 $\ln(a^x)=\ln(e^{\square})$

則 $x\ln a=\square$

$\therefore\ a^x=e^{x\ln a}$ （換底）

故 $\frac{d}{dx}a^x=\frac{d}{dx}e^{x\ln a}=e^{x\ln a}\ln a=a^x\ln a$。（記住！）

(2) $\because\ \log_a x=\frac{\ln x}{\ln a}$，$\therefore\ \frac{d}{dx}(\log_a x)=\frac{1}{x\ln a}$。 ■

牛刀小試

求 $\frac{d}{dx}(a^{2x})=?$

答：$\because\ a^{2x}=e^{2x\ln a}$，$\therefore\ \frac{d}{dx}(a^{2x})=e^{2x\ln a}\cdot 2\ln a=a^{2x}\cdot 2\ln a$。

例題 4

$\frac{d}{dx}\ln(x^2+1)=?$

解 $\frac{d}{dx}\ln(x^2+1)=\frac{2x}{x^2+1}$。 ■

牛刀小試

若 $f(x)=\ln(x^3+x)$，求 $f'(x)=?$

答：$f'(x)=\frac{3x^2+1}{x^3+x}$。

例題 5

已知 $y=u^6$， $u=3x^4+5$，求 $\dfrac{dy}{dx}=?$

解 $\dfrac{dy}{dx}=\dfrac{dy}{du}\dfrac{du}{dx}=6u^5\cdot 12x^3=72x^3(3x^4+5)^5$。 ■

牛刀小試

若 $y=t^2+1$，$t=e^x$，求 $\dfrac{dy}{dx}=?$

答：$\dfrac{dy}{dx}=\dfrac{dy}{dt}\dfrac{dt}{dx}=2t\cdot e^x=2e^x\cdot e^x=2e^{2x}$。

例題 6

設 $f(x)=\sqrt{3x+7}$，求 $f'(x)=?$

解 直接算得 $f'(x)=\dfrac{1}{2}[3x+7]^{-1/2}\cdot 3=\dfrac{3}{2\sqrt{3x+7}}$。 ■

牛刀小試

已知 $f(x)=\sqrt{x^2+3x+5}$，求 $f'(x)=?$

答：直接算得 $f'(x)=\dfrac{2x+3}{2\sqrt{x^2+3x+5}}$。

對數微分法

對數微分法（logarithmic differentiation）專門解決二種型式之微分計算：

第一型 $[f(x)]^{g(x)}$，即底數與指數皆為 x 之函數（都會變）。

第二型 $\dfrac{f_1^{\,a}(x)\cdot f_2^{\,b}(x)\cdots}{g_1^{\,\alpha}(x)\cdot g_2^{\,\beta}(x)\cdots}$，即連續相乘之複雜分式型。

至於如何使用「對數微分法」呢？顧名思義：**先取「對數」，再做「微分」**。現以下列二例說明之。

例題 7

若 $x>0$，$f(x)=x^x$，求 $f'(x)=?$

解 令 $y=x^x$

(1) 先取對數：$\ln y = x\ln x$，此步驟的意義為：**只讓指數變，而底數已不變**。將問題簡化！

(2) 再取微分：$\dfrac{y'}{y}=\ln x+1$，故 $\dfrac{dy}{dx}=y(\ln x+1)=x^x(\ln x+1)$。 ■

牛刀小試

設 $y=x^{1+x}$，求 $\dfrac{dy}{dx}=?$

答：先取對數得 $\ln y=(1+x)\ln x$，再微分得 $\dfrac{y'}{y}=\ln x+\dfrac{1+x}{x}$

故 $\dfrac{dy}{dx}=x^{1+x}(\ln x+\dfrac{1}{x}+1)$。

例題 8

設 $f(x)=x(x-1)^2(x-2)^3$，求 $f'(x)=?$

解 令 $y=x(x-1)^2(x-2)^3$

(1) 先取對數：$\ln y=\ln|x|+2\ln|x-1|+3\ln|x-2|$

(2) 再取微分：$\dfrac{y'}{y}=\left[\dfrac{1}{x}+\dfrac{2}{x-1}+\dfrac{3}{x-2}\right]$

故 $\dfrac{dy}{dx}=y\cdot\left[\dfrac{1}{x}+\dfrac{2}{x-1}+\dfrac{3}{x-2}\right]=x(x-1)^2(x-2)^3\left[\dfrac{1}{x}+\dfrac{2}{x-1}+\dfrac{3}{x-2}\right]$。 ■

牛刀小試

設 $f(x)=x(x+1)^2(x+2)^3$，求 $f'(x)=?$

答：令 $y=x(x+1)^2(x+2)^3$

先取對數得 $\ln y=\ln|x|+2\ln|x+1|+3\ln|x+2|$

再取微分：$\dfrac{y'}{y}=\left[\dfrac{1}{x}+\dfrac{2}{x+1}+\dfrac{3}{x+2}\right]$

故 $\dfrac{dy}{dx}=y\cdot\left[\dfrac{1}{x}+\dfrac{2}{x+1}+\dfrac{3}{x+2}\right]=x(x+1)^2(x+2)^3\left[\dfrac{1}{x}+\dfrac{2}{x+1}+\dfrac{3}{x+2}\right]$。

例題 9

設 $f(x)=\dfrac{x^2(x-3)^3}{(x-1)(x+2)^4}$，求 $f'(x)=?$

解 令 $y=\dfrac{x^2(x-3)^3}{(x-1)(x+2)^4}$

(1) 先取對數：$\ln y=2\ln|x|+3\ln|x-3|-\ln|x-1|-4\ln|x+2|$

(2) 再取微分：$\dfrac{y'}{y}=\left[\dfrac{2}{x}+\dfrac{3}{x-3}-\dfrac{1}{x-1}-\dfrac{4}{x+2}\right]$

故 $\dfrac{dy}{dx}=y\cdot\left[\dfrac{2}{x}+\dfrac{3}{x-3}-\dfrac{1}{x-1}-\dfrac{4}{x+2}\right]$

$=\dfrac{x^2(x-3)^3}{(x-1)(x+2)^4}\left[\dfrac{2}{x}+\dfrac{3}{x-3}-\dfrac{1}{x-1}-\dfrac{4}{x+2}\right]$。 ■

牛刀小試

設 $y(x)=\dfrac{(x^2-3x)^2(x+3)^3}{(x+1)(x-2)^4}$，求 $\dfrac{dy}{dx}=?$

答：先取對數得

$\ln y=2\ln(x^2-3x)+3\ln(x+3)-\ln(x+1)-4\ln(x-2)$

再取微分：$\dfrac{y'}{y}=\left[\dfrac{2(2x-3)}{x^2-3x}+\dfrac{3}{x+3}-\dfrac{1}{x+1}-\dfrac{4}{x-2}\right]$

$\therefore \dfrac{dy}{dx}=y\cdot\left[\dfrac{2(2x-3)}{x^2-3x}+\dfrac{3}{x+3}-\dfrac{1}{x+1}-\dfrac{4}{x-2}\right]$

$=\dfrac{(x^2-3x)^2(x+3)^3}{(x+1)(x-2)^4}\cdot\left[\dfrac{2(2x-3)}{x^2-3x}+\dfrac{3}{x+3}-\dfrac{1}{x+1}-\dfrac{4}{x-2}\right]$。

習題 3-4

1. 若 $y(x)=5^{3x}$，求 $y'(x)=?$
2. 設 $f(x)=3^{3x}$，求 $f'(x)=?$
3. 設 $f(x)=x^{\pi}-\pi^{x}$，求 $f'(x)=?$
4. 設 $f(x)=\left(\dfrac{1+x}{1-x}\right)^{6}$，求 $f'(x)=?$
5. 設 $f(x)=(3-2x-x^4)^{1/4}$，求 $f'(x)=?$
6. 若 $y(x)=(x^2+4x-5)^{100}$，求 $y'(x)=?$
7. 若 $y=\sqrt{5x+3}$，則 $\dfrac{dy}{dx}=?$
8. 若 $f(x)=x-\sqrt{1-x^2}$，求 $f'(0)=?$
9. 若 $y(x)=e^{x^2+4}$，求 $y'=?$
10. 若 $f(x)=8^{x^2+8}$，求 $f'(x)=?$
11. 若 $y=u^3$，$u=x^2$，求 $\dfrac{dy}{dx}=?$
12. 設 $y=(x+1)^x$，求 $\dfrac{dy}{dx}=?$
13. 設 $y=(x^2-1)^x$，求 $\dfrac{dy}{dx}=?$
14. 設 $y(x)=\dfrac{(x-3)^2(x+9)^3}{x^5(x-4)^4}$，求 $\dfrac{dy}{dx}=?$

3-5 高階微分之求法

設 $y=f(x)$ 為可微分，則 $y'(x)=\dfrac{dy}{dx}$ 稱為「**一階導函數**」。

同理，$y'(x)$ 為可微分，則 $y''(x)=\dfrac{d}{dx}(\dfrac{dy}{dx})=\dfrac{d^2y}{dx^2}$ 稱為「**二階導函數**」。

⋮

$y^{(n-1)}(x)$ 為可微分，則 $y^{(n)}(x)=\dfrac{d}{dx}(\dfrac{d^{n-1}y}{dx^{n-1}})=\dfrac{d^n y}{dx^n}$ 稱為「**n 階導函數**」。

即函數一直微下去就可得高階導函數，有些函數之高階導函數具有通式（即具有微分規律性），請見以下例題之說明。

注意：1. 二階導函數 $\dfrac{d^2y}{dx^2}$「不可」寫為 $\dfrac{dy^2}{dx^2}$ 或 $\dfrac{d^2y}{d^2x}$！

利用物理之「單位」來幫助思考，即知為何要表示為 $\dfrac{d^2y}{dx^2}$！

2. $\dfrac{dy}{dx}=\dfrac{1}{\frac{dx}{dy}}$，但 $\dfrac{d^2y}{dx^2}\neq\dfrac{1}{\frac{d^2x}{dy^2}}$！

例題 1

若 $f(x)=2x^{3/2}$，求 $f''(4)=?$

解 $f'(x)=3\sqrt{x}$，$f''(x)=\dfrac{3}{2}\dfrac{1}{\sqrt{x}}$，$\therefore f''(4)=\dfrac{3}{2}\cdot\dfrac{1}{2}=\dfrac{3}{4}$。■

牛刀小試

已知 $f(x)=x^5+x^3+x$，求 $f''(1)=?$

答：$f'(x)=5x^4+3x^2+1$，$f''(x)=20x^3+6x$

$\therefore f''(1)=20+6=26$。

例題 2

若 $f(x)=(x^2+x)e^x$，求 $f''(1)=?$

解 $f'(x)=(2x+1)e^x+(x^2+x)e^x=(x^2+3x+1)e^x$

$f''(x)=(2x+3)e^x+(x^2+3x+1)e^x=(x^2+5x+4)e^x$

$\therefore f''(1)=10\cdot e=10e$。■

牛刀小試

已知 $f(x)=e^x(x-1)$，求 $f''(0)=?$

答：$f'(x)=e^x(x-1)+e^x=e^x x$，$f''(x)=e^x x+e^x=e^x(x+1)$

$\therefore f''(0)=1\cdot(0+1)=1$。

例題 3

若 $f(x)=\dfrac{1}{x^2-1}$，求 $f''(x)=?$

解 $f'(x)=-1\cdot(x^2-1)^{-2}\cdot 2x=\dfrac{-2x}{(x^2-1)^2}$

$$f''(x)=\frac{-2\cdot(x^2-1)^2+2x\cdot 2(x^2-1)\cdot 2x}{(x^2-1)^4}=\frac{6x^2+2}{(x^2-1)^3}$$ 。■

牛刀小試

已知 $f(x)=\dfrac{1}{x^2+1}$，求 $f''(x)=?$

答：$f'(x)=-1\cdot(x^2+1)^{-2}\cdot 2x=\dfrac{-2x}{(x^2+1)^2}$

$$f''(x)=\frac{-2\cdot(x^2+1)^2+2x\cdot 2(x^2+1)\cdot 2x}{(x^2+1)^4}=\frac{6x^2-2}{(x^2+1)^3}$$ 。

例題 4

若 $f(x)=\ln x$，求 $f''(x)=?$　$f'''(x)=?$

解 $f'(x)=\dfrac{1}{x}$，$f''(x)=-\dfrac{1}{x^2}$，$f'''(x)=\dfrac{2!}{x^3}$ 。■

牛刀小試

已知 $f(x)=\ln(1+x)$，求 $f''(x)=?$　$f'''(x)=?$

答：$f'(x)=\dfrac{1}{1+x}$，$f''(x)=\dfrac{-1}{(1+x)^2}$，$f'''(x)=\dfrac{2}{(1+x)^3}$ 。

習題 3-5

1. 設 $f(x)=xe^x$，求 $f''(x)=?$ $f'''(x)=?$
2. 若 $f(x)=\ln(x^3)$，求 $f''(3)=?$
3. 若 $f(x)=\ln(x^3+1)$，求 $f''(x)=?$
4. 若 $f(x)=x\ln x-x$，求 $f''(x)=?$
5. 若 $f(x)=\dfrac{1}{x+2}$，求 $f''(x)=?$ $f'''(x)=?$
6. 若 $f(x)=\dfrac{x}{x^2-1}$，求 $f''(x)=?$ $f''(2)=?$

3-6 隱函數之微分

函數若以 $y=f(x)$ 來表示，稱 $y=f(x)$ 之函數為顯函數（explicit function），即以 x 為自變數，y 為因變數，其關係相當明顯，求其微分亦很容易。

但有些函數不方便或根本不可能表成 $y=f(x)$ 之關係式，卻很容易由 $F(x,y)=0$ 來表達！例如一個單位圓的方程式為 $x^2+y^2=1$，若表示成 $y=\pm\sqrt{1-x^2}$ 反而不太明顯（漂亮）！一般就通稱 $F(x,y)=0$ 為隱函數（implicit function），而因為

$$y=f(x)\Rightarrow f(x)-y=0\text{，即 }F(x,y)=f(x)-y=0$$

可知：**顯函數 $y=f(x)$ 只是隱函數 $F(x,y)=0$ 的特例**，因此只要知道隱函數 $F(x,y)=0$ 之 $\dfrac{dy}{dx}$ 求法，那麼顯函數 $y=f(x)$ 之 $\dfrac{dy}{dx}$ 求法也就會了，但學習的順序都是先學會 $y=f(x)$ 的微分。

現欲求 $F(x,y)=0$ 之 $\dfrac{dy}{dx}$，整理其過程如下：

1. 視 y 為 x 之函數。
2. 將 $F(x,y)=0$ 對 x 微分。
3. 碰到 x 項時，直接微分。
4. 碰到 y 項時，要用連鎖律與微分規則。
5. 整理得到新的等式 $G(x,y,\dfrac{dy}{dx})=0$ 後，再視 $\dfrac{dy}{dx}$ 為未知數求出 $\dfrac{dy}{dx}$ 即可。

例題 1

已知 $x^2+y^3=x^3-y^2$，求 $\dfrac{dy}{dx}=?$

解　視 $y=y(x)$，對原式之 x 微分得

$2x+3y^2y'=3x^2-2yy'$

解 $\dfrac{dy}{dx}$ 得 $y'=\dfrac{3x^2-2x}{3y^2+2y}$。（外型含 x、y）■

牛刀小試

已知 $(x-2y)^2=y$，求 $\dfrac{dy}{dx}=?$

答：微分得 $2(x-2y)(1-2y')=y'$，整理得 $y'=\dfrac{2(x-2y)}{4x-8y+1}$。

例題 2

已知 $x+3xy^3+y=0$，求 $\dfrac{dy}{dx}=?$

解　視 $y=y(x)$，對原式之 x 微分得

$1+3y^3+9xy^2y'+y'=0$

解 $\dfrac{dy}{dx}$ 得 $y'=-\dfrac{1+3y^3}{9xy^2+1}$。（外型含 x、y）■

牛刀小試

已知 $\ln(xy)+xy=5$，求 $\dfrac{dy}{dx}=?$

答：微分得 $\dfrac{1}{xy}(y+xy')+y+xy'=0$，整理得 $y'=-\dfrac{y+\frac{1}{x}}{x+\frac{1}{y}}$。

例題 3

有一直線切 $2x^3 - x^2y^2 + 4y^3 = 16$ 於點 $(2,1)$，求此直線之斜率為何？

解 微分得 $6x^2 - 2xy^2 - 2x^2yy' + 12y^2y' = 0$

移項整理得 $y' = \dfrac{2xy^2 - 6x^2}{12y^2 - 2x^2y}$

故 $y'\Big|_{(2,1)} = \dfrac{2xy^2 - 6x^2}{12y^2 - 2x^2y}\Bigg|_{(2,1)} = -5$ 。 ■

牛刀小試

有一直線切 $x^3 + y^3 = 1$ 於點 $(0, 1)$，求此直線之斜率為何？

答：微分得 $3x^2 + 3y^2y' = 0$ ，整理得 $y' = -\dfrac{x^2}{y^2}$ ，故 $y'\Big|_{(0,1)} = -\dfrac{x^2}{y^2}\Bigg|_{(0,1)} = 0$ 。

例題 4

求與曲線 $x^3 - 7 = y^3 + 2x^2y - 8y$ 切於點 $(2, 1)$ 之切線方程式為何？

解

微分得 $3x^2 = 3y^2y' + 4xy + 2x^2y' - 8y'$

移項整理得 $y' = \dfrac{3x^2 - 4xy}{3y^2 + 2x^2 - 8}$ ，代入得 $y'\Big|_{(2,1)} = \dfrac{4}{3}$

故切線為 $y - 1 = \dfrac{4}{3}(x - 2)$ 。 ■

牛刀小試

給定曲線 $x^3 + xy + 2y^3 = 4$，求過點 $(1, 1)$ 之切線方程式？

答：

微分得 $3x^2 + y + xy' + 6y^2y' = 0$

移項整理得 $y' = -\dfrac{3x^2 + y}{6y^2 + x}$ ，得 $y'\Big|_{(1,1)} = -\dfrac{4}{7}$

故切線為 $y - 1 = -\dfrac{4}{7}(x - 1)$ 。

例題 5

已知派拉達包包的銷售量 x（個）與價格 p（元）具有如下關係：

$$p+2px+x^2=349\ ,\ 0\le x\le 100$$

(1) 利用隱函數微分法求 $\dfrac{dp}{dx}=?$

(2) 當 $x=7$，$p=20$ 時，$\dfrac{dp}{dx}=?$

解

(1) 微分得 $p'+2(p'x+p)+2x=0\to p'=-\dfrac{2p+2x}{2x+1}$ 。

(2) $\left.\dfrac{dp}{dx}\right|_{(7,20)}=-\left.\dfrac{2p+2x}{2x+1}\right|_{(7,20)}=-\dfrac{54}{15}=-\dfrac{18}{5}$ 。 ■

牛刀小試

已知橘子的銷售量 x（箱）與價格 p（百元）具有如下關係：

$$p^3+p^2x+x^2=1636\ ,\ 0\le x\le 50$$

(1) 利用隱函數微分法求 $\dfrac{dp}{dx}=?$

(2) 當 $x=6$，$p=10$ 時，$\dfrac{dp}{dx}=?$

答：

(1) 微分得 $3p^2p'+2pp'x+p^2+2x=0\to p'=-\dfrac{p^2+2x}{2px+3p^2}$ 。

(2) $\left.\dfrac{dp}{dx}\right|_{(6,10)}=-\left.\dfrac{p^2+2x}{2px+3p^2}\right|_{(6,10)}=-\dfrac{112}{420}=-\dfrac{4}{15}$ 。

習題 3-6

1. 若 $F(x,y)=x^2+3y^2-100=0$，求 $\dfrac{dy}{dx}=?$

2. 若 $F(x,y)=x^2+4xy+3y^2-100=0$，求 $\dfrac{dy}{dx}=?$

3. 若 $x^2-2xy+3y^2=0$，則 $y'=?$

4. 若 $xy-2^x+2^y=0$，則 $y'=?$

5. 若 $w^3-3z^2w+4\ln z=0$，求 $\dfrac{dw}{dz}=?$ 其中 $w=w(z)$。

6. 若 $F(x,y)=100x^{0.75}y^{0.25}=135540$，當 $x=1500$，$y=1000$ 時，求 $\dfrac{dy}{dx}=?$

7. 曲線 $x^3y+y^4=2$ 上之點 (1, 1)，求 $\left.\dfrac{dy}{dx}\right|_{x=1,y=1}=?$

8. 已知 $x^3y^3+y^2=x+y$，在點 (1, 1)，求 $\left.\dfrac{dy}{dx}\right|_{x=1,y=1}=?$

9. 若 $y^2-xy-3x=1$，求在點 $(0,-1)$ 之切線斜率？

10. 曲線 $y^2-2y+x^2=3$ 在點 (2, 1) 之切線方程式為何？

習題解答

3-1

1. 4
2. 不可微分
3. $m=4$，$a=-10$
4. $a=\dfrac{3}{2}$，$b=-\dfrac{1}{2}$
5. 4
6. $f(x)$ 在 $x=2$ 不可微分

3-2

1. $15x^4-16x^3$
2. $2x^{-1/3}-2x^{-1/2}$
3. $3x^2$
4. $\dfrac{-x^2-1}{(x^2-1)^2}$
5. 4
6. $y=4(x-1)$
7. $(2,8)$、$(-2,-8)$
8. $(1,3)$
9. $(1,0)$，$(-1,-4)$
10. (1) 5（千個），0.5 $\dfrac{\text{千個}}{\text{年}}$

    (2) 2.1 $\dfrac{\text{千個}}{\text{年}}$

3-3

1. $(2x+x^2)e^x$
2. $2x\ln x+x$
3. $e^x\ln x+\dfrac{e^x}{x}$
4. $\dfrac{e^x(x-1)}{x^2}$
5. $y=2(x-1)$
6. (1) 1,000 隻
   (2) 2,718 隻
7. (1) 100 公斤
   (2) 36.8 公斤
8. 51.2 ℃

3-4

1. $5^{3x}\cdot 3\ln 5$
2. $(3\ln 3)\cdot 3^{3x}$
3. $\pi x^{\pi-1}-\pi^x\ln\pi$
4. $\dfrac{12(1+x)^5}{(1-x)^7}$
5. $\dfrac{1}{4}(3-2x-x^4)^{-3/4}(-2-4x^3)$
6. $100(x^2+4x-5)^{99}\cdot(2x+4)$
7. $\dfrac{5}{2\sqrt{5x+3}}$
8. 1
9. $e^{x^2+4}\cdot 2x$
10. $(2x\ln 8)8^{x^2+8}$
11. $6x^5$
12. $(x+1)^x\left[\ln(x+1)+\dfrac{x}{x+1}\right]$
13. $(x^2-1)^x\left[\ln(x^2-1)+\dfrac{2x^2}{x^2-1}\right]$
14. $\dfrac{(x-3)^2(x+9)^3}{x^5(x-4)^4}\cdot\left[\dfrac{2}{x-3}+\dfrac{3}{x+9}-\dfrac{5}{x}-\dfrac{4}{x-4}\right]$

3-5

1. $f''(x)=(x+2)e^x$；$f'''(x)=(x+3)e^x$
2. $f''(3)=-\dfrac{1}{3}$
3. $f''(x)=\dfrac{-3x^4+6x}{(x^3+1)^2}$
4. $f''(x)=\dfrac{1}{x}$
5. $f''(x)=\dfrac{2}{(x+2)^3}$，$f'''(x)=\dfrac{-6}{(x+2)^4}$
6. $f''(x)=\dfrac{2x^3+6x}{(x^2-1)^3}$
   $f''(2)=\dfrac{28}{27}$

3-6

1. $y' = -\dfrac{x}{3y}$
2. $y' = -\dfrac{x+2y}{2x+3y}$
3. $y' = \dfrac{y-x}{3y-x}$
4. $y' = -\dfrac{y-2^x \ln 2}{x+2^y \ln 2}$
5. $w' = \dfrac{6zw-\dfrac{4}{z}}{3w^2-3z^2}$
6. 2
7. $-\dfrac{3}{5}$
8. $-\dfrac{1}{2}$
9. -1
10. $x = 2$

開心笑園

生曰：「學完第三章以後，我已經可以把任意外型的函數微分都踩在腳下了！且微分只有三步曲：相減、相除、取極限」

師曰：「沒錯！但還有一位敵人你還不會應付，這個敵人穿一件外型長得像這樣 $\int_a^x$ 的防彈衣，此型敵人的微分要靠第六章學到的武器才能應付！」

4 微分應用

本章大綱：

學習目標：

1. 瞭解羅必達法則求不定型的極限
2. 利用微分求函數的近似值
3. 瞭解 Rolle 定理、微分均值定理
4. 瞭解極大、極小值的計算
5. 瞭解反曲點的計算
6. 瞭解函數圖形之描繪
7. 瞭解變化率與最佳化之應用問題
8. 瞭解複利之意義
9. 瞭解微分在商學上之應用

在學完微分的意義、操作原則後，我們已有能力進一步瞭解微分具有哪些功能，亦即本章的「微分應用」。

4-1 羅必達法則

首先要談的第一個應用是在極限求法方面，此法稱為羅必達法則（L'Hospital rule）。羅必達（L'Hospital，1661~1704）是一位業餘的法國數學家，曾受教於瑞士數學家白努利（Johann Bernoulli，1667~1748），此外羅必達也是世界上第一本微積分書籍的作者。

他所創造的方法能針對許多型態的極限問題，快速得到答案（如高鐵快），因此就其功勞而言，名號雖是「業餘」，貢獻卻很大！現說明如下：

定理　羅必達法則

一、若 $\lim\limits_{x\to a} f(x)=\lim\limits_{x\to a} g(x)=0$，且 $\lim\limits_{x\to a}\dfrac{f'(x)}{g'(x)}$ 存在

則 $\lim\limits_{x\to a}\dfrac{f(x)}{g(x)}=\lim\limits_{x\to a}\dfrac{f'(x)}{g'(x)}$

若 $\lim\limits_{x\to a} f'(x)=\lim\limits_{x\to a} g'(x)=0$，則 $\lim\limits_{x\to a}\dfrac{f(x)}{g(x)}=\lim\limits_{x\to a}\dfrac{f''(x)}{g''(x)}$

其餘依此類推，直到分母不為 0 即可代入！

二、若 $\lim\limits_{x\to a} f(x)=\infty$，$\lim\limits_{x\to a} g(x)=\infty$ 且 $\lim\limits_{x\to a}\dfrac{f'(x)}{g'(x)}$ 存在

則 $\lim\limits_{x\to a}\dfrac{f(x)}{g(x)}=\lim\limits_{x\to a}\dfrac{f'(x)}{g'(x)}$

若 $\lim\limits_{x\to a} f'(x)=\infty$，$\lim\limits_{x\to a} g'(x)=\infty$，則 $\lim\limits_{x\to a}\dfrac{f(x)}{g(x)}=\lim\limits_{x\to a}\dfrac{f''(x)}{g''(x)}$

其餘依此類推。

以下依題型分別說明羅必達法則的用法，這是較快的學習法。

第一型　$\dfrac{0}{0}$，亦即分子、分母皆趨近於零

例題 1

求 $\lim\limits_{x\to 1}\dfrac{x^2-1}{x^3-1}=?$

解

$\lim\limits_{x\to 1}\dfrac{x^2-1}{x^3-1}$　　$(\dfrac{0}{0})$

$=\lim\limits_{x\to 1}\dfrac{2x}{3x^2}$

$=\dfrac{2}{3}$。■

牛刀小試

求 $\lim_{x\to -1}\dfrac{x^5+1}{x^3+1}=?$

答：原式 $=\lim_{x\to -1}\dfrac{5x^4}{3x^2}=\dfrac{5}{3}$ 。

例題 2

求 $\lim_{x\to 1}\dfrac{x-1}{\ln x}=?$

解

$$\lim_{x\to 1}\frac{x-1}{\ln x} \qquad \left(\frac{0}{0}\right)$$

$$=\lim_{x\to 1}\frac{1}{\frac{1}{x}}$$

$=1$ 。 ■

牛刀小試

求 $\lim_{x\to e}\dfrac{x-e}{\ln x-1}=?$

答：原式 $=\lim_{x\to e}\dfrac{1}{\frac{1}{x}}=e$ 。

例題 3

求 $\lim_{x\to 0}\frac{e^x-x-1}{x^2}=?$

解 $\lim_{x\to 0}\frac{e^x-x-1}{x^2}$ $\quad(\frac{0}{0})$

$=\lim_{x\to 0}\frac{e^x-1}{2x}$ $\quad(\frac{0}{0})$

$=\lim_{x\to 0}\frac{e^x}{2}$

$=\frac{1}{2}$。 ■

牛刀小試

求 $\lim_{x\to 0}\frac{e^{-x}+x-1}{x^2}=?$

答：原式 $=\lim_{x\to 0}\frac{-e^{-x}+1}{2x}=\lim_{x\to 0}\frac{e^{-x}}{2}=\frac{1}{2}$ 。

例題 4

求 $\lim_{x\to 0}\frac{\sqrt{1+x}-\sqrt{1-x}}{x}=?$

解 $\lim_{x\to 0}\frac{\sqrt{1+x}-\sqrt{1-x}}{x}$ $\quad(\frac{0}{0})$

$=\lim_{x\to 0}\frac{\frac{1}{2\sqrt{1+x}}+\frac{1}{2\sqrt{1-x}}}{1}$

$=\frac{1}{2}+\frac{1}{2}$

$=1$。 ■

牛刀小試

求 $\lim_{x\to 0}\frac{\sqrt{1+2x}-\sqrt{1-2x}}{x}=?$

答：原式 $=\lim_{x\to 0}\frac{\frac{1}{\sqrt{1+2x}}+\frac{1}{\sqrt{1-2x}}}{1}=2$ 。

第二型 $\frac{\infty}{\infty}$，亦即分子、分母皆趨近於無限大

例題 5

求 $\lim_{x\to\infty}\frac{\ln x}{x}=?$

解 $\lim_{x\to\infty}\frac{\ln x}{x}$ $\quad(\frac{\infty}{\infty})$

$=\lim_{x\to\infty}\frac{\frac{1}{x}}{1}$

$=0$ 。 ■

牛刀小試

求 $\lim_{x\to\infty}\frac{\ln(x^2)}{x}=?$

答：原式 $=\lim_{x\to\infty}\frac{2\ln x}{x}=\lim_{x\to\infty}\frac{\frac{2}{x}}{1}=0$ 。

例題 6

求 $\lim_{x\to\infty}\frac{x}{e^x}=?$

解　$\lim_{x\to\infty}\frac{x}{e^x}$　　$(\frac{\infty}{\infty})$

$=\lim_{x\to\infty}\frac{1}{e^x}$

$=0$。 ■

牛刀小試

求 $\lim_{x\to\infty}\frac{2x^2}{e^x}=?$

答：原式 $=\lim_{x\to\infty}\frac{4x}{e^x}=\lim_{x\to\infty}\frac{4}{e^x}=0$ 。

心得 當 $x\to\infty$ 時，有 $\ln x<x<x^n<e^x$ 。

例題 7

求 $\lim_{x\to1^+}\frac{\ln(x-1)}{\ln(x^2-1)}=?$

解　$\lim_{x\to1^+}\frac{\ln(x-1)}{\ln(x^2-1)}$　　$(\frac{\infty}{\infty})$

$=\lim_{x\to1^+}\frac{\frac{1}{x-1}}{\frac{2x}{x^2-1}}$　　$(\frac{\infty}{\infty})$

$=\lim_{x\to1^+}\frac{\frac{1}{x-1}}{\frac{2x}{(x+1)(x-1)}}$　　（因式分解）

$=\lim_{x\to1^+}\frac{x+1}{2x}$

$=\frac{1+1}{2}$

$=1$。 ■

求 $\lim_{x\to1^+}\frac{\ln(x^2-1)}{\ln(x^3-1)}=?$

答：

原式 $=\lim_{x\to1^+}\dfrac{\frac{2x}{x^2-1}}{\frac{3x^2}{x^3-1}}=\lim_{x\to1^+}\dfrac{\frac{2}{(x-1)(x+1)}}{\frac{3x}{(x-1)(x^2+x+1)}}=\lim_{x\to1^+}\frac{2(x^2+x+1)}{3x(x+1)}=\frac{6}{6}=1$ 。

注意：羅必達法則並非萬能！例如 $\lim_{x\to\infty}\frac{e^x+e^{-x}}{e^x-e^{-x}}\approx\lim_{x\to\infty}\frac{e^x}{e^x}=1$，本題若使用羅必達法則會一直循環而解不出！意即羅必達法則可以算，但不一定能算出答案。

第三型　其它不定型

若將前面所談之第一、二型視為「標準型」，則其它型式即稱為「非標準型」，碰到非標準型，只要設法將非標準型化為標準型即可！現在分類說明如下：

一、將 $0\cdot\infty$ 與 $(\infty-\infty)$ 化為 $\frac{0}{0}$ 或 $\frac{\infty}{\infty}$ 計算之

理由：化為「分式」型式才能分子、分母互相比較也！

例題 8

求 $\lim_{x\to0^+}x\ln x=?$（$0\cdot\infty$）型。

解

$\lim_{x\to0^+}x\ln x \qquad (0\cdot\infty)$

$=\lim_{x\to0^+}\dfrac{\ln x}{\frac{1}{x}} \qquad (\frac{\infty}{\infty})$

$=\lim_{x\to0^+}\dfrac{\frac{1}{x}}{-\frac{1}{x^2}}$

$=\lim_{x\to0^+}(-x)$

$=0$ 。 ■

牛刀小試

求 $\lim\limits_{x\to0^+} x^2 \ln x = ?$

答：原式 $= \lim\limits_{x\to0^+}\dfrac{\ln x}{\dfrac{1}{x^2}} = \lim\limits_{x\to0^+}\dfrac{\dfrac{1}{x}}{\dfrac{-2}{x^3}} = \lim\limits_{x\to0^+}\dfrac{x^2}{-2} = 0$ 。

例題 9

求 $\lim\limits_{x\to0^+}\left(\dfrac{1}{x}-\dfrac{1}{e^x-1}\right) = ?$ $(\infty-\infty)$ 型。

解

$$\lim_{x\to0^+}\left(\frac{1}{x}-\frac{1}{e^x-1}\right) \qquad (\infty-\infty)$$

$$= \lim_{x\to0^+}\frac{e^x-1-x}{x(e^x-1)} \qquad (\text{通分化成 } \frac{0}{0})$$

$$= \lim_{x\to0^+}\frac{e^x-1}{e^x-1+xe^x} \qquad (\frac{0}{0})$$

$$= \lim_{x\to0^+}\frac{e^x}{e^x+e^x+xe^x}$$

$$= \frac{1}{1+1}$$

$$= \frac{1}{2} \text{ 。} \blacksquare$$

牛刀小試

求 $\lim\limits_{x\to0^+}\left(\dfrac{1}{x}-\dfrac{1}{e^{2x}-1}\right) = ?$

答：原式 $= \lim\limits_{x\to0^+}\dfrac{e^{2x}-1-x}{x(e^{2x}-1)} = \lim\limits_{x\to0^+}\dfrac{2e^{2x}-1}{e^{2x}-1+2xe^{2x}} = \infty$ 。

二、將 ∞^0、1^∞、0^0 利用 $f(x)^{g(x)}=e^{g(x)\ln f(x)}$ 化為 $\dfrac{0}{0}$ 或 $\dfrac{\infty}{\infty}$

理由：讓底數不變後將計算式簡化，即可化為「分式型式」計算！

例題 10

求 $\lim\limits_{x\to\infty} x^{1/x}=?$ (∞^0) 型。

解 $\because x^{\frac{1}{x}}=e^{\frac{\ln x}{x}}$

而 $\lim\limits_{x\to\infty}\dfrac{\ln x}{x}=\lim\limits_{x\to\infty}\dfrac{\frac{1}{x}}{1}=0$

故 $\lim\limits_{x\to\infty} x^{1/x}=e^0=1$。■

牛刀小試

求 $\lim\limits_{x\to\infty} x^{2/x}=?$

答：

$\because x^{\frac{2}{x}}=e^{\frac{2\ln x}{x}}$，而 $\lim\limits_{x\to\infty}\dfrac{2\ln x}{x}=\lim\limits_{x\to\infty}\dfrac{\frac{2}{x}}{1}=0$

故 $\lim\limits_{x\to\infty} x^{2/x}=e^0=1$。

例題 11

求 $\lim\limits_{x\to0^+} x^x=?$ (0^0) 型。

解 $x^x=e^{x\ln x}$

而 $\lim\limits_{x\to0^+} x\ln x=\lim\limits_{x\to0^+}\dfrac{\ln x}{\frac{1}{x}}=\lim\limits_{x\to0^+}\dfrac{\frac{1}{x}}{-\frac{1}{x^2}}=\lim\limits_{x\to0^+}(-x)=0$

故 $\lim\limits_{x\to0^+} x^x=e^0=1$。■

牛刀小試

求 $\lim_{x\to 0^+} x^{2x}=?$

答：$x^{2x}=e^{2x\ln x}$

而 $\lim_{x\to 0^+} 2x\ln x=\lim_{x\to 0^+}\frac{2\ln x}{\frac{1}{x}}=\lim_{x\to 0^+}\frac{\frac{2}{x}}{-\frac{1}{x^2}}=\lim_{x\to 0^+}(-2x)=0$

故 $\lim_{x\to 0^+} x^{2x}=e^0=1$ 。

例題 12 基本題

求 $\lim_{x\to\infty}(1+\frac{\alpha}{x})^x=?$ (1^∞) 型。

解

〈法一〉 $(1+\frac{\alpha}{x})^x=e^{x\ln(1+\frac{\alpha}{x})}$

而 $\lim_{x\to\infty} x\ln(1+\frac{\alpha}{x})=\lim_{x\to\infty}\frac{\ln(1+\frac{\alpha}{x})}{\frac{1}{x}}=\lim_{x\to\infty}\frac{\frac{-\alpha}{x(x+\alpha)}}{-\frac{1}{x^2}}=\alpha$

故 $\lim_{x\to\infty}(1+\frac{\alpha}{x})^x=e^\alpha$ 。

〈法二〉 $\lim_{x\to\infty}(1+\frac{\alpha}{x})^x\overset{x=\alpha t}{=}\lim_{t\to\infty}(1+\frac{1}{t})^{\alpha t}=\lim_{t\to\infty}\left[(1+\frac{1}{t})^t\right]^\alpha=e^\alpha$，此法快多了！ ■

牛刀小試

求 $\lim_{x\to\infty}(1+\frac{1}{x^2})^x=?$

答：$(1+\frac{1}{x^2})^x=e^{x\ln(1+\frac{1}{x^2})}$

而 $\lim_{x\to\infty} x\ln(1+\frac{1}{x^2})=\lim_{x\to\infty}\frac{\ln(1+\frac{1}{x^2})}{\frac{1}{x}}=\lim_{t\to 0^+}\frac{\ln(1+t^2)}{t}=\lim_{t\to 0^+}\frac{\frac{2t}{1+t^2}}{1}=0$

故 $\lim_{x\to\infty}(1+\frac{1}{x^2})^x=e^0=1$ 。

習題 4-1

1. 求 $\lim_{x\to 1}\frac{x^4-1}{x^3-1}=?$

2. 求 $\lim_{x\to 0}\frac{e^x-1}{x}=?$

3. 求 $\lim_{x\to 0}\frac{\sqrt{2+x}-\sqrt{2-x}}{x}=?$

4. 求 $\lim_{x\to 0}\frac{\sqrt{x+1}-1}{x}=?$

5. 求 $\lim_{x\to 1}\frac{\sqrt{x+3}-2}{x-1}=?$

6. 求 $\lim_{x\to 2}\frac{2\sqrt{x+14}-4\sqrt{x+2}}{x^2+2x-8}=?$

7. 求 $\lim_{x\to \infty}\frac{x^2}{e^x}=?$

8. 求 $\lim_{x\to 1^+}(\frac{x}{x-1}-\frac{1}{\ln x})=?$

9. 求 $\lim_{x\to 1^+}\frac{\ln(x-1)}{\ln(x^3-1)}=?$

10. 求 $\lim_{x\to 0^+}x^2\ln x$

11. 求 $\lim_{x\to \infty}(1+\frac{3}{x})^{x+2}=?$

12. 求 $\lim_{x\to 0^+}x^{2x}=?$

13. 求 $\lim_{x\to \infty}(1+2x)^{\frac{1}{3x}}=?$

14. 求 $\lim_{x\to \infty}x^{e^{-x}}=?$

15. 求 $\lim_{x\to 0^+}\left(\frac{1}{x}\right)^x=?$

4-2 求近似值

「微分」若以俏皮話來解釋即為「變化率」，因此由函數 $f(x)$ 在點 $x = a$ 之微分，可求出 $f(x)$ 在點 $x = a$ 之變化率與變化量。若 $y = f(x)$ 之幾何意義圖示如下：

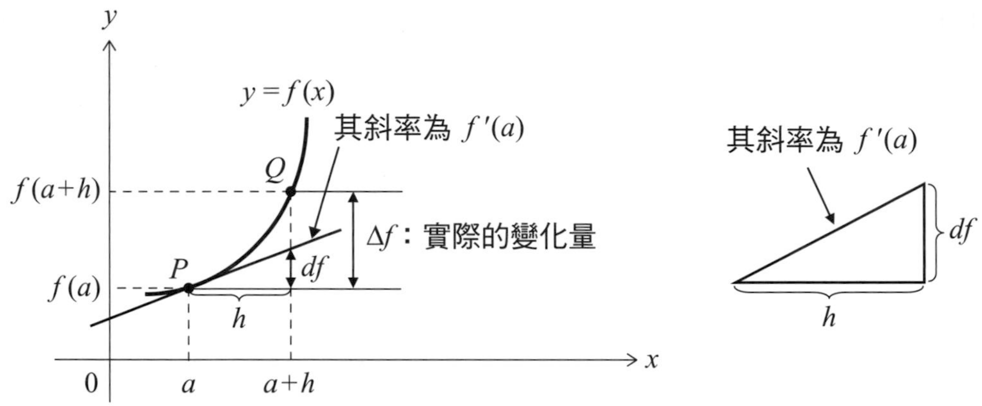

可看出：$\begin{cases} df : f(x) \text{ 從 } a \text{ 到 } a+h \text{ 的近似變化量} \\ \Delta f : f(x) \text{ 從 } a \text{ 到 } a+h \text{ 的實際變化量} \end{cases}$

$\therefore df = hf'(a)$，當 $h \to 0$ 時，有 $\Delta f \approx df$，估算會更正確，此方法稱為線性近似（linear approximation）或稱為切線近似（tangent-line approximation），即以直線代替曲線，以 df 來代替 Δf。（因為 Δf 有時很難算！）

現將計算 $f(a+h)$ 之方法整理如下：

1. **騎驢**：先設 $f(x)$ 並得到 $f(a)$，微分得 $f'(x)$
2. **找馬**：由幾何意義得 $df = hf'(a) \to f(a+h) \approx f(a) + hf'(a)$

故 $f(a+h) \approx f(a) + hf'(a)$ ～記！

例題 1 基本題

求 $\sqrt{16.1}$ 之近似值？

解　令 $f(x)=\sqrt{x}$，則 $f'(x)=\dfrac{1}{2\sqrt{x}}$

由 $f(x+h)\approx f(x)+hf'(x)$

取 $x=16$，$h=0.1$

則 $\sqrt{16.1}\approx 4+(0.1)\cdot\dfrac{1}{2\sqrt{16}}=4+\dfrac{0.1}{8}=4.0125$。 ■

牛刀小試

求 $\sqrt[4]{17}$ 之近似值？

答：令 $f(x)=\sqrt[4]{x}$，則 $f'(x)=\dfrac{1}{4x^{3/4}}$，由 $f(x+h)\approx f(x)+hf'(x)$

取 $x=16$，$h=1$，則 $\sqrt[4]{17}\approx 2+\dfrac{1}{4}\cdot\dfrac{1}{(16)^{3/4}}=2+\dfrac{1}{32}=2.03125$。

例題 2

一個圓的半徑從 10 公分增加到 10.1 公分，請估計一下此圓面積的變化量？

解　已知 $A(r)=\pi r^2$，則 $dA=2\pi r dr$

取 $r=10$，$dr=0.1$

$dA=2\pi\times 10\times 0.1=2\pi\approx 6.28$（平方公分）。 ■

牛刀小試

一個正方形的邊長從 20 公分增加到 20.1 公分，試估計此正方形面積的變化量？

答：

已知 $A(x)=x^2$，則 $dA=2xdx$

取 $x=20$，$dx=0.1$

$\therefore dA=2\times 20\times 0.1=4$（平方公分）。

例題 3

冷氣機的銷售量 y 為廣告花費金額 x 的函數：$y=f(x)$

已知 $f(300)=200$ ，$f'(300)=3$

(1) 請估計 $f(301)$ 與 $f(310)$ 之值。

(2) 你認為哪一個預估值較可信賴？為什麼？

解

(1) $f(301)=f(300)+1\cdot f'(300)=200+1\times 3=203$

$f(310)=f(300)+10\cdot f'(300)=200+10\times 3=230$ 。

(2) $f(301)$ 較可信賴，因為 301 離 300 較近

$f(310)$ 較不可信賴，因為 310 離 300 較遠。 ■

牛刀小試

豆漿機的銷售量 y 為廣告花費金額 x 的函數：$y=f(x)$

已知 $f(200)=300$，$f'(200)=2$

(1) 請估計 $f(201)$ 與 $f(210)$ 之值

(2) 你認為那一個預估值較可信賴？為什麼？

答：

(1) $f(201)=f(200)+1\cdot f'(200)=300+1\times 2=302$

$f(210)=f(200)+10\cdot f'(200)=300+10\times 2=320$ 。

(2) $f(201)$ 較可信賴，因為 201 離 200 較近

$f(210)$ 較不可信賴，因為 210 離 200 較遠。

應用：牛頓勘根法

找出函數 $f(x)=0$ 之根，自有數學以來就有高度興趣，此處介紹有名的「牛頓勘根法」。如下圖所示，計算步驟如下：

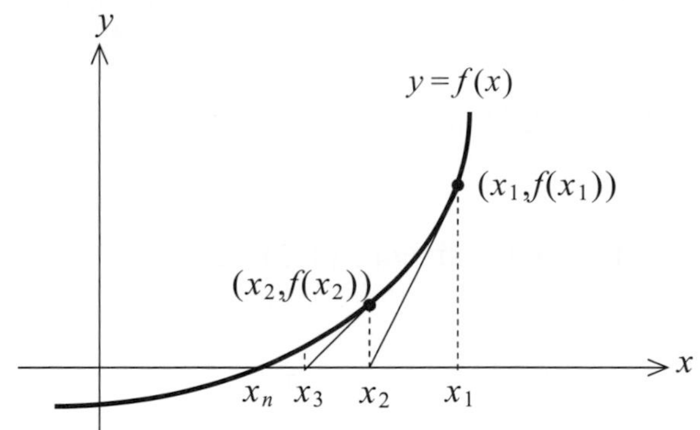

(1) 先以觀察或其它方法得到一個近似根 x_1。

(2) 過點 $(x_1, f(x_1))$ 之切線為 $y - f(x_1) = f'(x_1)\cdot(x - x_1)$

此線交 x 軸於 x_2，代入得 $-f(x_1) = f'(x_1)\cdot(x_2 - x_1)$

整理得 $x_2 = x_1 - \dfrac{f(x_1)}{f'(x_1)}$。

(3) 過點 $(x_2, f(x_2))$ 做切線交 x 軸於 x_3 點，同理可算出 $x_3 = x_2 - \dfrac{f(x_2)}{f'(x_2)}$。

(4) 依此類推得通式：$x_n = x_{n-1} - \dfrac{f(x_{n-1})}{f'(x_{n-1})}$。

注意：在上面的計算中需 $f'(x_i) \neq 0$。

例題 4

求 $f(x) = x^3 - 2x - 5 = 0$ 之一個近似根？

解 利用牛頓勘根法。又 $f'(x) = 3x^2 - 2$

(1) 因 $f(2) = -1 < 0$，$f(3) = 16 > 0$，故知在 $(2,3)$ 之間必有一根。

(2) 取 $x_1 - 3$，則

$$x_2 = x_1 - \frac{f(x_1)}{f'(x_1)} = 3 - \frac{16}{3\cdot 3^2 - 2} = 3 - \frac{16}{25} = 2.36$$

$$x_3 = x_2 - \frac{f(x_2)}{f'(x_2)} \approx 2.36 - \frac{3.424}{14.7088} \approx 2.1272 \text{。} \quad ■$$

牛刀小試

求 $f(x)=x^3+x-3=0$ 之一個近似根？

答：$f'(x)=3x^2+1$

(1) 因 $f(1)=-1<0$，$f(2)=7>0$，故知在 $(1,2)$ 之間必有一根。

(2) 取 $x_1=2$，則

$$x_2=x_1-\frac{f(x_1)}{f'(x_1)}=2-\frac{7}{3\cdot 2^2+1}=2-\frac{7}{13}\approx 1.46$$

$$x_3=x_2-\frac{f(x_2)}{f'(x_2)}\approx 1.46-\frac{1.5721}{7.3948}\approx 1.2474$$ 。

習題 4-2

1. 求 $\sqrt{24.8}$ 之近似值？
2. 求 $\sqrt[3]{63}$ 之近似值？
3. 一個立方體的邊長從 10 公分增加到 10.1 公分，請估計此立方體的體積變化量？
4. 日力牌冰箱的銷售量 y 為廣告花費金額 x 的函數：$y=f(x)$
   已知 $f(100)=1000$，$f'(100)=30$
   (1) 請估計 $f(101)$ 與 $f(110)$ 之值。
   (2) 你認為哪一個預估值較可信賴？為什麼？
5. 以牛頓勘根法求 $f(x)=x^3+x-1=0$ 的一個近似根？
   提示：$x_n=x_{n-1}-\dfrac{f(x_{n-1})}{f'(x_{n-1})}$，取 $x_1=1$
6. 以牛頓勘根法求 $f(x)=x^2-12=0,\ x>0$ 的一個近似根？
   提示：$x_n=x_{n-1}-\dfrac{f(x_{n-1})}{f'(x_{n-1})}$，取 $x_1=3$

4-3 微分均值定理

由 $f'(a)=\lim\limits_{x\to a}\dfrac{f(x)-f(a)}{x-a}$ 可看出：導數是一個局部性（local）的概念，反應的僅是函數 $f(x)$ 在點 $x=a$ 的「局部」變化，如果要瞭解一個大區域（global）的變化，就不能再使用此式。如車子從台北到台南的平均速率問題；或預測從

2022～2042 之 20 年內台灣經濟成長率……等等，均屬於大區域之行為，此時就要利用本節的微分均值定理（mean-value theorem for derivative）說明之，而介紹微分均值定理之前，必須先介紹它的特例──有名的 Rolle（洛耳）定理。

定理 Rolle（洛耳）定理

若 $f(x)$ 在 $[a,b]$ 為連續，$f(x)$ 在 (a,b) 為可微分，且 $f(a)=f(b)$，則至少存在一點 $c\in(a,b)$，使得 $f'(c)=\dfrac{f(b)-f(a)}{b-a}=0$ 。

Rolle 定理之結果可用圖解說明如下：

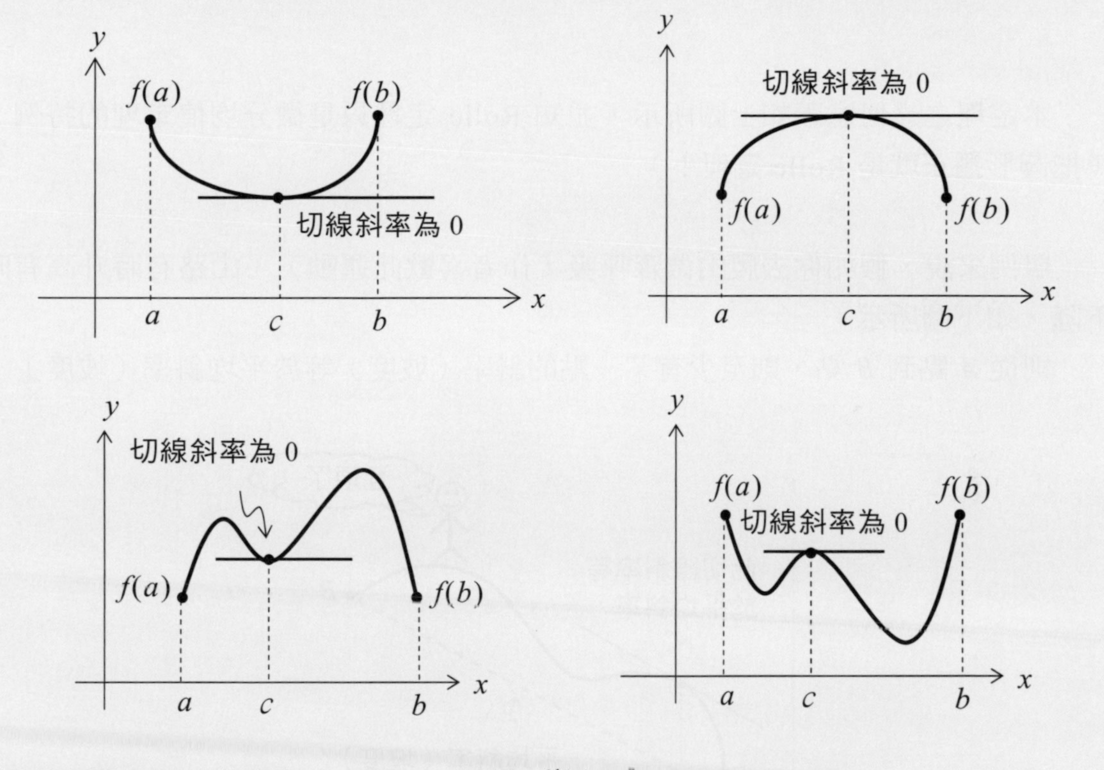

綜合上圖可知：必定存在一點 c ，使得 $f'(c)=0$ 。

此定理可幫助我們找出一函數之極值位置，這是微分學的漂亮功能！接下來已有能力談「大範圍」的平均變化，即著名的「微分均值定理」。

定理　微分均值定理

若 $f(x)$ 在 $[a,b]$ 為連續，$f(x)$ 在 (a,b) 為可微分，則至少存在一點 $c\in(a,b)$，使得 $f'(c)=\dfrac{f(b)-f(a)}{b-a}$。

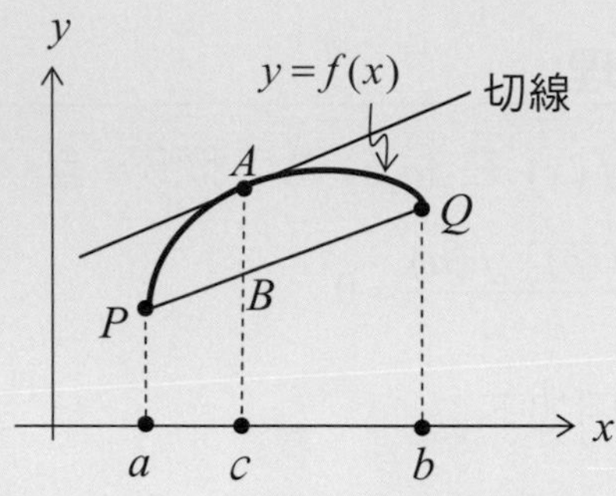

本定理之幾何意義如上圖所示，並知 Rolle 定理只是微分均值定理的特例。（把圖形擺正就是 Rolle 定理！）

舉例來說，假如你去爬山做森呼吸（作者喜歡此運動），山路有時升高有時下降，如下圖所示：

則從 A 點到 B 點，則至少有某一點的斜率（坡度）等於平均斜率（坡度）。

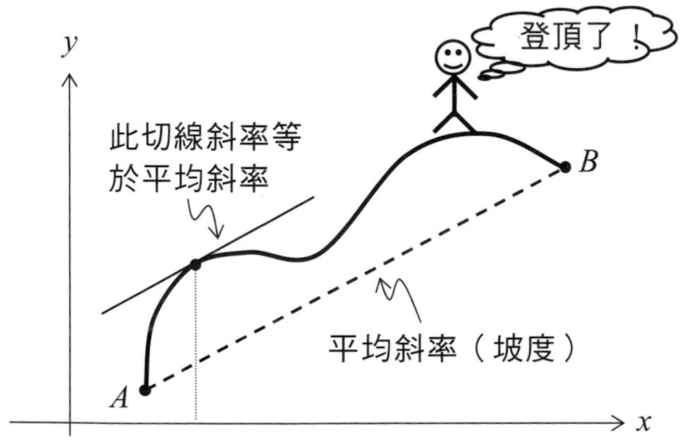

例題 1 基本題

設 $f(x)=x^2$，$x\in[1,5]$，求一數 $c\in(1,5)$ 且滿足微分均值定理。

解 $f'(x)=2x$，由微分均值定理：

$$f'(c)=\frac{f(5)-f(1)}{5-1}=\frac{25-1}{4}=\frac{24}{4}=6$$

$\Rightarrow 2c=6$，$\therefore c=3$。 ■

牛刀小試

設 $f(x)=x^3$，$x\in[1,4]$，求一數 $c\in(1,4)$ 且滿足微分均值定理。

答：

$f'(x)=3x^2$，由微分均值定理：

$$f'(c)=\frac{f(4)-f(1)}{4-1}=\frac{64-1}{3}=21$$

$3c^2=21$，$\therefore c=\pm\sqrt{7}$

但 $c=-\sqrt{7}\notin(1,4)$，要捨棄，故 $c=\sqrt{7}$。

例題 2 基本題

已知 $f(0)=-3$，且 $f'(x)\le 5,\ \forall x\in\mathbb{R}$，則 $f(2)$ 之最大可能值為何？

解

由微分均值定理知存在 $c\in(0,2)$，使得

$$f'(c)=\frac{f(2)-f(0)}{2-0}=\frac{f(2)+3}{2}\le 5$$，整理得 $f(2)\le 7$。 ■

牛刀小試

已知 $f(1)=10$，且 $f'(x)\ge 2$，$x\in(1,4)$，則 $f(4)$ 之最小可能值為何？

答：

由微分均值定理知存在 $c\in(1,4)$，使得

$$f'(c)=\frac{f(4)-f(1)}{4-1}=\frac{f(4)-10}{3}\ge 2$$，整理得 $f(4)\ge 16$。

習題 4-3

1. 設 $f(x)=x^2+2x-1$，$x\in[0,1]$，求一數 $c\in(0,1)$ 且滿足微分均值定理。
2. 設 $f(x)=x^3+1$，$x\in[1,2]$，求一數 $c\in(1,2)$ 且滿足微分均值定理。
3. 設 $f(x)=\dfrac{1}{3}(x^3+x-4)$，$x\in[-1,2]$，求所有數 $c\in(-1,2)$ 且滿足微分均值定理。
4. 已知 $f(0)=1$，且 $2\le f'(x)\le 5$，$x\in(0,4)$，則 $f(4)$ 之範圍為何？

4-4 極大、極小值

在數學的許多應用上，求極大、極小值（即「**相對**」或稱「**局部**」極大、極小值，但都省略相對或局部）常佔有重要的地位。中學時期求極值最常用的是「配方法」，讀大學以後則利用微分觀念求極值。首先說明如下圖形之意義：

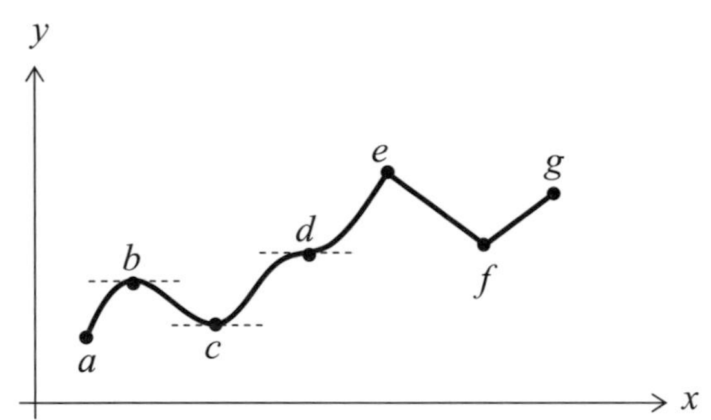

極大點：b, e, g，即圖形先升高再下降的點或端點。
極小點：a, c, f，即圖形先下降再升高的點或端點。
d 點：非極大也非極小。

由以上之說明可得知：極點 $\begin{cases}\text{端點}\\ f'(x)=0 \text{ 之點}\\ f'(x)\text{不存在之點}\end{cases}$

極大點、極小點合稱為極點（extreme point），極大值、極小值合稱為極值（extreme value）。且知：端點、$f'(x)=0$ 或 $f'(x)$ 不存在皆可能產生極值，通稱這些 x 值為臨界數（critical number）。再看如下之專有名詞定義：

定義

絕對極大值、絕對極小值

1. 對所有的 x，皆有 $f(c) \geq f(x)$，則稱 $f(c)$ 為 $f(x)$ 之絕對極大值（absolute maximum）。
2. 對所有的 x，皆有 $f(c) \leq f(x)$，則稱 $f(c)$ 為 $f(x)$ 之絕對極小值（absolute minimum）。

如下二圖之說明：

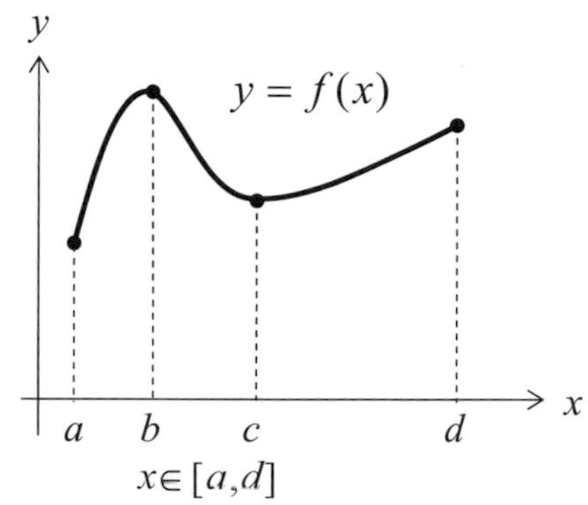

$x \in [a,d]$

絕對極大值：$f(b)$

絕對極小值：$f(a)$

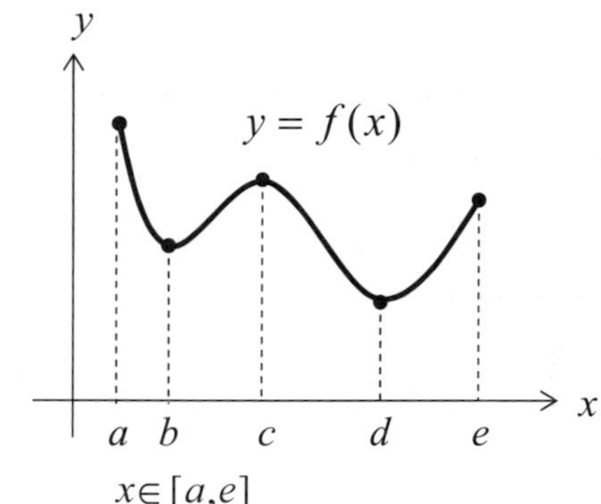

$x \in [a,e]$

絕對極大值：$f(a)$

絕對極小值：$f(d)$

定義

遞增函數、嚴格遞增函數、遞減函數、嚴格遞減函數

1. 滿足 $x_1 < x_2 \to f(x_1) \leq f(x_2)$ 時，稱 $f(x)$ 為遞增函數（increasing function）。
2. 滿足 $x_1 < x_2 \to f(x_1) < f(x_2)$ 時，稱 $f(x)$ 為嚴格遞增函數（strictly increasing function）。
3. 滿足 $x_1 < x_2 \to f(x_1) \geq f(x_2)$ 時，稱 $f(x)$ 為遞減函數（decreasing function）。
4. 滿足 $x_1 < x_2 \to f(x_1) > f(x_2)$ 時，稱 $f(x)$ 為嚴格遞減函數（strictly decreasing function）。

遞增函數或遞減函數皆稱為單調函數（monotone function）。

嚴格遞增函數或嚴格遞減函數皆稱為嚴格單調函數（strictly monotone function）。

如下幾圖之說明：

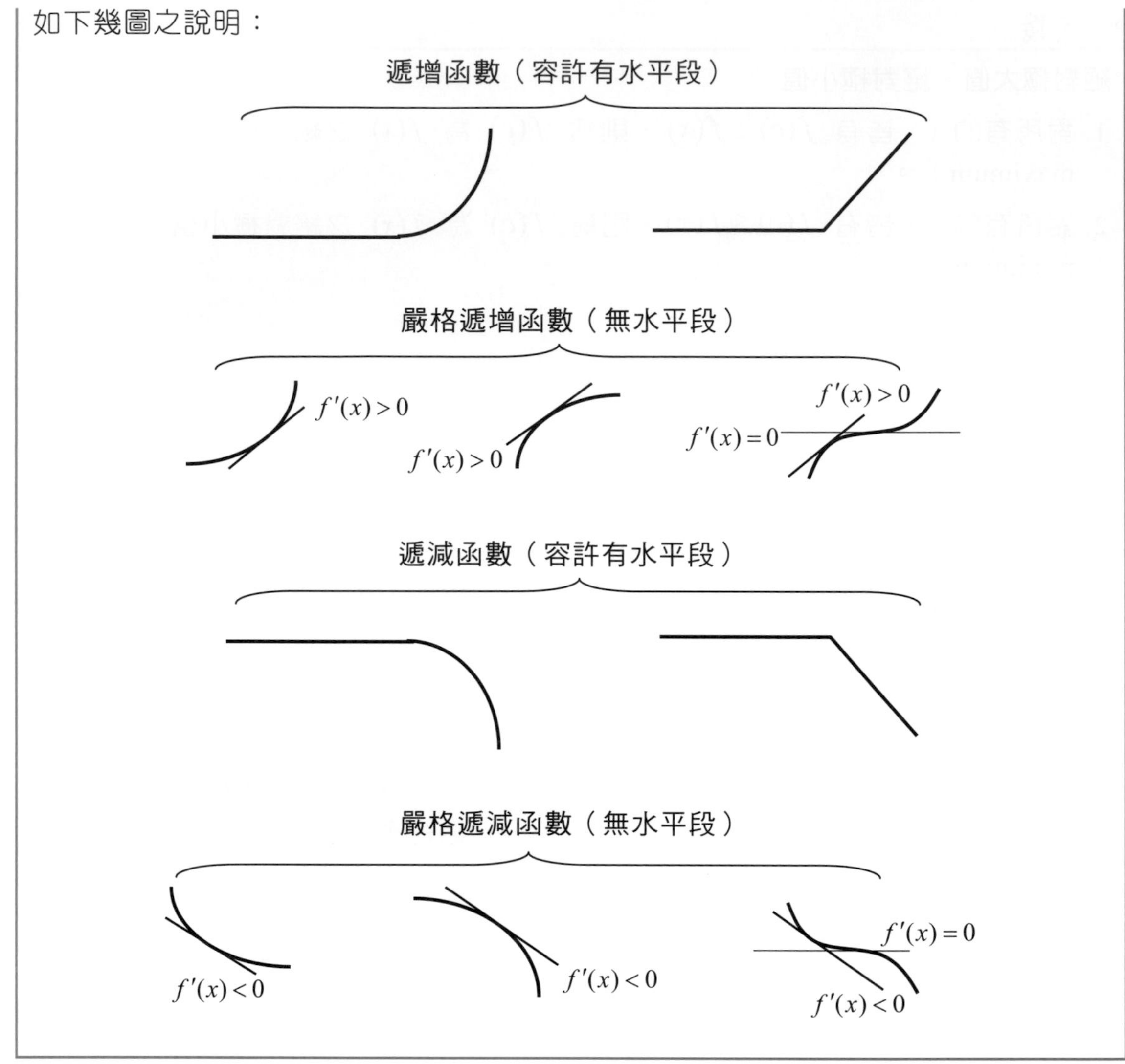

而由 $f'(x)$ 之數學式定義可知：$f'(x)>0$ 表示 $f(x)$ 隨著 x 增加而增加（因此 $f(x)$ 之圖形會「上升」）；$f'(x)<0$ 表示 $f(x)$ 隨著 x 增加而減小（因此 $f(x)$ 之圖形會「下降」），故得如下定理：

定理

1. 若 $f'(x)\geq 0$，則 $f(x)$ 為遞增函數。
2. 若 $f'(x)>0$，則 $f(x)$ 為嚴格遞增函數。
3. 若 $f'(x)\leq 0$，則 $f(x)$ 為遞減函數。
4. 若 $f'(x)<0$，則 $f(x)$ 為嚴格遞減函數。

一般總認為找函數 $f(x)$ 的極大值或極小值，就是找 $f'(x)=0$ 之點，但陷阱就在這裡！請看下面說明例：

已知 $f(x)=x^3$ ，則 $f'(x)=3x^2$ ，$\therefore f'(0)=0$

但 $x=0$ 不是 $f(x)$ 之極點，因為 $\begin{cases} x>0: f'(x)>0 \\ x<0: f'(x)>0 \end{cases}$

即 $f'(x)$ 在 $x=0$ 之前後仍未變號！畫圖即可看出，如下：

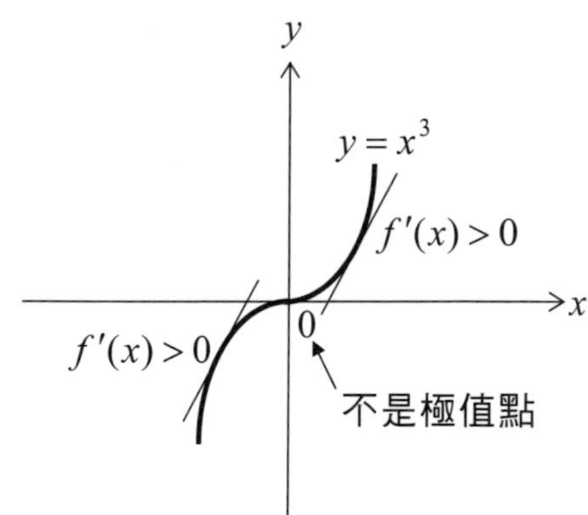

心得 極點有三種可能：極點 $\begin{cases} \text{端點} \\ f'(x)=0 \text{ 之點} \\ f'(x) \text{ 不存在之點} \end{cases}$

但 $f'(x)=0$ 之點不一定是極點！

因此 $f'(x)=0$ 之點不一定是極點。所以找極點一定要列表測試 $f'(x)$ 在此點之前後有無變號（由正變負、由負變正）才可確定，此法稱為「一階導數檢定法」。

例題 1

求 $y=x^2-4x+8$ 為遞增或遞減之區間？極值點為何？

解 $y'=2x-4$，令 $2x-4=0 \rightarrow x=2$ 為臨界數，列表如下：

x	$(-\infty, 2)$	2	$(2, \infty)$
$f(x)$ ～果	↓遞減	極小值 4	↑遞增
$f'(x)$～因	−	0	+

故 $(-\infty, 2)$：遞減 ；$(2, \infty)$：遞增。$x=2$ 為極小點。 ■

牛刀小試

求 $y = x^2 - 6x + 10$ 為遞增或遞減之區間？極值點為何？

答：

$y' = 2x - 6$，令 $2x - 6 = 0 \to x = 3$ 為臨界數，列表如下：

x	$(-\infty, 3)$	3	$(3, \infty)$
$f(x)$～果	↓遞減	極小值 1	↑遞增
$f'(x)$～因	−	0	+

故 $(-\infty, 3)$：遞減；$(3, \infty)$：遞增。$x = 3$ 為極小點。

例題 2

求 $f(x) = x^3 - 6x^2 + 9x - 2$ 之極大、極小值？

解 極點：含端點、$f'(x) = 0$、$f'(x)$ 不存在之點！

(1) 由 $f(x)$ 之外型看出 $x \in (-\infty, \infty)$，故不需考慮端點。

(2) $f'(x) = 3x^2 - 12x + 9 = 3(x-1)(x-3) = 0 \to x = 1,\ 3$ 為臨界數

故極點僅會發生在 $x = 1$ 與 $x = 3$。

(3) 列表如下：

x	$(-\infty, 1)$	1	$(1, 3)$	3	$(3, \infty)$
$f(x)$	↑	極大值 2	↓	極小值 −2	↑
$f'(x)$	+	0	−	0	+

即 $x = 1$ 時，極大值為 2；$x = 3$ 時，極小值為 −2。 ■

牛刀小試

求 $f(x) = x^3 - 3x^2 - 9x + 1$ 之極大、極小值？

答：

由 $f(x)$ 之外型看出 $x \in (-\infty, \infty)$，故不需考慮端點。

$f'(x) = 3x^2 - 6x - 9 = 3(x-3)(x+1) = 0 \to x = -1,\ 3$

故極點僅會發生在 $x = -1$ 與 $x = 3$。

列表如下：

x	$(-\infty, -1)$	-1	$(-1, 3)$	3	$(3, \infty)$
$f(x)$	↑	極大值 6	↓	極小值 −26	↑
$f'(x)$	+	0	−	0	+

即 $x = -1$ 時，極大值為 6；$x = 3$ 時，極小值為 −26。

例題 3

求 $f(x) = x^2 - 6x + 8$ 在區間 $[0, 5]$ 之絕對極大、絕對極小值？

解 絕對極點：含端點、$f'(x) = 0$、$f'(x)$ 不存在之點！

(1) $f'(x) = 2x - 6 = 0 \to x = 3$

故絕對極點僅會發生在 $x = 0$、$x = 3$ 與 $x = 5$。

(2) $f(0) = 8$

$f(3) = -1$

$f(5) = 3$

即 $x = 0$ 時，絕對極大值為 8

$x = 3$ 時，絕對極小值為 −1。 ■

牛刀小試

求 $y = x^2 - 8x + 4$ 在區間 $[-2, 5]$ 之絕對極大、絕對極小值？

答：

$f'(x) = 2x - 8 = 0 \to x = 4$

故絕對極點僅會發生在 $x = -2$、$x = 4$ 與 $x = 5$。

$f(-2) = 24$，$f(4) = -12$，$f(5) = -11$

即 $x = -2$ 時，絕對極大值為 24

$x = 4$ 時，絕對極小值為 −12。

習題 4-4

1. 求 $f(x)=x^3-3x^2$ 為遞增或遞減之區間？
2. 求 $y=-x^2+4x-6$ 為遞增或遞減之區間？極值點為何？
3. 函數 $f(x)=x^3-\frac{3}{2}x^2$ 之遞減區間為何？
4. 函數 $f(x)=e^{x^3-6x^2+9}$ 之遞減區間為何？
5. 求 $f(x)=x^3+6x^2+9x+4$ 之極大、極小值？
6. 求 $f(x)=x^3-3x$ 之相對極值？
7. 求 $f(x)=2x^3-3x^2-12x+1$ 在區間 $[-2,3]$ 之絕對極大、絕對極小值？
8. 求 $f(x)=x^3+3x^2-1$ 在區間 $[-3, 2]$ 之絕對極大、絕對極小值？
9. 求 $f(x)=\frac{x}{\ln x}$ 在區間 $[2, 5]$ 之絕對極大、絕對極小值？
10. 函數 $f(x)=x^4-32x$ 之極值發生在 $x=$？

4-5 圖形之凹向性

至此可知由 $f'(x)$ 可以瞭解函數 $y=f(x)$ 的遞增、遞減區間與極大、極小值，但 $y=f(x)$ 另一個圖形上的特徵──凹向性（concavity），則要藉由二階微分 $f''(x)$ 來判斷。

定義

上凹，又稱「凹向上」

若曲線 $y=f(x)$ 在區間 I 內，其曲線都在切線上方，則稱曲線 $y=f(x)$ 在區間 I 內為上凹（concave upward，又稱凹向上），如下圖所示：

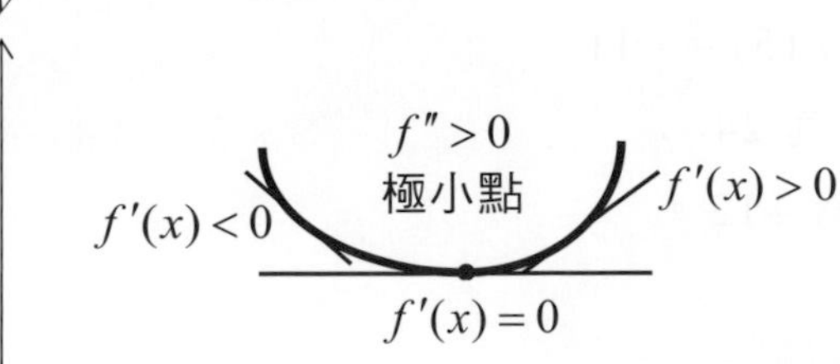

而由上圖知在「上凹」區間會有極小點，且 $f'(x)$ 隨著 x 增加而增加，以數學式來表示即：

$$f''(x)=\frac{f'(b)-f'(a)}{b-a}>0$$ （**記法：** ✓「打勾」是正的！）

故知：$f''(x)>0 \Leftrightarrow f'(x)$ 為遞增 $\Leftrightarrow y=f(x)$ 在此區間為上凹。

定義

下凹，又稱「凹向下」

若曲線 $y=f(x)$ 在區間 I 內，其曲線都在切線下方，則稱曲線 $y=f(x)$ 在區間 I 內為下凹（concave downward，又稱凹向下），如下圖所示：

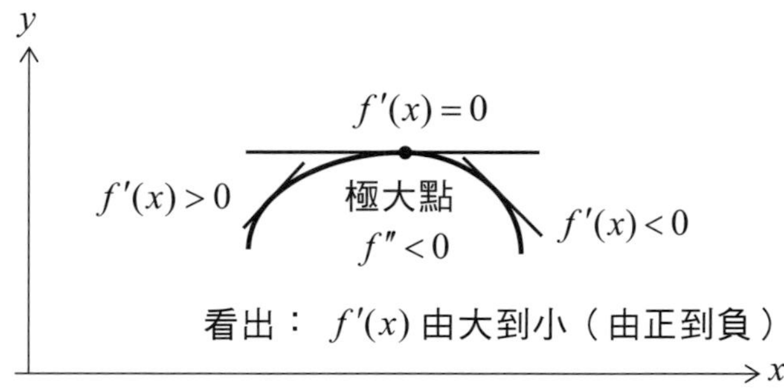

由上圖知在「下凹」區間會有極大點，且 $f'(x)$ 隨著 x 增加而減小，以數學式來表示即：

$$f''(x)=\frac{f'(b)-f'(a)}{b-a}<0$$

故知：$f''(x)<0 \Leftrightarrow f'(x)$ 為遞減 $\Leftrightarrow y=f(x)$ 在此區間為下凹。

定義

反曲點 $\xrightarrow{\text{意即}}$ 轉向點、拐點

若曲線 $y=f(x)$ 在區間 I 內，在點 $x=c$ 的兩側，$f''(x)$ 的符號不同（即上凹變下凹或下凹變上凹），則稱 $(c,f(c))$ 為 $f(x)$ 之反曲點（Inflection point），如下圖所示之情況：

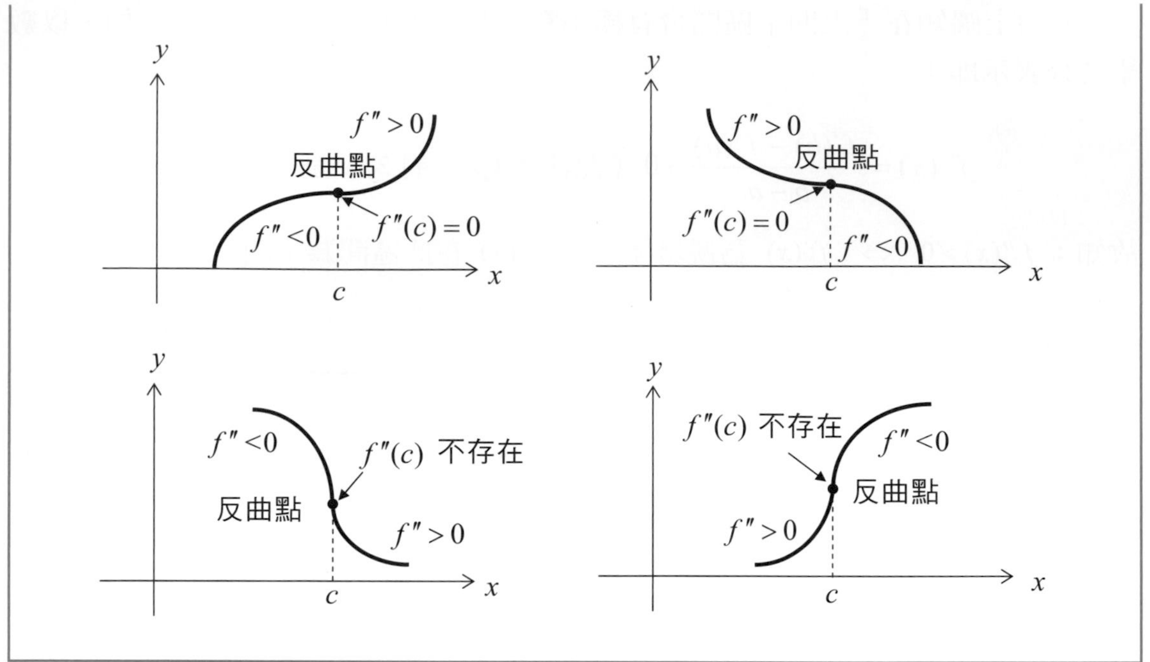

一般總認為找函數 $f(x)$ 的反曲點，就是找 $f''(x)=0$ 之點，但陷阱就在這裡！請看下面說明例：

已知 $f(x)=x^4$ ，則 $f'(x)=4x^3$ ，$f''(x)=12x^2$ ，$f''(0)=0$

$\because \begin{cases} f''(-0.1)>0 \\ f''(0.1)>0 \end{cases}$ ，即 $f''(x)$ 在 $x=0$ 之前後仍未變號！

因此 $x=0$ 不是 $f(x)$ 之反曲點，畫圖即可看出，如下：

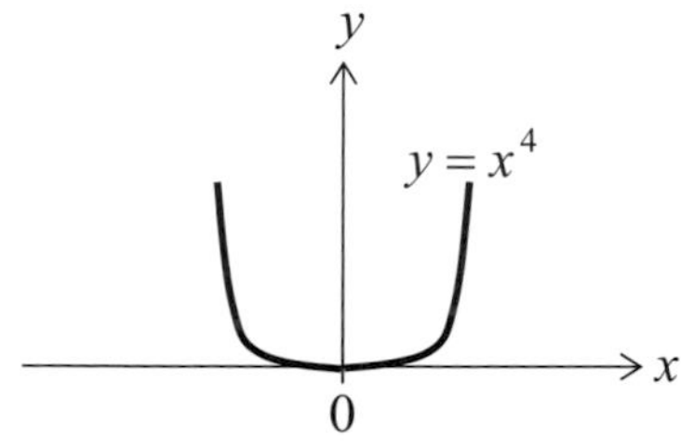

心得 1. 由 $f'(a)=0$ 且 $f''(a)>0$ 可得知 $f(a)$ 為極小點

由 $f'(a)=0$ 且 $f''(a)<0$ 可得知 $f(a)$ 為極大點

此種判斷極大值與極小值的方法稱為「二階導數檢定法」。

但此法當 $f'(a)=f''(a)=0$ 時會失敗！

即如果同時有 $f'(a)=f''(a)=0$ ，則 $x=a$ 可能為極大點、極小點、反曲點！

2. $f''(c)=0$ 或 $f''(c)$ 不存在之點不一定是反曲點，找反曲點一定要測試 $f''(x)$ 在 $x=c$ 點之前後有無變號。（萬能！）
3. 欲判斷 $f(x)$ 之極大（小）點或遞增（減）區間，僅算到 $f'(x)$ 即可；欲判斷 $f(x)$ 之反曲點或上（下）凹，則須算到 $f''(x)$。

在商學應用上，反曲點就是所謂的報酬遞減點（point of diminishing returns），凹向性則與報酬增減的觀念有關。例如考慮一個投入－產出函數如下：

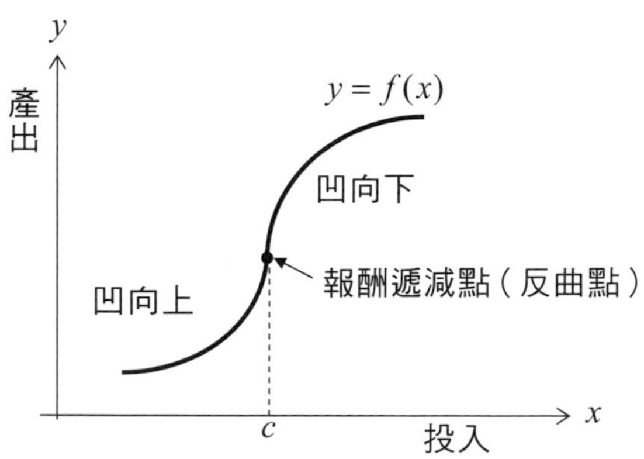

在 c 點的左邊區域為凹向上，其 $f'(x)$ 為遞增，表示投入相同的資金會得到更大的報酬；在 c 點的右邊區域為凹向下，其 $f'(x)$ 為遞減，表示投入相同的資金會得到較小的報酬，因此 $(c, f(c))$ 稱為報酬遞減點，超過此點的投資是不必要的。

例題 1

以二階導數檢定法求 $f(x)=2x^3-3x^2-12x+4$ 之極大、極小值？

解 $f'(x)=6x^2-6x-12=6(x-2)(x+1)=0 \rightarrow x=2,\ -1$ 為臨界數

$f''(x)=12x-6$

$f''(2)=18>0$，$\therefore\ f(2)=-16$ 為極小值。

$\because\ f''(-1)=-18<0$，$\therefore\ f(-1)=11$ 為極大值。 ■

牛刀小試

以二階導數檢定法求 $f(x)=\frac{1}{4}x^4-\frac{1}{3}x^3-3x^2-5$ 之極大、極小值？

答：

$f'(x)=x^3-x^2-6x=x(x-3)(x+2)=0 \to x=-2, 0, 3$ 為臨界數

$f''(x)=3x^2-2x-6$

$f''(-2)=10>0$，$\therefore f(-2)=-\frac{31}{3}$ ～相對極小點

$f''(0)=-6<0$，$\therefore f(0)=-5$ ～相對極大點

$f''(3)=15>0$，$\therefore f(3)=-\frac{83}{4}$ ～相對極小點。

例題 2

以二階導數檢定法求 $f(x)=x^4-4x^3+10$ 之極大、極小值？

解　$f'(x)=4x^3-12x^2=4x^2(x-3)=0 \to x=0,\ 3$ 為臨界數

$f''(x)=12x^2-24x=12x(x-2)$

$\because f''(0)=0$，$\therefore x=0$ 無法判斷是哪一種點！

由 $f'(-0.1)<0$，$f'(0.1)<0$，故 $x=0$ 不是極值點。

$\because f''(3)=108-72=36>0$，$\therefore f(3)=-17$ 為極小點。 ■

牛刀小試

以二階導數檢定法求 $f(x)=x^4-8x^3+100$ 之極大、極小值？

答：

$f'(x)=4x^3-24x^2=4x^2(x-6)=0 \to x=0, 6$ 為臨界數

$f''(x)=12x^2-48x=12x(x-4)$

$\because f''(0)=0$，$\therefore x=0$ 無法判斷是哪一種點！

由 $f'(-0.1)<0$，$f'(0.1)<0$，故 $x=0$ 不是極值點。

$\because f''(6)=72\cdot 2=144>0$，$\therefore f(6)=-332$ 為極小點。

例題 3

求 $f(x)=x^4-4x^3$ 的反曲點的坐標。

解 $f'(x)=4x^3-12x^2$，$f''(x)=12x^2-24x=12x(x-2)$

由 $f''(x)=0 \rightarrow x=0,\ 2$

計算知 $\begin{cases} f''(0.1)<0 \\ f''(-0.1)>0 \end{cases}$，$\begin{cases} f''(2.1)>0 \\ f''(1.9)<0 \end{cases}$

而 $x=0$，$f(0)=0$，$x=2$，$f(2)=-16$

故 (0, 0)、(2, −16) 皆為其反曲點。 ■

牛刀小試

求 $f(x)=3x^5-5x^3+2$ 的反曲點。

答：$f'(x)=15x^4-15x^2$，$f''(x)=60x^3-30x=30x(2x^2-1)$

由 $f''(x)=0 \rightarrow x=0, \pm\sqrt{\frac{1}{2}} \approx \pm 0.7$

計算 $\begin{cases} f''(0.1)<0 \\ f''(-0.1)>0 \end{cases}$，$\begin{cases} f''(0.8)>0 \\ f''(0.6)<0 \end{cases}$，$\begin{cases} f''(-0.8)<0 \\ f''(-0.6)>0 \end{cases}$

故 $x=0$、$x=\sqrt{\frac{1}{2}}$、$x=-\sqrt{\frac{1}{2}}$ 皆為其反曲點。

例題 4 報酬遞減點

高潔牙膏公司發現，其投入廣告的費用 x（萬元）與銷售金額 y（百萬元）有如下之關係式：

$$y(x)=-\frac{1}{3}x^3+4x^2+100，\quad 0\le x\le 10$$

求此商品的報酬遞減點。

解 $y'(x)=-x^2+8x$

$y''(x)=-2x+8$

由 $y''(x)=-2x+8=0 \rightarrow x=4$

計算知 $y''(3)=-6+8=2>0$，屬凹向上

$y''(5)=-10+8=-2<0$，屬凹向下

故在 $x=4$ 為其報酬遞減點。 ■

牛刀小試

熊獅旅遊公司發現，其投入廣告的費用 x（萬元）與銷售金額 y（百萬元）有如下之關係式：

$$y(x)=-\frac{1}{6}x^3+6x^2+200，0\le x\le 20$$

求此商品的報酬遞減點。

答：

$y'(x)=-\frac{1}{2}x^2+12x$，$y''(x)=-x+12$

由 $y''(x)=-x+12=0\to x=12$

計算知 $y''(11)=-11+12=1>0$，屬凹向上

$y''(13)=-13+12=-1<0$，屬凹向下

故在 $x=12$ 為其報酬遞減點。

習題 4-5

1. 以二階導數檢定法求 $f(x)=x^3-3x$ 之相對極值？
2. 求 $f(x)=xe^x$ 之反曲點？
3. 求 $f(x)=\frac{\ln x}{x}$ 的反曲點的坐標？
4. 若 $y=x^3+ax^2+bx+1$ 之反曲點為 $(1,8)$，求 a、b 之值？
5. 武州製藥有限公司發現，其投入廣告的費用 x（萬元）與銷售金額 y（百萬元）有如下之關係式：

   $y(x)=-\frac{1}{4}x^3+6x^2+200$，$0\le x\le 50$

   求此商品的報酬遞減點。

4-6 函數圖形之描繪

藉由一階導數、二階導數的幾何意義，我們已有能力繪製函數 $y=f(x)$ 之圖形，繪圖時需考量的因素如下：

一、函數基本性質

1. 定義域、值域：確定其有效範圍。
2. 對稱性：
   (1) $f(x)=f(-x)$，則對稱於 y 軸（即為「**偶函數**」之定義）。
   (2) $f(x)=-f(-x)$，則 $f(x)$ 對稱於原點（即為「**奇函數**」之定義）。

二、函數之導數特性

1. $f'>0$，$f''>0$，則曲線為

2. $f'>0$，$f''<0$，則曲線為

3. $f'<0$，$f''>0$，則曲線為

4. $f'<0$，$f''<0$，則曲線為

三、漸近線

已於第二章說明，如果有就要計算。

例題 1

描繪 $f(x)=x^3-12x$ 之圖形。

解　$f'(x)=3x^2-12=3(x+2)(x-2)=0$，$\therefore x=-2$、$x=2$ 為臨界數

$f''(x)=6x=0 \to x=0$

列表：

x	-2	0	2
$f(x)$	16	0	-16
$f'(x)$	$+$　0　$-$	$-$	0　$+$
$f''(x)$	$-$　　$-$	0　$+$	$+$

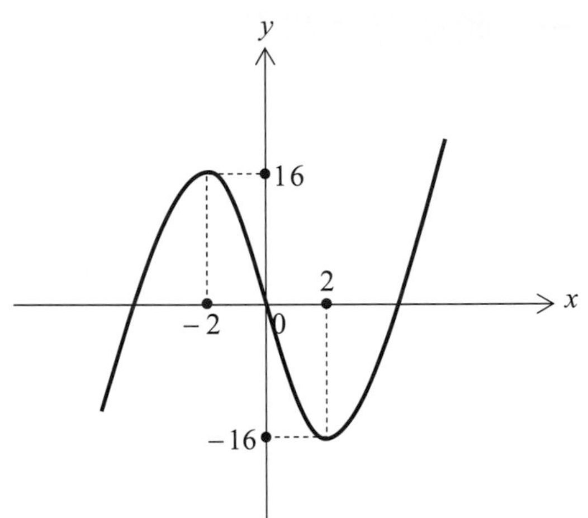

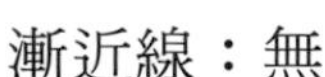
漸近線：無

圖形如右：

極大點：$(-2, 16)$

極小點：$(2, -16)$

反曲點：$(0, 0)$

■

牛刀小試

描繪 $f(x)=x^3-9x^2+24x+6$ 之圖形。

答：

$f'(x)=3x^2-18x+24=3(x-2)(x-4)=0 \to x=2, 4$ 為臨界數

$f''(x)=6x-18=6(x-3)=0$，$\therefore x=3$

列表：

x	2	3	4
$f(x)$	26	24	22
$f'(x)$	$+$　0　$-$	$-$	0　$+$
$f''(x)$	$-$　　$-$	0　$+$	$+$

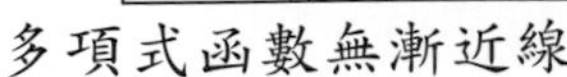
多項式函數無漸近線

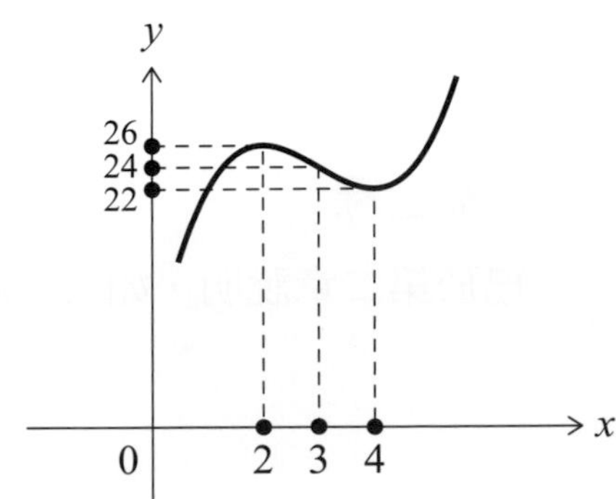

故圖形如右：

極小點：$(4, 22)$

極大點：$(2, 26)$

反曲點：$(3, 24)$

例題 2

描繪 $y=f(x)=\dfrac{1}{x^2-1}$ 之圖形。

解

(1) $f'(x)=\dfrac{-2x}{(x^2-1)^2}=0$，∴ $x=\pm1$ 、$x=0$ 為臨界數

(2) $f''(x)=\dfrac{6x^2+2}{(x^2-1)^3}$

(3) 列表：

x		-1		0		1	
$f(x)$		∞		-1		∞	
$f'(x)$	$+$		$+$	0	$-$		$-$
$f''(x)$	$+$		$-$		$-$		$+$

(4) 漸近線：$\lim\limits_{x\to\pm1} y(x)=\infty$，得 $x=\pm1$ 為垂直漸近線

$\lim\limits_{x\to\pm\infty} y(x)=0$，得 $y=0$ 為水平漸近線

(5) 圖形如下：

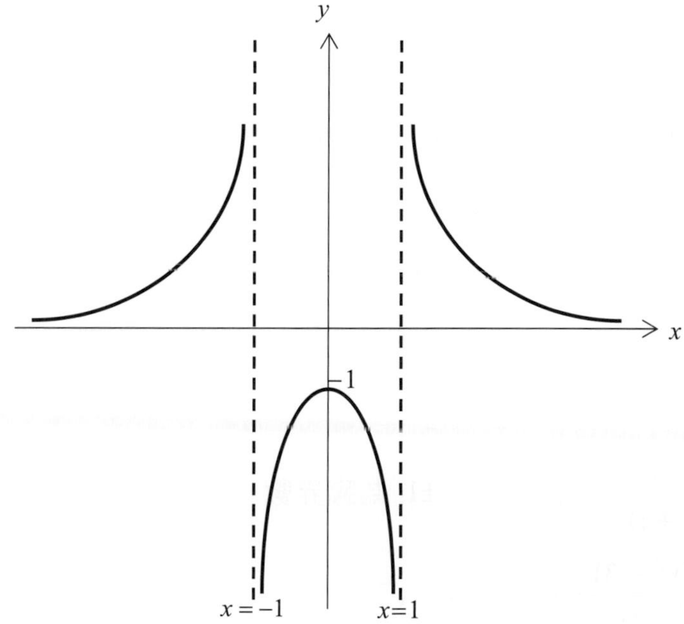

極大點：(0, −1)。 ■

牛刀小試

描繪 $f(x)=\dfrac{x}{(x+1)^2}$ 之圖形。

答：

$f'(x)=\dfrac{-x+1}{(x+1)^3}=0 \rightarrow x=1, -1$ 為臨界數

$f''(x)=\dfrac{2x-4}{(x+1)^4}=0 \rightarrow x=2$

列表：

x	-1		1		2	
$f(x)$			$\frac{1}{4}$		$\frac{2}{9}$	
$f'(x)$	$-$	$+$	0	$-$		$-$
$f''(x)$	$-$	$-$		$-$	0	$+$

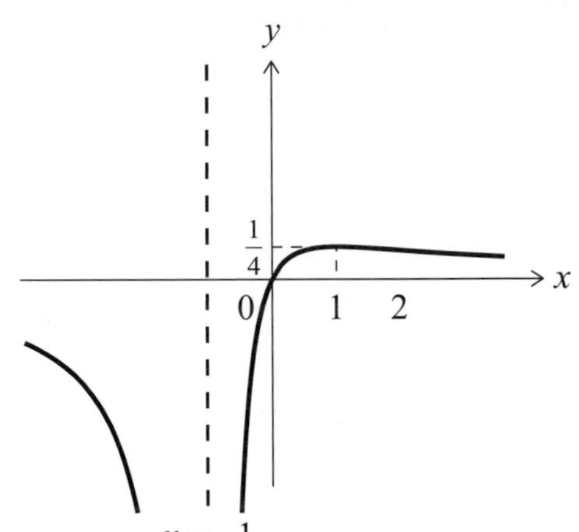

凹向上：$(2, \infty)$；凹向下：$(-\infty, -1)$，$(-1, 2)$

極大點：$(1,\frac{1}{4})$，反曲點：$(2,\frac{2}{9})$

垂直漸近線：看出 $x=-1$

水平漸近線：$\lim\limits_{x\to\pm\infty}\dfrac{x}{(x+1)^2}=0$，即 $y=0$ 為水平漸近線

繪圖如右。

例題 3

描繪 $f(x)=\dfrac{x}{x^2+1}$ 之圖形。

解 $f'(x)=\dfrac{1-x^2}{(x^2+1)^2}=0 \Rightarrow x=\pm1$ 為臨界數

$f''(x)=\dfrac{2x(x^2-3)}{(x^2+1)^3}=0 \Rightarrow x=\pm\sqrt{3}$、0

列表：

x	$-\sqrt{3}$	-1	0	1	$\sqrt{3}$
$f(x)$	$-\frac{\sqrt{3}}{4}$	-0.5	0	0.5	$\frac{\sqrt{3}}{4}$
$f'(x)$	$-$ $-$	0 $+$	$+$	0 $-$	$-$
$f''(x)$	$-$ 0 $+$	$+$	0 $-$	$-$	0 $+$

$f(x)$ 為奇函數

漸近線：$\lim_{x\to\infty}\frac{x}{x^2+1}=0$，得 $y=0$ 為水平漸近線

故圖形如下：

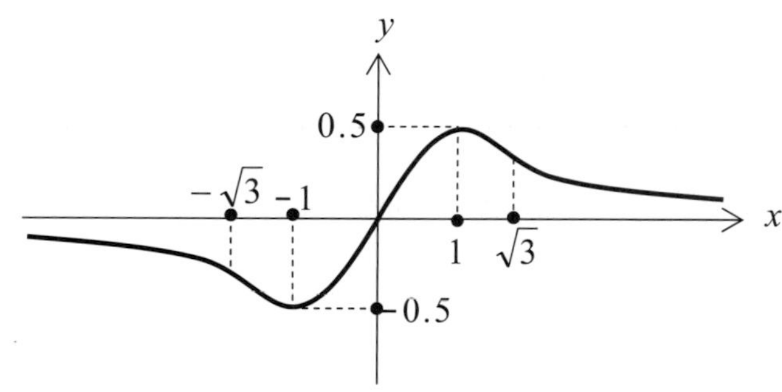

■

牛刀小試

描繪 $f(x)=\frac{x^3}{x^2+1}$ 之圖形。

答：

$f(x)=\frac{x^3}{x^2+1}=x-\frac{x}{x^2+1}$

$f'(x)=\frac{x^4+3x^2}{(x^2+1)^2}=\frac{x^2(x^2+3)}{(x^2+1)^2}=0$，$\therefore x=0$ 為臨界點

$f''(x)=\frac{-2x^3+6x}{(x^2+1)^3}=\frac{-2x(x^2-3)}{(x^2+1)^3}=0$，$\therefore x=0$、$\pm\sqrt{3}$

列表：

x	$-\sqrt{3}$	0	$\sqrt{3}$
$f(x)$	$-\frac{3\sqrt{3}}{4}$	0	$\frac{3\sqrt{3}}{4}$
$f'(x)$	$+$　　$+$	0　$+$	$+$
$f''(x)$	$+$　0　$-$	0　$+$	0　$-$

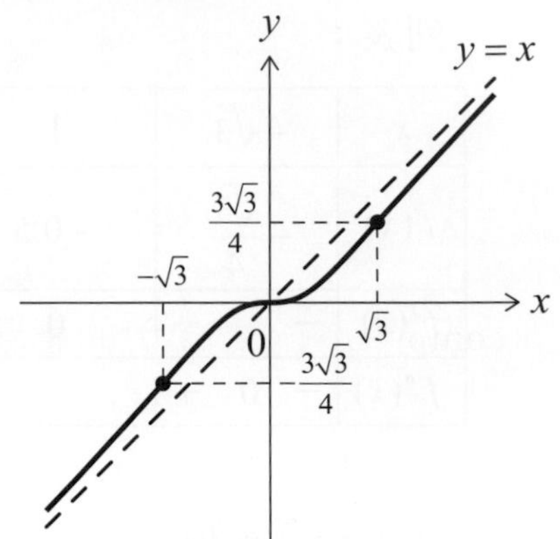

漸近線：由 $f(x)=x-\frac{x}{x^2+1}$ 看出 $y=x$ 為斜漸近線

由 $f(-x)=-\frac{x^3}{x^2+1}=-f(x)$ 知 $y=f(x)$ 為奇函數

反曲點：$(0, 0)$、$(-\sqrt{3},-\frac{3\sqrt{3}}{4})$、$(\sqrt{3},\frac{3\sqrt{3}}{4})$

圖形如右。

習題 4-6

1. 求 $f(x)=x^3-9x-6$ 之圖形。
2. 求 $f(x)=2x^3+3x^2-12x-7$ 之圖形。
3. 求 $f(x)=\frac{3x}{x+2}$ 之圖形。
4. 求 $f(x)=\frac{x^2-9}{x^2-4}$ 之圖形。
5. 求 $f(x)=e^{-x^2}$ 之圖形。
6. 求 $f(x)=\frac{x^2}{x^2+3}$ 之圖形。

★4-7 複利

把錢存入銀行會得到利息，將利息再放入本金繼續生利息，這就是複利（compound interest）的意義。首先說明如下的名詞：

$A(t)$：本利和（或終值）
P：本金（或現值）
t：時間（單位：年）
r：年利率
n：一年之複利次數

以下分成五種情況說明之：

1. 一年後的本利和為 $A(1)=P(1+r)$
   二年後的本利和為 $A(2)=P(1+r)\cdot(1+r)=P(1+r)^2$
   故歸納得 t 年後的本利和為

$$A(t)=P(1+r)^t \cdots\cdots\cdots(1)$$

2. 如果每年複利 n 次，則規定每期的利率為 $i=\frac{r}{n}$，因此 t 年後將經過 nt 次的利息周期，故 t 年後的本利和為

$$A(t)=P(1+\frac{r}{n})^{nt}\cdots\cdots\cdots(2)$$

3. 如果每年複利的次數 n 無限增加，此情形稱為連續複利（compounded interest continuously），則 t 年後的本利和為：

$$A(t)=\lim_{n\to\infty}P(1+\frac{r}{n})^{nt}$$

   令 $h=\frac{r}{n}$，則 $n=\frac{r}{h}$，上式成為

$$A(t)=\lim_{h\to 0}P(1+h)^{\frac{rt}{h}}=P\lim_{h\to 0}\left[(1+h)^{\frac{1}{h}}\right]^{rt}=Pe^{rt}$$

即連續複利 t 年後的本利和為

$$A(t) = Pe^{rt} \cdots\cdots\cdots(3)$$

4. 在連續複利的情況下，假設投資 P 元，則 t 年後的價值為

$$A = Pe^{rt}$$

稱 P 為 t 年後的價值 A 的「現值」，上式可改寫成為

$$P = Ae^{-rt} \cdots\cdots\cdots(4)$$

(4) 式在商學上經常應用，例如設備的折舊問題計算就會出現。

5. 牌告利率與實際利率

一般稱年利率 r 為「牌告利率」，在連續複利的情況下，則「實際利率」是指在一年後會得到相同利息的單利利率 r_e，假設本金 P 元，則

$$Pe^{r} = P(1 + r_e)$$

得
$$r_e = e^{r} - 1 \cdots\cdots\cdots(5)$$

若每年複利 n 次，則 $P(1+\dfrac{r}{n})^{n} = P(1+r_e)$

得
$$r_e = (1+\frac{r}{n})^{n} - 1 \cdots\cdots\cdots(6)$$

例題 1

將本金 10,000 元存入年利率 5% 之帳戶，請分別以

(1) 一年複利一次，則 15 年後的本利和多少？

(2) 一個月複利一次，則 15 年後的本利和多少？

(3) 連續複利，則 15 年後的本利和多少？

(4) 連續複利，幾年後的本利和是原先本金的二倍？

解

(1) 取 $n=1$，$t=15$，$\therefore\ A(15) = 10000(1+\dfrac{0.05}{1})^{1\times 15} = 20789$。

(2) 按月複利：取 $n=12$，$t=15$，$\therefore\ A(15)=10000(1+\frac{0.05}{12})^{12\times 15}=21137$。

(3) 連續複利：取 $n\to\infty$，$t=15$，得 $A(15)=10000\cdot e^{0.05\times 15}=21170$。

(4) 由 $20000=10000\cdot e^{0.05t}$，得 $e^{0.05t}=2$

$$\to \ln(e^{0.05t})=\ln 2$$

$$\to 0.05t=\ln 2\approx 0.693$$

$$\to t=\frac{0.693}{0.05}\approx 13.86\text{ 年}$$。 ■

例題 2

假設以年利率 10% 連續複利投資某一商品三年，若三年後想領回 8,000 元，請問現在要投資多少錢？

解　取 $A=8000$，$t=3$，$r=0.1$

$P=8000e^{-0.1\times 3}=8000e^{-0.3}\approx 5926$元。 ■

例題 3

陳先生想要購買一張五年期的壽險定存單，以年利率 6% 且每月複利一次，希望到期時能擁有 100,000 元，則現在要存入多少錢？

解　取 $A=100000$，$t=5$，$r=0.06$，$n=12$

由 $P=\dfrac{A}{(1+\frac{r}{n})^{nt}}$

代入得 $P=\dfrac{100000}{(1+\frac{0.06}{12})^{12\times 5}}\approx\dfrac{100000}{1.3488}\approx 74137$ 元。 ■

例題 4

以年利率 3%，請分別以

(1) 一季複利一次

(2) 一個月複利一次

(3) 連續複利

計算其實際利率？

解

(1) 取 $n=4$ ，$r=0.03$，$\therefore$ $r_e=(1+\dfrac{0.03}{4})^4-1=0.03034$。

(2) 取 $n=12$ ，$r=0.03$， $\therefore$ $r_e=(1+\dfrac{0.03}{12})^{12}-1=0.03042$ 。

(3) $r_e=e^{0.03}-1=0.03045$。 ■

習題 4-7

1. 將本金 1,000 元存入年利率 6% 之帳戶，請分別以

   (1) 一年複利四次　　　(2) 連續複利

   計算 20 年後的本利和各多少？

2. 將本金 P 元存入年利率 7% 之帳戶，一年複利四次，則 5 年後的本利和為 5,000 元，試求 P 為多少？

3. 假設以年利率 r% 在某銀行存款，採連續複利計算，若 t 年後想領回原本金的 2 倍，請問 r、t 之關係？已知 $\ln 2\approx 0.7$ 。

4. 吳先生想要購買一張十年期的壽險定存單，以年利率 3% 且每月複利一次，希望到期時能擁有 100,000 元，則現在要存入多少錢？

5. 以年利率 2%，請分別以

   (1) 一季複利一次　(2) 一個月複利一次　(3) 連續複利

   計算其實際利率？

★4-8 微分在商學之應用

微分在商學上的應用主要有二部份：邊際分析（marginal analysis）與需求彈性分析（analysis of demand elasticity）。

一、邊際分析

利用微分的觀念，可用來分析商學上的成本函數 $C(x)$、收入函數 $R(x)$、利潤函數 $P(x)$ 這三個函數的變化特性，此處再將此三個函數介紹如下：

1. 成本函數 $C(x)$：表示生產 x 單位物品之總成本。
2. 收入函數 $R(x)$：表示銷售 x 單位物品之總收入。
3. 利潤函數 $P(x)$：表示銷售 x 單位物品之利潤，表示為：

$$P(x)=R(x)-C(x)$$

這三個函數 $C(x)$、$R(x)$、$P(x)$ 每單位的平均值分別稱為平均成本函數 $\overline{C}(x)$、平均收入函數 $\overline{R}(x)$、平均利潤函數 $\overline{P}(x)$，介紹如下：

1. 平均成本（average cost）函數 $AC(x)=\overline{C}(x)$：表示生產 x 單位物品之平均成本，$\overline{C}(x)=\dfrac{C(x)}{x}$。
2. 平均收入（average revenue）函數 $AR(x)=\overline{R}(x)$：表示生產 x 單位物品之平均收入，$\overline{R}(x)=\dfrac{R(x)}{x}$。
3. 平均利潤（average profit）函數 $AP(x)=\overline{P}(x)$：表示生產 x 單位物品之平均利潤，$\overline{P}(x)=\dfrac{P(x)}{x}$。

這三個函數 $C(x)$、$R(x)$、$P(x)$ 的微分（變化率）分別如下：

1. 邊際成本（marginal cost）函數 $MC(x)=C'(x)=\dfrac{dC}{dx}$：
   多生產一件商品時增加的成本。
2. 邊際收入（marginal revenue）函數 $MR(x)=R'(x)=\dfrac{dR}{dx}$：
   多銷售一件商品時增加的收入。

3. 邊際利潤（marginal profit）函數 $MP(x)=P'(x)=\dfrac{dP}{dx}$：
多銷售一件商品時的利潤。

亦即商學上的「邊際」其實就是微積分的「微分」！

例題 1 求最大收入

欣辰手錶銷售經理發現，該品牌某款手錶的銷售量 x（千個）與價格 p（萬元）具有如下關係：

$$p=\frac{60}{0.01x^2+81}\text{，}0\le x\le 100$$

請問要求最大收入時，此時手錶的銷售量為何？

解 收入函數 $R(x)=p\cdot x=\dfrac{60x}{0.01x^2+81}$

$$\therefore\ R'(x)=\frac{60(0.01x^2+81)-60x\times(0.02x)}{(0.01x^2+81)^2}=\frac{-0.6x^2+4860}{(0.01x^2+81)^2}=0$$

由 $-0.6x^2+4860=0\rightarrow x=\sqrt{\dfrac{4860}{0.6}}=90$

即 $x=90$（千個）可得最大收入。 ■

例題 2 求最大收入

假設嘉義棒球場容量是 30,000 人，且棒球場在票價為 160 元時，球迷願意進場的人數恰為 30,000 人。而票價每調漲 20 元，會減少 1,500 名球迷進場。

(1) 假設票價為 $160+20x$，令票房收入為 R，寫下票房收入 R 與 x 的關係式。

(2) 票價多少時，會達到最大票房收入？且進場球迷人數與票房收入各為多少？

解

(1) 由題意得 $R(x)=(160+20x)(30000-1500x)$

$$=4800000+360000x-30000x^2\text{ 。}$$

(2) $\dfrac{dR}{dx}=360000-60000x=0\rightarrow x=6$

即票價 $=160+20\times 6=280$ 元，人數 $=30000-1500\times 6=21000$ 人

可得最大收入 $=4800000+360000\times 6-30000\times 6^2=5880000$ 元。 ■

例題 3 最大邊際成本

已知生產一商品之成本函數為：

$$C(x)=2x^4-10x^3-18x^2+200x+167\text{，}0\le x\le 5$$

求最大邊際成本時之產量？

解 邊際成本函數 $MC(x)=C'(x)=8x^3-30x^2-36x+200$

則 $\dfrac{dMC}{dx}=C''(x)=24x^2-60x-36$

由 $24x^2-60x-36=12(x-3)(2x+1)=0\rightarrow x=3,\ -\dfrac{1}{2}$

在 $0\le x\le 5$， $MC(0)=200$

$MC(3)=38$

$MC(5)=270$

故當 $x=5$，可得最大邊際成本 $MC(5)=270$ 。 ■

牛刀小試

已知上大有限公司生產 x 個地球儀的總成本是 $C(x)=x^3-6x^2+13x+18$。請問邊際成本最小的時候產量是多少？

答：

邊際成本函數 $MC(x)=C'(x)=3x^2-12x+13$

則 $\dfrac{dMC}{dx}=C''(x)=6x-12$

由 $6x-12=6(x-2)=0\rightarrow x=2$ ～產量。

例題 4

噴水火雞肉便當每份售價 80 元，估計其成本函數為：

$$C(x)=0.25x^2+40x+1000 \text{ 元}$$

試求：

(1) 收入函數 $R(x)$ 與利潤函數 $P(x)$。

(2) 邊際收入函數 $MR(x)$ 與邊際利潤函數 $MP(x)$。

(3) 銷售量 x 為多少時，邊際利潤函數 $MP(x)$ 為 0？

解

(1) 由題意知收入函數 $R(x)=80x$

利潤函數 $P(x)=80x-(0.25x^2+40x+1000)=-0.25x^2+40x-1000$ 。

(2) $MR(x)=80$

$MP(x)=-0.5x+40$ 。

(3) 當 $MP(x)=-0.5x+40=0 \rightarrow x=80$ 。 ■

牛刀小試

已知手機套每個售價 25 元，其成本函數為 $C(x) = 0.5x^2 + 5x + 200$ 元，試求：

(1) 收入函數。

(2) 邊際收入函數。

(3) 利潤函數。

(4) 邊際利潤函數。

答：

已知 $C(x)=\frac{1}{2}x^2+5x+200$ ，

(1) $R(x) = 25x$。

(2) $\frac{dR}{dx}=25$ 。

(3) $P(x)=R(x)-C(x)=25x-(\frac{1}{2}x^2+5x+200)=-\frac{1}{2}x^2+20x-200$ 。

(4) $\frac{dP}{dx}=-x+20$ 。

例題 5

銓華書局市調發現某一本書的銷售量 x（本）與價格 p（元）具有如下關係：

$$p(x)=\frac{-x}{500}+300$$

設固定成本費用為 12,000 元，且每本書之成本為 200 元，試求：

(1) 利潤函數 $P(x)$。

(2) 邊際利潤函數 $P'(x)$ 。

(3) 邊際利潤函數 $P'(300)$ 並解釋其意義。

解 由題意知 $R(x)=xp(x)=x(300-\frac{x}{500})=300x-\frac{x^2}{500}$

$C(x)=12000+200x$

(1) $P(x)=R(x)-C(x)=300x-\frac{x^2}{500}-12000-200x=-\frac{x^2}{500}+100x-12000$ 。

(2) $P'(x)=-\frac{x}{250}+100$ 。

(3) $P'(300)=-\frac{300}{250}+100=-1.2+100=98.8$

意義：在銷售量 $x=300$ 時，再賣一本書之利潤。 ■

例題 6

若 $C(x)$：某產品的成本函數

$\overline{C}(x)$：平均成本函數，$\overline{C}(x)$ 表示為 $\overline{C}(x)=\frac{C(x)}{x}$

請說明：當邊際成本函數 $MC(x)$ 等於平均成本函數 $\overline{C}(x)$ 時，平均成本函數 $\overline{C}(x)$ 會有最小值。

解 對 $\overline{C}(x)$ 微分得

$$\frac{d\overline{C}}{dx}=\frac{d}{dx}\frac{C(x)}{x}=\frac{C'(x)\cdot x-C(x)}{x^2}=\frac{x\left[C'(x)-\frac{C(x)}{x}\right]}{x^2}=\frac{MC(x)-\overline{C}(x)}{x}$$

故知 $MC(x)=\overline{C}(x)$ ，$\overline{C}(x)$ 有極小值。圖形意義如下：

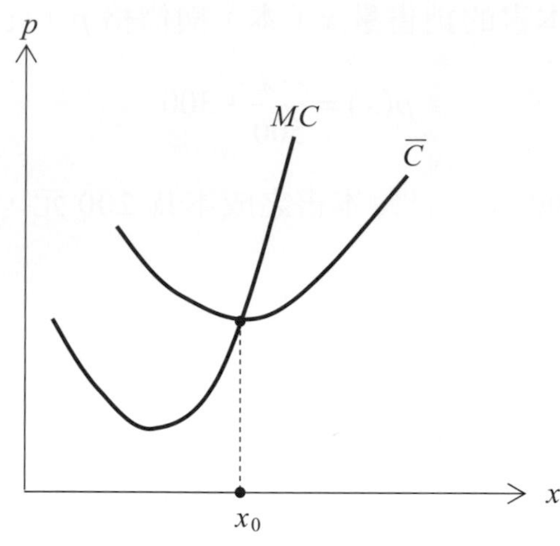

■

二、需求彈性分析

一商品的價格與銷售數量有關係，當商品上漲時，消費者通常會減小需求，但此種反應會因為商品的不同而有所不同。商學上有一種方法可以用來衡量消費者對某一產品之價格變化所引起的反應，稱為需求的價格彈性（price elasticity of demand），以感受當價格變化所引發對數量變化之敏感度（sensitivity）。

例如：水果、房屋價格下跌可能引起需求量增加，稱這種需求為有彈性（elastic）；但像汽油、自來水等產品，則對價格變化較無反應，稱這種需求為無彈性（inelastic）。又水果與房屋價格各下跌 10 元所引起的反應也大不相同，因此需求的價格彈性須有一個很合情合理的描述，如下式：

$$\text{需求的價格彈性}=\frac{\text{需求 } x \text{ 的變化率}}{\text{價格 } p \text{ 的變化率}}$$

$$=\frac{\frac{dx}{x}}{\frac{dp}{p}}$$

$$=\frac{p}{x}\frac{dx}{dp}$$

其中 $\frac{dx}{dp}$ 通常是負值，因此需求的價格彈性要正式定義如下：

定義

需求的價格彈性 $E(p)$

$$E(p) = -\frac{p}{x}\frac{dx}{dp}$$

$E(p)$ 可以解釋為：價格增加 1% 時，引起需求量減少百分之多少。

$E(p)>1$：稱為彈性需求（elastic demand），相當於需求變化的百分比大於 1，即需求對於價格的變化比較敏感。

$E(p)<1$：稱為非彈性需求（inelastic demand），相當於需求變化的百分比小於 1，即需求對於價格的變化比較不敏感。

$E(p)=1$：稱為單位彈性需求（demand of unit elasticity），相當於需求變化的百分比與價格變化的百分比相同。

例題 7 需求彈性

某產品的銷售量 x 與價格 p 具有如下關係：$x=5-2p$

試求：

(1) 需求彈性 $E(p)=?$

(2) 當 $p=2$ 時的需求彈性，並解釋其意義。

(3) 當 $p=1$ 時的需求彈性，並解釋其意義。

解

(1) 由 $x=5-2p \rightarrow \frac{dx}{dp}=-2$，$\therefore\ E(p)=-\frac{p}{x}\frac{dx}{dp}=-\frac{p}{5-2p}\cdot(-2)=\frac{2p}{5-2p}$。

(2) 當 $p=2$ 時，$\therefore\ E(2)=\frac{4}{5-4}=4$

意義：在價格 $p=2$ 時，價格上漲 1%，造成需求數量下跌 4%。

(3) 當 $p=1$ 時，$\therefore\ E(1)=\frac{2}{5-2}=\frac{2}{3}$

意義：在價格 $p=1$ 時，價格上漲 1%，造成需求數量下跌 0.6%。 ■

需求彈性 $E(p)$ 的另一個功能是判斷收入的增減。說明如下：

$\because\ R(x)=xp$

$$\therefore\ \frac{dR(x)}{dp}=\frac{d}{dp}(xp)=x\cdot 1+p\frac{dx}{dp}=x\left(1+\frac{p}{x}\frac{dx}{dp}\right)=x(1-E)$$

故得

1. $E>1$ ： $\frac{dR(x)}{dp}<0$ ，因此價格下跌使銷售量增加，收入也增加；
價格上漲使銷售量減小，收入也減小。

2. $E<1$ ： $\frac{dR(x)}{dp}>0$ ，因此價格下跌使銷售量增加，但收入會減小；
價格上漲使銷售量減小，但收入會增加。

3. $E=1$ ： $\frac{dR(x)}{dp}=0$ ，此時收入最大，價格上漲或下跌都會使收入減小。

結果如下圖所示：

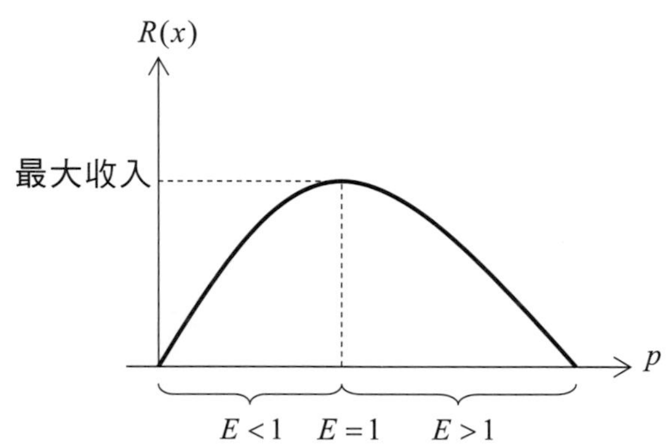

例題 8　需求彈性

某產品的銷售量 x 與價格 p 具有如下關係：$x=10-3p$

試求：

(1) 需求彈性 $E(p)=?$

(2) 價格 p 為多少時會有最大收入？

解

(1) 由 $x=10-3p \rightarrow \frac{dx}{dp}=-3$ ，$\therefore$ $E(p)=-\frac{p}{x}\frac{dx}{dp}=-\frac{p}{10-3p}\cdot(-3)=\frac{3p}{10-3p}$ 。

(2) 當 $E=\frac{3p}{10-3p}=1 \rightarrow 3p=10-3p \rightarrow p=\frac{5}{3}$

會有最大收入。 ■

習題 4-8

1. 某公司生產 x 單位產品的成本是 $C(x)=0.4x+600$，收入函數則是 $R(x)=80\sqrt{x}$，試求最大利潤時的產量。

2. 已知小包裝金門牛肉的收入函數為 $R(x)=\frac{1}{20}x^2-2x$，其成本函數為 $C(x)=4x^2-81x-500$ 元，試求：
   (1) 邊際成本函數。
   (2) 邊際利潤函數。
   (3) 銷售量 x 為多少時，邊際利潤函數 $MP(x)$ 為 0？
   (4) 當邊際利潤函數 $MP(x)$ 為 0 時，其利潤為多少？

3. 健康牌按摩椅銷售經理發現，該品牌按摩椅的銷售量 x（百個）與價格 p（萬元）具有如下關係：$p=\dfrac{40}{0.02x^2+200}$，$0\le x\le 100$
   請問要求最大收入時，此時按摩椅的銷售量為何？

4. 假設手工有機肥皂在每個價格為 10 元時，每月可賣出 2,000 個。若肥皂每個價格調降 0.25 元，每月會多賣 250 個，則肥皂在每個價格為多少時，會達到最大收入？且價格與賣出數量與收入各為多少？

5 已知生產魔味薯條之成本函數為 $C(x)=3x^3-6x^2+16x+120$，$0\le x\le 2$
   求最大邊際成本時之產量？

6. 某產品的銷售量 x 與價格 p 具有如下關係：$x=32500-250p$
   求 $x=15000$ 時之邊際收入？

7. 猛禽牌雞精每罐售價 60 元，估計其成本函數為 $C(x)=0.5x^2+10x+40$ 元，試求：
   (1) 收入函數 $R(x)$ 與利潤函數 $P(x)$。
   (2) 邊際收入函數 $MR(x)$ 與邊際利潤函數 $MP(x)$。
   (3) 銷售量 x 為多少時，邊際利潤函數 $MP(x)$ 為 0？

8. 某產品的銷售量 x 與價格 p 具有如下關係 $x=40-10p$，試求：
   (1) 需求彈性 $E(p)=?$
   (2) 當 $p=3$ 時的需求彈性，並解釋其意義。
   (3) 當 $p=1$ 時的需求彈性，並解釋其意義。

9. 某產品的銷售量 x 與價格 p 具有如下關係：$x=20-5p$，試求：
   (1) 需求彈性 $E(p)=?$
   (2) 價格 p 為多少時會有最大收入？

習題解答

4-1

1. $\frac{4}{3}$
2. 1
3. $\frac{1}{\sqrt{2}}$
4. $\frac{1}{2}$
5. $\frac{1}{4}$
6. $-\frac{1}{8}$
7. 0
8. $\frac{1}{2}$
9. 1
10. 0
11. e^3
12. 1
13. 1
14. 1
15. 1

4-2

1. 4.98
2. 3.9791
3. 30 立方公分
4. (1) $f(101)=1030$；$f(110)=1300$

   (2) $f(101)$，因 101 離 100 較近
5. 0.682
6. 3.4641

4-3

1. $c=\frac{1}{2}$
2. $c=\sqrt{\frac{7}{3}}$
3. $x=1$
4. $9\le f(4)\le 21$

4-4

1. $(-\infty, 0)$：遞增；$(0, 2)$：遞減；$(2, \infty)$：遞增
2. $(-\infty, 2)$：遞增；$(2, \infty)$：遞減；$x=2$ 為極大點
3. $x\in[0, 1]$
4. $x\in[0, 4]$
5. 極大值為 4；極小值為 0
6. 極大值為 2；極小值為 -2
7. $f(2)=-19$ 為絕對極小值；$f(-1)=8$ 為絕對極大值
8. 絕對極大值為 $f(2)=19$；絕對極小值為 -1
9. 絕對極小值為 $f(e)=e$；絕對極大值為 $f(5)=\frac{5}{\ln 5}$
10. $x=2$

4-5

1. $f(1) = -2$ 為極小值

   $f(-1) = 2$ 為極大值

2. $(-2, \frac{-2}{e^2})$

3. $(e^{3/2}, \frac{3}{2e^{3/2}})$

4. $a = -3$；$b = 9$

5. $x = 8$ 為其報酬遞減點

4-6

1.

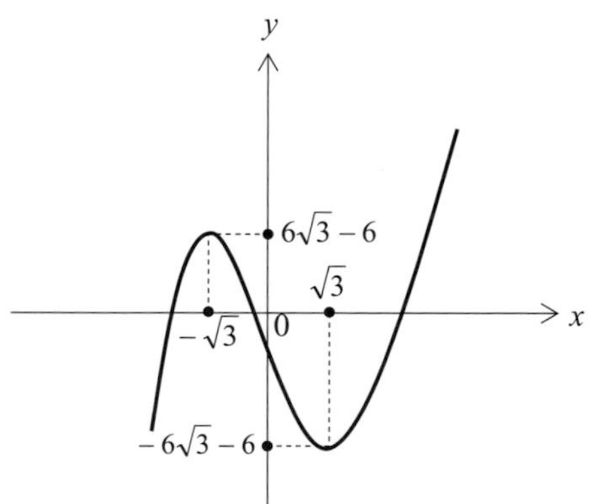

2.

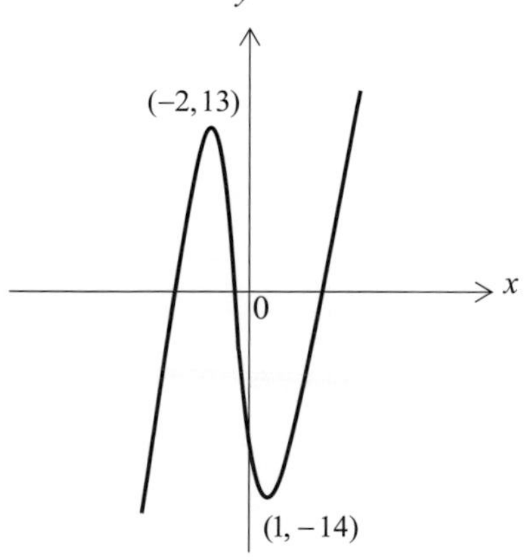

3.

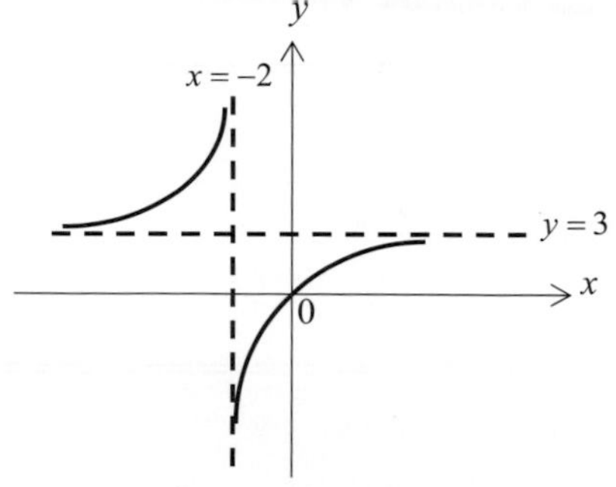

4.

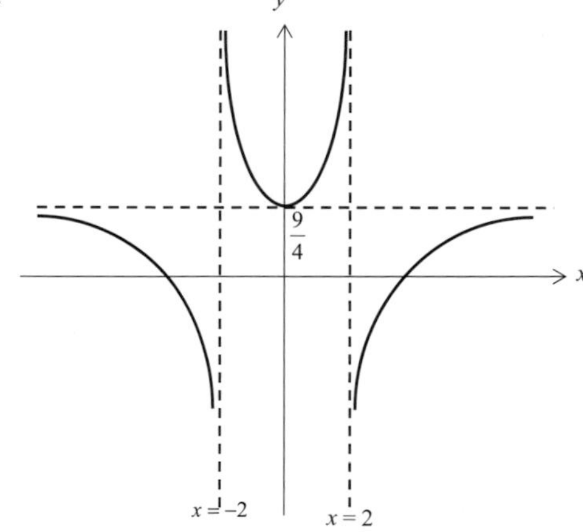

5.

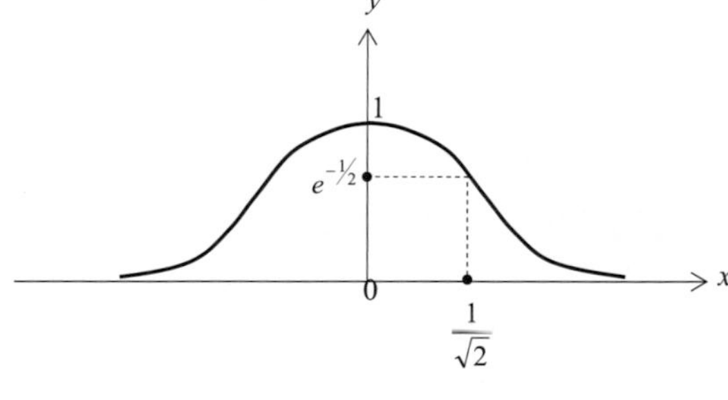

6.

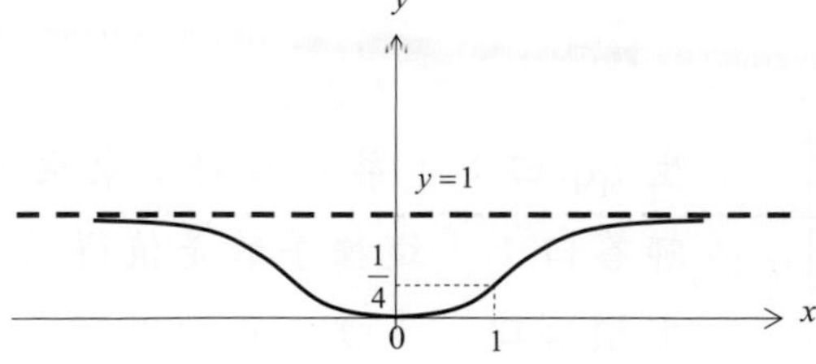

4-7

1. (1) ≈ 3290 元
   (2) ≈ 3320 元
2. ≈ 3534 元
3. $rt \approx 70$
4. ≈ 74109 元
5. (1) 0.02015
   (2) 0.02018
   (3) 0.02020

4-8

1. $x = 10000$
2. (1) $MC(x) = 8x - 81$
   (2) $MP(x) = -\dfrac{79}{10}x + 79$
   (3) $x = 10$
   (4) 895
3. $x = 100$（百個）可得最大收入
4. 價格為 6 元；數量為 6000 個；收入為 36000 元
5. 最大邊際成本 $MC(2) = 28$
6. 10
7. (1) $R(x) = 60x$
   $P(x) = -0.5x^2 + 50x - 40$
   (2) $MR(x) = 80$；$MP(x) = -x + 50$
   (3) $x = 50$
8. (1) $E(p) = \dfrac{10p}{40 - 10p}$
   (2) $p = 3$；價格上漲 1%，造成需求數量下跌 3%
   (3) $p = 1$；價格上漲 1%，造成需求數量下跌 0.3%
9. (1) $E(p) = \dfrac{5p}{20 - 5p}$
   (2) $p = 2$ 會有最大收入

開心笑園

生 qq 曰：「第 4 章好多東東，算得我手好酸！」
師答曰：「這種手酸是值得的，以後如果心酸就可惜了。」
生頓悟曰：「嗯！正向思考！」

5 不定積分

本章大綱：

學習目標：

1. 瞭解從微分所得的積分公式
2. 熟悉變數代換的積分求法
3. 瞭解分部積分法的使用
4. 瞭解有理式積分的計算

說明完前四章後，大家應該很清楚「微分學」的主要內容。即如果給定 $f(x)$，藉由其 $f'(x)$ 以得到極值、切線、變化率……等等應用。本章則探討「積分學」，正好與微分學相反，即給定 $f'(x)$，反求原函數 $f(x)$ 也！此過程會較微分難。此處先定義反導數（antiderivative）或稱為不定積分（indcfinite integral）如下：

定義

反導數或不定積分

若 $\frac{dF(x)}{dx} = F'(x) = f(x)$，則稱 $F(x)$ 為 $f(x)$ 的反導數（或稱為不定積分），以符號 $\int f(x)dx$ 表之，即 $F(x) = \int f(x)dx$。

觀念說明

1. 由 $\frac{dF(x)}{dx}=f(x)\to dF=f(x)dx$

   雙邊加入積分符號 $\to\int dF=\int f(x)dx$

   視 d、$\int$ 為互逆運算（如同乘、除為互逆運算）

   則 $F(x)=\int f(x)dx$。

2. 因為常數的微分是 0，所以從計算微分的觀點可知，函數 $f(x)$ 的反導數有無限多個，但每個反導數之間只差一個常數。例如：

   $(x^2+1)'=2x\to\int 2xdx=x^2+1$

   $(x^2+2)'=2x\to\int 2xdx=x^2+2$

   故有：$\int 2xdx=x^2+c$。

3. 因為反導數 $\int f(x)dx$ 即為微分之反運算，故得如下結論：

   $\boxed{\int f(x)dx=F(x)+c}$，其中 c 為常數。

因此，本章的主要用意就是：已知 $f(x)$，然後把它積起來就是了。

5-1 由微分得到之積分公式

藉由許多函數的微分公式與計算，就可得到其對應的積分公式，這些公式一看就會，用俏皮話講，就是「微分做多了，積分就會！」。例如：

一、常數倍：$\int kf(x)dx=k\int f(x)dx$

二、加減通式：$\int\{f(x)\pm g(x)\}dx=\int f(x)dx\pm\int g(x)dx$

三、多項式：$\int x^n dx=\frac{1}{n+1}x^{n+1}+c$，但 $n\neq -1$

四、指數與對數：

1. $\int e^x dx=e^x+c$

2. $\int\frac{1}{x}dx=\ln|x|+c$ ～記！

說明：若 $f(x)=\ln|x|$，則 $f(x)=\begin{cases}\ln x, & x>0\\ \ln(-x), & x<0\end{cases}$

$$\therefore\ f'(x)=\begin{cases}\dfrac{1}{x}, & x>0\\ \dfrac{-1}{-x}=\dfrac{1}{x}, & x<0\end{cases}$$

故 $\int\frac{1}{x}dx=\ln|x|+c$。

例題 1

求 $\int\frac{x}{x^2+1}dx=?$

解　$\left[\ln(x^2+1)\right]'=\frac{2x}{x^2+1}$，$\therefore\int\frac{x}{x^2+1}dx=\frac{1}{2}\ln(x^2+1)+c$。 ■

牛刀小試

求 $\int\frac{x}{3x^2+1}dx=?$

答：$\because\left[\ln(3x^2+1)\right]'=\frac{6x}{3x^2+1}$，$\therefore\int\frac{x}{3x^2+1}dx=\frac{1}{6}\ln(3x^2+1)+c$。

例題 2

求 $\int\frac{x}{\sqrt{x^2+1}}dx=?$

解　$(\sqrt{x^2+1})'=\frac{x}{\sqrt{x^2+1}}$，$\therefore\int\frac{x}{\sqrt{x^2+1}}dx=\sqrt{x^2+1}+c$。 ■

牛刀小試

求 $\int \frac{x}{\sqrt{2x^2+1}}dx = ?$

答：$\because (\sqrt{2x^2+1})' = \frac{2x}{\sqrt{2x^2+1}}$ ，$\therefore \int \frac{x}{\sqrt{2x^2+1}}dx = \frac{1}{2}\sqrt{2x^2+1}+c$ 。

例題 3

求 $\int e^{2x}dx = ?$

解 $\because (e^{2x})' = 2e^{2x}$ ，$\therefore \int e^{2x}dx = \frac{1}{2}e^{2x}+c$

相當於：微分時得到 2 倍，故積分時要除 2 倍。 ■

牛刀小試

求 $\int e^{3x}dx = ?$

答：$\because (e^{3x})' = 3e^{3x}$ ，$\therefore \int e^{3x}dx = \frac{1}{3}e^{3x}+c$ 。

例題 4

求 $\int 2xe^{2x^2}dx = ?$

解 $(e^{2x^2})' = 4xe^{2x^2}$ ，$\therefore \int 2xe^{2x^2}dx = 2\cdot\frac{1}{4}e^{2x^2}+c = \frac{1}{2}e^{2x^2}+c$ 。 ■

牛刀小試

求 $\int x^3 e^{x^4} dx = ?$

答：$\because (e^{x^4})' = 4x^3 e^{x^4}$，$\therefore \int x^3 e^{x^4} dx = \frac{1}{4} e^{x^4} + c$。

例題 5

求 $\int (x^2 + \frac{1}{x}) dx = ?$

解 $\int (x^2 + \frac{1}{x}) dx = \int x^2 dx + \int \frac{1}{x} dx = \frac{1}{3} x^3 + \ln|x| + c$。 ■

牛刀小試

求 $\int (x^2 + \frac{1}{x^2}) dx = ?$

答：$\int (x^2 + \frac{1}{x^2}) dx = \int x^2 dx + \int \frac{1}{x^2} dx = \frac{1}{3} x^3 - \frac{1}{x} + c$。

例題 6

求 $\int (x^{3/2} - e^{-x}) dx = ?$

解 $\int (x^{3/2} - e^{-x}) dx = \int x^{3/2} dx - \int e^{-x} dx = \frac{2}{5} x^{5/2} - (-e^{-x}) + c$

$= \frac{2}{5} x^{5/2} + e^{-x} + c$。 ■

牛刀小試

求$\int (x^{5/2}-e^{-2x})dx=?$

答：$\int (x^{5/2}-e^{-2x})dx=\int x^{5/2}dx-\int e^{-2x}dx=\frac{2}{7}x^{7/2}+\frac{1}{2}e^{-2x}+c$。

習題 5-1

1. $\int \frac{x}{4x^2+1}dx=?$

2. $\int \frac{x^2}{x^3-1}dx=?$

3. $\int \frac{x}{\sqrt{4x^2+1}}dx=?$

4. $\int \frac{x^3}{\sqrt{x^4-1}}dx=?$

5. $\int e^{4x}dx=?$

6. $\int x^2e^{x^3}dx=?$

7. $\int (x-\frac{1}{x})dx=?$

8. $\int (x^{1/2}-e^{-2x})dx=?$

9. $\int \frac{(1+\sqrt{x})^2}{2\sqrt{x}}dx=?$

10. $\int \frac{2x}{(x+1)^2}dx=?$

11. $\int (3x+1)^5dx=?$

12. $\int \frac{1}{\sqrt{x}+\sqrt{x+1}}dx=?$

13. $\int (xe^{x^2}-\frac{x}{x^2+2})dx=?$

5-2 變數代換法

各位已在第三章念了微分學，應知在微分公式中最重要的就是連鎖律；相對於不定積分中，與連鎖律對應的就是所謂的變數代換法（change of variable），即：

微分學 $\xrightarrow{\text{所謂}}$ 連鎖律
積分學 $\xrightarrow{\text{所謂}}$ 變數代換法
（二者互相對應）

意即藉由變數代換，可將一個較複雜的積分轉換成一個較簡單的積分。

定理 變數代換法

若 $\int f(x)dx = F(x)+c$，則 $\int f[g(x)]g'(x)dx = F[g(x)]+c$

說明：由 $\int f(x)dx = F(x)+c$ 知 $F'(x) = f(x)$

對 $F[g(x)]$ 使用連鎖律微分得

$$\frac{d}{dx}F[g(x)] = F'[g(x)]\cdot g'(x) = f[g(x)]g'(x)$$

再積分得 $\int f[g(x)]g'(x)dx = F[g(x)]+c$。

這個定理的意思是：已知 $f(x)$ 的不定積分為 $F(x)$，但現在要計算 $\int f[g(t)]g'(t)dt$，此時 $f[g(t)]g'(t)$ 可能很複雜，無法馬上得知其積分，現在只要令 $x = g(t)$ 之變數代換，依據微分連鎖律可得 $dx = g'(t)dt$，因此 $\int f[g(t)]g'(t)dt$ 即可化為 $\int f(x)dx = F(x)+c$ 之型式，最後代回原變數即得 $F[g(t)]+c$。

例題 1

求 $\int 2(x^2+1)^3 \cdot xdx = ?$

解　令 $u = x^2+1$ ，則 $du = 2xdx$

$$\therefore \int 2(x^2+1)^3 \cdot xdx = \int 2u^3 \frac{1}{2} du = \int u^3 du$$

$$= \frac{1}{4}u^4 + c = \frac{1}{4}(x^2+1)^4 + c \text{ 。} \quad ■$$

牛刀小試

求 $\int (x^2+2x-3)^3(x+1)dx = ?$

答：

令 $u = x^2 + 2x - 3$，則 $du = (2x+2)dx = 2(x+1)dx$

$$\therefore \text{原式} = \int u^3 \cdot \frac{du}{2} = \frac{1}{8}u^4 + c = \frac{1}{8}(x^2+2x-3)^4 + c \text{ 。}$$

例題 2

求 $\int \frac{1-3x}{\sqrt{2x-3x^2}} dx = ?$

解　令 $u = 2x-3x^2$ ，則 $du = (2-6x)dx = 2(1-3x)dx$

$$\int \frac{1-3x}{\sqrt{2x-3x^2}} dx = \int \frac{1}{\sqrt{u}} \frac{du}{2} = \sqrt{u} + c = \sqrt{2x-3x^2} + c \text{ 。} \quad ■$$

牛刀小試

求 $\int \frac{3x-1}{\sqrt[3]{3x^2-2x+1}} dx = ?$

答：令 $u = 3x^2-2x+1$ ，則 $du = (6x-2)dx = 2(3x-1)dx$

$$\therefore \int \frac{3x-1}{\sqrt[3]{3x^2-2x+1}} dx = \int \frac{1}{\sqrt[3]{u}} \frac{du}{2} = \frac{1}{2} \cdot \frac{3}{2} u^{2/3} + c = \frac{3}{4}(3x^2-2x+1)^{2/3} + c \text{ 。}$$

現在的問題是：如何得到變數代換式呢？其實這沒有固定的規則（此道理就如同沒有「數學口服液」），須多加練習，努力一定會有收穫！此處作者提供一句有益的話：

「看積分函數中哪一項最特殊，就令此項之變數代換。」

第一型　多項式、分式之積分

例題 3

求 $\int \frac{x}{\sqrt{x^2+1}}dx = ?$

解　令 $u = 1 + x^2$，則 $du = 2xdx$

$\therefore$ 原式 $= \int \frac{1}{\sqrt{u}} \frac{du}{2} = \frac{1}{2}(2u^{1/2}) + c = (1+x^2)^{1/2} + c$。 ■

牛刀小試

求 $\int \frac{x}{\sqrt{1-x^2}}dx = ?$

答：令 $u = 1 - x^2$，則 $du = -2xdx$

$\therefore$ 原式 $= \int \frac{1}{\sqrt{u}} \cdot \frac{du}{-2} = -\sqrt{u} + c = -\sqrt{1-x^2} + c$。

例題 4

求 $\int \frac{1}{x+\sqrt{x}}dx = ?$

解　令 $u = \sqrt{x}$，則 $u^2 = x$，$2udu = dx$

$\therefore$ 原式 $= \int \frac{1}{u^2+u} 2udu = \int \frac{2}{u+1}du = 2\ln|u+1| + c = 2\ln\left|\sqrt{x}+1\right| + c$。 ■

牛刀小試

求 $\int \frac{1}{x-\sqrt{x}}dx = ?$

答：令 $u=\sqrt{x}$，則 $u^2 = x$，$2udu = dx$

$\therefore$ 原式 $= \int \frac{1}{u^2-u}2udu = \int \frac{2}{u-1}du = 2\ln|u-1| + c = 2\ln\left|\sqrt{x}-1\right| + c$。

第二型 指數函數之積分

換底、適當的變數變換是積分指數函數之方法！說穿了還不是頭腦要靈活。

例題 5

求 $\int a^x dx = ?$

解 $a^x = e^{x\ln a}$，令 $u = x\ln a$，則 $du = (\ln a)dx$

$\therefore$ 原式 $= \int e^{x\ln a}dx = \int e^u \frac{du}{\ln a} = \frac{1}{\ln a}e^u + c = \frac{1}{\ln a}a^x + c$。■

牛刀小試

求 $\int 2^x dx = ?$

答：

$\because 2^x = e^{x\ln 2}$，令 $u = x\ln 2$，則 $du = (\ln 2)dx$

$\therefore$ 原式 $= \int e^{x\ln 2}dx = \int e^u \frac{du}{\ln 2} = \frac{1}{\ln 2}e^u + c = \frac{1}{\ln 2}2^x + c$。

例題 6

求 $\int x\cdot 10^{x^2}\,dx=?$

解 此題要先換底才好積。

$\because\ 10^{x^2}=e^{x^2\ln 10}$，再令 $u=x^2\ln 10$，則 $du=(2x\ln 10)dx$

$\therefore$ 原式 $=\int\frac{1}{2\ln 10}e^u du=\frac{1}{2\ln 10}e^u+c=\frac{10^{x^2}}{2\ln 10}+c$。 ■

牛刀小試

求 $\int x^2\cdot 4^{-x^3}\,dx=?$

答：

$4^{-x^3}=e^{-x^3\ln 4}$，令 $u=x^3\ln 4$，則 $du=3x^2\ln 4dx$

$\therefore$ 原式 $=\int\frac{1}{3\ln 4}e^{-u}du=\frac{-1}{3\ln 4}e^{-u}+c=\frac{-4^{-x^3}}{3\ln 4}+c$。

第三型 對數函數之積分

積分函數中若含對數函數 $\ln x$，且搭配分母也有 x，則都令 $u=\ln x$ 就積得出，所以還是一句老話：要抱著「寧可做過後悔，也不要後悔沒做」的心態來學習積分技巧！因為都不敢嘗試是永遠失敗的。

例題 7

求 $\int\frac{\ln x}{x}dx=?$

解 令 $u=\ln x$，則 $du=\frac{1}{x}dx$

$\therefore$ 原式 $=\int u\,du=\frac{1}{2}u^2+c=\frac{1}{2}(\ln x)^2+c$。 ■

牛刀小試

求 $\int \frac{(\ln x)^2}{x} dx$

答：令 $u=\ln x$，則 $du=\frac{1}{x}dx$，原式$=\int u^2 du=\frac{1}{3}u^3+c=\frac{1}{3}(\ln x)^3+c$。

注意：$\int \frac{x}{\ln x} dx$ 可以積分嗎？這題是從本例題再稍微改一下題目而已，同學可嘗試看看！但積不出來。

例題 8

求 $\int \frac{1}{x\ln x} dx=?$

解 令 $u=\ln x$，則 $du=\frac{1}{x}dx$

$\therefore \int \frac{1}{x\ln x} dx=\int \frac{1}{u} du=\ln|u|+c=\ln|\ln x|+c$。 ■

牛刀小試

求 $\int \frac{1}{x\ln(2x)} dx=?$

答：

令 $u=\ln(2x)$，則 $du=\frac{1}{x}dx$，原式$=\int \frac{1}{u} du=\ln|u|+c=\ln|\ln(2x)|+c$。

心得 只要看到要積分的函數有 $\ln x$，且又有 $\frac{1}{x}$ 項，則可以令 $u=\ln x$ 之代換！

習題 5-2

1. $\int \frac{\sqrt{1+\ln x}}{x} dx = ?$

2. $\int \frac{1}{x^2}(\frac{1}{x}-2)^{2/3} dx = ?$

3. $\int \frac{1}{x^2}\sqrt{2-\frac{1}{x}} dx = ?$

4. $\int \frac{x+1}{\sqrt{x^2+2x+3}} dx = ?$

5. $\int \frac{(\ln x)^4}{x} dx = ?$

6. $\int x\sqrt{3x+2} dx = ?$

7. $\int x\sqrt{2x-1} dx = ?$

8. $\int \frac{e^{-x}}{1+e^{-x}} dx = ?$

9. $\int (x-3)(x+2)^7 dx = ?$

10. $\int \frac{2x\ln(x^2+1)}{x^2+1} dx = ?$

11. $\int 6x^2(x^3+2)^{99} dx = ?$

12. $\int (x^3+x)^5(3x^2+1) dx = ?$

13. $\int x^8(2x^9-1)^6 dx = ?$

5-3 分部積分法

二個函數相乘的微分公式，乃是分部積分法（integration by parts）之基礎。設 $u(x)$ 、 $v(x)$ 均為可微分函數，則

$$由\ (uv)' = u'v + uv' \quad ，移項得\ uv' = (uv)' - u'v$$

$$\xrightarrow{積分} \int uv'dx = \int (uv)'dx - \int u'vdx$$

$$即\ \int uv'dx = uv - \int u'vdx \quad 或\ \int udv = uv - \int vdu$$

上式即稱為「分部積分法」，此式之用意為：當要計算 $\int f(x)dx$ 時，先將 $\int f(x)dx$ 表為 $\int udv$ ，即可用 $uv-\int vdu$ 來求得，但原則上，$\int vdu$ 必須較容易計算，否則就失去分部積分的意義了。

適合用分部積分法來積分的題目，看下面幾例就夠了！

例題 1

求 $\int \ln xdx=?$

解　令　$u=\ln x$　　　$dv=dx$

$du=\frac{1}{x}dx$　　　$v=x$

（左微）　　（右積）

（由 u 至 v 斜箭頭標「+」，由 v 至 du 橫箭頭標「−」）

$\therefore$ 原式 $=x\ln x-\int 1dx=x\ln x-x+c$ 。■

例題 2

求 $\int x\ln xdx=?$

解　令 $u=\ln x$ ， $dv=xdx$

$du=\frac{1}{x}dx$ ， $v=\frac{1}{2}x^2$

$\therefore$ 原式 $=\frac{1}{2}x^2\ln x-\int\frac{1}{2}xdx=\frac{1}{2}x^2\ln x-\frac{1}{4}x^2+c$ 。■

牛刀小試

求 $\int x^2\ln xdx=?$

答：令 $u=\ln x$ ， $dv=x^2dx$

$du=\frac{1}{x}dx$ ， $v=\frac{1}{3}x^3$

$\therefore$ 原式 $=\frac{1}{3}x^3\ln x-\frac{1}{3}\int x^2dx=\frac{1}{3}x^3\ln x-\frac{1}{9}x^3+c$ 。

例題 3

求 $\int xe^{x}dx = ?$

解　令 $u = x$，$dv = e^{x}dx$

$du = dx$，$v = e^{x}$

$\therefore$ 原式 $= xe^{x} - \int e^{x}dx = xe^{x} - e^{x} + c$ 。 ■

牛刀小試

求 $\int xe^{-x}dx = ?$

答：

令 $u = x$，$dv = e^{-x}dx$

$du = dx$，$v = -e^{-x}$

$\therefore$ 原式 $= -xe^{-x} + \int e^{-x}dx = -xe^{-x} - e^{-x} + c$ 。

但有些題目須經「二次以上」分部積分才可完成！因此，整理出如下之「速解法」。

例題 4

求 $\int x^{2}e^{x}dx = ?$

解　此類問題有速解法如下：

速解法：微　　積

微		積
x^2	$\searrow +$	e^x
$2x$	$\searrow -$	e^x
2	$\searrow +$	e^x
0		e^x

則 $\int x^{2}e^{x}dx = x^{2}e^{x} - 2xe^{x} + 2e^{x} + c$ 。 ■

牛刀小試

求 $\int x^3 e^{-x} dx = ?$

答：速解法：微 積

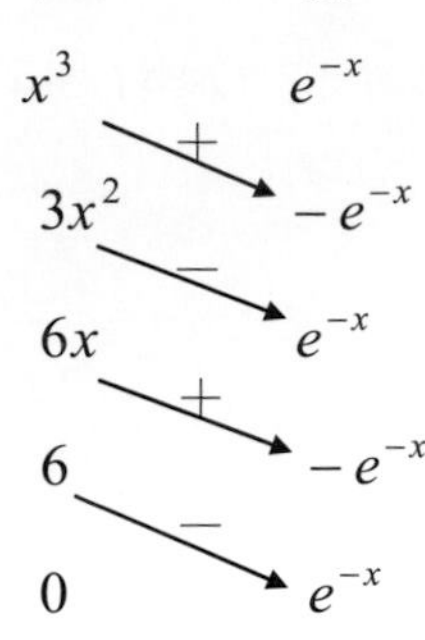

則 $\int x^3 e^{-x} dx = -x^3 e^{-x} - 3x^2 e^{-x} - 6xe^{-x} - 6e^{-x} + c$ 。

心得 速解法對於 $\int x^n e^{ax} dx$ 這種型式之積分可迅速求解，但其他類型之積分則幫助不大。

習題 5-3

1. $\int x^{3/2} \ln x dx = ?$
2. $\int (x^2 + 1) e^{-x} dx = ?$
3. $\int \frac{\ln x}{x^2} dx = ?$
4. $\int (x+1) e^{-2x} dx = ?$
5. $\int x(2^x) dx = ?$
6. $\int \sqrt{x} \ln(x^3) dx = ?$
7. $\int xe^{8x} dx = ?$
8. $\int x^2 e^{-2x} dx = ?$

5-4 有理式積分

設 $P(x)$ 與 $Q(x)$ 是兩個多項式，凡形如 $\dfrac{P(x)}{Q(x)}$ 的函數稱為**有理式**或**分式**，若 $\begin{cases}\deg[P(x)]\ge\deg[Q(x)]\text{，為假分式}\\ \deg[P(x)]<\deg[Q(x)]\text{，為真分式}\end{cases}$，deg 表次數（degree）。

因為「假分式＝多項式＋真分式」，多項式的積分大家都會了，故本節只要再探討真分式的積分即已足夠。在說明之前有個預備題，先看下例。

例題 1 預備題

若 $\dfrac{1}{x(x+2)^2}$ 可分解為「部份分式」：$\dfrac{1}{x(x+2)^2}=\dfrac{A}{x}+\dfrac{B}{x+2}+\dfrac{C}{(x+2)^2}$，係數 A、B、C 分別為多少？

解　部份分式之**分子次方＜分母次方**

本來要令 $\dfrac{1}{x(x+2)^2}=\dfrac{A}{x}+\dfrac{B}{x+2}+\dfrac{Cx+D}{(x+2)^2}$

但 $\dfrac{Cx+D}{(x+2)^2}=\dfrac{C(x+2)+(D-2C)}{(x+2)^2}=\dfrac{C}{x+2}+\dfrac{D-2C}{(x+2)^2}=\dfrac{C}{x+2}+\dfrac{D'}{(x+2)^2}$

其中 $\dfrac{C}{x+2}$ 又可被併入 $\dfrac{B}{x+2}$

故只要令

$$\frac{1}{x(x+2)^2}=\frac{A}{x}+\frac{B}{x+2}+\frac{C}{(x+2)^2}\cdots\cdots\cdots(1)$$

即可！即「分母有重根」時，其分子之外型須重複前一項！

對 (1) 式，同乘分母得 $1=A(x+2)^2+Bx(x+2)+Cx$

$x=0$ 代入得 $1=4A \;\Rightarrow\; A=\dfrac{1}{4}$

速解法：求 A 可用「一手遮天」法，$A=\left.\dfrac{1}{(x+2)^2}\right|_{x=0}=\dfrac{1}{4}$

即用手遮住 $\dfrac{1}{x(x+2)^2}$ 之 x，再用 $x=0$ 代入！

求 C 亦可用「一手遮天」法，$C=\left.\dfrac{1}{x}\right|_{x=-2}=-\dfrac{1}{2}$

即用手遮住 $\dfrac{1}{x(x+2)^2}$ 之 $(x+2)^2$，再用 $x=-2$ 代入！

比較 x^2 之係數：$0=A+B \Rightarrow B=-A=-\dfrac{1}{4}$

$\therefore \dfrac{1}{x(x+2)^2}=\dfrac{1/4}{x}-\dfrac{1/4}{x+2}-\dfrac{1/2}{(x+2)^2}$ 。■

注意：$\dfrac{x^2}{x^2-1}=\dfrac{x^2}{(x-1)(x+1)}\neq\dfrac{A}{x-1}+\dfrac{B}{x+1}$，$\because \dfrac{x^2}{x^2-1}$ 是假分式！

牛刀小試

若 $\dfrac{x}{(x+1)(x+2)^2}=\dfrac{A}{x+1}+\dfrac{B}{x+2}+\dfrac{C}{(x+2)^2}$，則係數 A、B、C 分別為多少？

答：

一手遮天得 $A=\left.\dfrac{x}{(x+2)^2}\right|_{x=-1}=-1$

$C=\left.\dfrac{x}{x+1}\right|_{x=-2}=2$

同乘分母得 $x=-(x+2)^2+B(x+1)(x+2)+2(x+1)$

比較 x^2 之係數：$0=-1+B \Rightarrow B=1$

$\therefore \dfrac{x}{(x+1)(x+2)^2}=\dfrac{-1}{x+1}+\dfrac{1}{x+2}+\dfrac{2}{(x+2)^2}$ 。

例題 2

求 $\int \frac{x+2}{(x+1)(x+3)}dx = ?$

解 令 $\frac{x+2}{(x+1)(x+3)} = \frac{A}{x+1} + \frac{B}{x+3}$

同乘分母得 $x+2 = A(x+3) + B(x+1)$

$x=-1$ 代入得 $1=2A \Rightarrow A=\frac{1}{2}$

$x=-3$ 代入得 $-1=-2B \Rightarrow B=\frac{1}{2}$

速解法：求 A 可用「一手遮天」法，$A=\left.\frac{x+2}{x+3}\right|_{x=-1}=\frac{1}{2}$

即用手遮住 $\frac{x+2}{(x+1)(x+3)}$ 之 $x+1$，再用 $x=-1$ 代入！

求 B 可用「一手遮天」法，$B=\left.\frac{x+2}{x+1}\right|_{x=-3}=\frac{1}{2}$

即用手遮住 $\frac{x+2}{(x+1)(x+3)}$ 之 $x+3$，再用 $x=-3$ 代入！

$\therefore \frac{x+2}{(x+1)(x+3)} = \frac{\frac{1}{2}}{x+1} + \frac{\frac{1}{2}}{x+3}$

$\therefore$ 原式$=\int \frac{\frac{1}{2}}{x+1}dx + \int \frac{\frac{1}{2}}{x+3}dx = \frac{1}{2}\ln|x+1| + \frac{1}{2}\ln|x+3| + c$ 。 ■

牛刀小試

求 $\int \frac{5x+6}{x(x+2)}dx - ?$

答：化為部份分式得 $\frac{5x+6}{x(x+2)} = \frac{3}{x} + \frac{2}{x+2}$

$\therefore$原式 $=\int \frac{3}{x}dx + \int \frac{2}{x+2}dx = 3\ln|x| + 3\ln|x+2| + c$ 。

例題 3

求 $\int \frac{x+2}{(x+3)(x+1)^2}dx = ?$

解 令 $\frac{x+2}{(x+3)(x+1)^2} = \frac{A}{x+3} + \frac{B}{x+1} + \frac{C}{(x+1)^2}$

同乘分母得 $x+2 = A(x+1)^2 + B(x+3)(x+1) + C(x+3)$

$x=-3$ 代入得 $-1 = 4A \Rightarrow A = -\frac{1}{4}$

速解法：求 A 可用「一手遮天」法，$A = \left.\frac{x+2}{(x+1)^2}\right|_{x=-3} = -\frac{1}{4}$

即用手遮住 $\frac{x+2}{(x+3)(x+1)^2}$ 之 $x+3$，再用 $x=-3$ 代入！

求 C 可用「一手遮天」法，$C = \left.\frac{x+2}{x+3}\right|_{x=-1} = \frac{1}{2}$

比較 x^2 之係數：$0 = A+B \Rightarrow B = -A = \frac{1}{4}$

$$\therefore \frac{x+2}{(x+3)(x+1)^2} = \frac{-\frac{1}{4}}{x+3} + \frac{\frac{1}{4}}{x+1} + \frac{\frac{1}{2}}{(x+1)^2}$$

$$\therefore \text{原式} = \int \frac{-\frac{1}{4}}{x+3}dx + \int \frac{\frac{1}{4}}{x+1}dx + \int \frac{\frac{1}{2}}{(x+1)^2}dx$$

$$= -\frac{1}{4}\ln|x+3| + \frac{1}{4}\ln|x+1| - \frac{1}{2(x+1)} + c$$ 。 ■

牛刀小試

求 $\int \frac{4x^2+5x+6}{(x+2)x^2}dx = ?$

答：化為部份分式得 $\frac{4x^2+5x+6}{(x+2)x^2} = \frac{1}{x} + \frac{3}{x^2} + \frac{3}{x+2}$

積分得 $\ln|x| - \frac{3}{x} + 3\ln|x+2| + C$ 。

例題 4 綜合題

求$\int \frac{x^3+x^2+x+1}{x-1}dx=?$

解 先將假分式化為多項式＋真分式

得$\frac{x^3+x^2+x+1}{x-1}=x^2+2x+3+\frac{4}{x-1}$

$\therefore$原式$=\int (x^2+2x+3+\frac{4}{x-1})dx=\frac{x^3}{3}+x^2+3x+4\ln|x-1|+c$ 。

牛刀小試

求$\int \frac{x^2+5x+6}{x+1}dx=?$

答：

$\frac{x^2+5x+6}{x+1}=x+4+\frac{2}{x+1}$

$\therefore$原式$=\int (x+4+\frac{2}{x+1})dx=\frac{x^2}{2}+4x+2\ln|x+1|+c$ 。

例題 5 綜合題

求 $\int \frac{1}{e^x+1}dx=?$

解 令 $u=e^x$ ，則 $du=e^x dx$

$\therefore$ 原式$=\int \frac{1}{1+u}\cdot\frac{du}{e^x}=\int \frac{1}{u(u+1)}du=\int (\frac{1}{u}-\frac{1}{u+1})du$

$=\ln|u|-\ln|u+1|+c=\ln(e^x)-\ln|e^x+1|+c=x-\ln|e^x+1|+c$ 。 ■

牛刀小試

求 $\int \frac{1}{e^x - e^{-x}} dx = ?$

答：令 $u = e^x$，則 $du = e^x dx = udx$

$$\therefore \text{原式} = \int \frac{1}{u - \frac{1}{u}} \cdot \frac{du}{u} = \int \frac{1}{u^2 - 1} du = \int \frac{1}{2}\left(\frac{1}{u-1} - \frac{1}{u+1}\right) du$$

$$= \frac{1}{2}\ln\left|\frac{u-1}{u+1}\right| + c = \frac{1}{2}\ln\left|\frac{e^x - 1}{e^x + 1}\right| + c \text{ 。}$$

習題 5-4

1. $\int \frac{1}{x^2 - 5x + 6} dx = ?$
2. $\int \frac{x - 9}{x^2 + 3x - 10} dx = ?$
3. $\int \frac{x^2 + 4x + 1}{(x-1)(x+1)(x+3)} dx = ?$
4. $\int \frac{x^2 + 2x - 1}{2x^3 + 3x^2 - 2x} dx = ?$
5. $\int \frac{2x}{(x-1)(x-2)(x-3)} dx = ?$
6. $\int \frac{10x^2 + 9x + 1}{2x^3 + 3x^2 + x} dx = ?$
7. $\int \frac{2x^2 + x - 4}{x^3 - x^2 - 2x} dx = ?$
8. $\int \frac{3x^2 - 5x + 2}{3x + 1} dx = ?$
9. $\int \frac{e^x}{e^x + 1} dx = ?$

★5-5 反導數在商學之應用

1. 已知邊際成本函數為 $MC(x)$，則成本函數為 $C(x) = \int MC(x)dx$ 。
2. 已知邊際收入函數為 $MR(x)$，則收入函數為 $R(x) = \int MR(x)dx$ 。
3. 已知邊際利潤函數為 $MP(x)$，則利潤函數為 $P(x) = \int MP(x)dx$ 。

例題 1

已知銷售美力達腳踏車的收入函數滿足 $R'(x)=60+2xe^{-0.01x^2}$，且 $R(0)=0$，求收入函數 $R(x)$。

解 由 $R'(x)=60+2xe^{-0.01x^2}$ 得 $dR=(60+2xe^{-0.01x^2})dx$

積分得 $R(x)=60x-100e^{-0.01x^2}+c$

代入 $R(0)=-100+c=0\rightarrow c=100$

$\therefore\ R(x)=60x-100e^{-0.01x^2}+100$。 ■

例題 2

已知供給函數滿足 $\dfrac{dx}{dp}=p\sqrt{p^2-25}$，當 $p=\$13$ 時，$x=600$，其中 p 是商品價格（元），x 是數量，求供給函數 $x=f(p)$。

解 由 $\dfrac{dx}{dp}=p\sqrt{p^2-25}$ 得 $dx=p\sqrt{p^2-25}dp$

$\xrightarrow{\text{積分}} x(p)=\dfrac{1}{3}(p^2-25)^{3/2}+c$

代入 $x(13)=600\rightarrow 600=\dfrac{1}{3}\cdot(169-25)^{3/2}+c\rightarrow c=24$

$\therefore\ x(p)=\dfrac{1}{3}(p^2-25)^{3/2}+24$

即供給函數為 $x=f(p)=\dfrac{1}{3}(p^2-25)^{3/2}+24$。 ■

例題 3

已知福智農場生產之有機花椰菜，其每月生產 x 百公斤之邊際成本函數為：

$$MC(x)=32-0.04x\ \left(\frac{\text{萬元}}{\text{百公斤}}\right)$$

已知其每月之固定成本為 5 萬元，求每月之成本函數 $C(x)$。

解 對 $MC(x)=32-0.04x$ 積分得 $C(x)=\int(32-0.04x)dx=32x-0.02x^2+k$

固定成本為 5 萬元，即 $C(0)=5$

代入 $C(0)=k=5$

$\therefore\ C(x)=32x-0.02x^2+5$。 ■

例題 4

已知台灣自產咖啡豆之價格隨時間之變化率如下：

$$p'(t)=\frac{t}{2475}(t^2+1)^5$$

已知目前之價格為 230 元，求三個月之後的價格。

解 由 $p'(t)=\frac{t}{2475}(t^2+1)^5$

則 $p(t)=\int\frac{t}{2475}(t^2+1)^5dt=\int\frac{1}{2475}u^5\cdot\frac{du}{2}=\frac{1}{29700}u^6+c$

$u=t^2+1,\ du=2tdt$

$$=\frac{1}{29700}(t^2+1)^6+c$$

代入 $p(0)=\frac{1}{29700}+c=230\rightarrow c=230-\frac{1}{29700}$

$\therefore\ p(t)=\frac{1}{29700}\left[(t^2+1)^6-1\right]+230$

故 $p(3)=\frac{1}{29700}\left[1000000-1\right]+230=33.67+230=263.67$ 。 ■

習題 5-5

1. 已知某工廠生產之個人電腦晶片，其每小時生產 x 個之邊際成本函數為：

$$MC(x)=6x\sqrt{x^2+11}\ \left(\frac{\text{元}}{\text{個}}\right)$$

已知生產 5 個晶片要 1,932 元，求每小時之成本函數 $C(x)$ 。

2. 已知里仁有機店生產之八寶粥罐頭，每月生產 x 千個之邊際成本函數為：

$$MC(x)=80-3.2x\ \left(\frac{\text{萬元}}{\text{千個}}\right)$$

已知其每月之固定成本為 50 萬元，求每月之成本函數 $C(x)$ 。

3. 已知汽車電瓶每月生產 x 百個之邊際成本函數為：

$$MC(x)=10+0.2x\ \left(\frac{\text{萬元}}{\text{百個}}\right)$$

且 $C(100)=2,150$ 萬元，求產量從 $x=100$ 到 $x=120$ 時須有多少成本。

習題解答

5-1

1. $\frac{1}{8}\ln\left(4x^2+1\right)+c$
2. $\frac{1}{3}\ln\left|x^3-1\right|+c$
3. $\frac{1}{4}\sqrt{4x^2+1}+c$
4. $\frac{1}{2}\sqrt{x^4-1}+c$
5. $\frac{1}{4}e^{4x}+c$
6. $\frac{1}{3}e^{x^3}+c$
7. $\frac{1}{2}x^2-\ln|x|+c$
8. $\frac{2}{3}x^{3/2}+\frac{1}{2}e^{-2x}+c$
9. $\sqrt{x}+x+\frac{1}{3}x^{3/2}+c$
10. $2\ln|x+1|+\frac{2}{x+1}+c$
11. $\frac{1}{18}(3x+1)^6+c$
12. $\frac{2}{3}(1+x)^{3/2}-\frac{2}{3}x^{3/2}+c$
13. $\frac{1}{2}e^{x^2}-\frac{1}{2}\ln(x^2+2)+c$

5-2

1. $\frac{2}{3}(1+\ln x)^{3/2}+c$
2. $-\frac{3}{5}(\frac{1}{x}-2)^{5/3}+c$
3. $\frac{2}{3}(2-\frac{1}{x})^{3/2}+c$
4. $\sqrt{x^2+2x+3}+c$
5. $\frac{1}{5}(\ln x)^5+c$
6. $\frac{1}{9}\left[\frac{2}{5}(3x+2)^{5/2}-\frac{4}{3}(3x+2)^{3/2}\right]+c$
7. $\left[\frac{1}{10}(2x-1)^{5/2}+\frac{1}{6}(2x-1)^{3/2}\right]+c$
8. $-\ln\left|1+e^{-x}\right|+c$
9. $\frac{1}{9}(x+2)^9-\frac{5}{8}(x+2)^8+c$
10. $\frac{1}{2}\left[\ln(x^2+1)\right]^2+c$
11. $\frac{1}{50}(x^3+2)^{100}+c$
12. $\frac{1}{6}(x^3+x)^6+c$
13. $\frac{1}{126}(2x^9-1)^7+c$

5-3

1. $\frac{2}{5}x^{5/2}\ln x-\frac{4}{25}x^{5/2}+c$
2. $(-x^2-2x-3)e^{-x}+c$
3. $-\frac{1}{x}\ln x-\frac{1}{x}+c$
4. $-\frac{x+1}{2}e^{-2x}-\frac{1}{4}e^{-2x}+c$
5. $\frac{x\cdot 2^x}{\ln 2}-\frac{2^x}{(\ln 2)^2}+c$
6. $2x^{3/2}\ln x-\frac{4}{3}x^{3/2}+c$
7. $(\frac{1}{8}x-\frac{1}{64})e^{8x}+c$
8. $(-\frac{1}{2}x^2-\frac{1}{2}x-\frac{1}{4})e^{-2x}+c$

5-4

1. $\ln\left|\frac{x-3}{x-2}\right|+c$
2. $2\ln|x+5|-\ln|x-2|+c$
3. $\frac{3}{4}\ln|x-1|+\frac{1}{2}\ln|x+1|-\frac{1}{4}\ln|x+3|+c$
4. $\frac{1}{2}\ln|x|-\frac{1}{10}\ln|x+2|+\frac{1}{10}\ln|2x-1|+c$
5. $\ln|x-1|-4\ln|x-2|+3\ln|x-3|+c$
6. $\ln|x|+2\ln|x+1|+2\ln|2x+1|+c$
7. $2\ln|x|+\ln|x-2|-\ln|x+1|+c$
8. $\frac{1}{2}x^2-2x+\frac{4}{3}\ln|3x+1|+c$
9. $\ln|1+e^x|+c$

5-5

1. $C(x)=2(x^2+11)^{3/2}+1500$
2. $C(x)=80x-1.6x^2+50$
3. 640

開心笑園

生曰：「學完第五章，蛤！還有一半微積分還沒學！」

師曰：「你已學一半的微積分，哈哈，只剩下一半，easy 啦！」

6 定積分

本章大綱：

學習目標：

1. 瞭解定積分之意義
2. 瞭解微積分基本定理
3. 熟悉積分符號下的微分求法
4. 瞭解近似積分的計算
5. 瞭解瑕積分的計算

6-1 定積分之意義

至此已學過微分與不定積分，大家都知道這二者在運算上是互逆的。本章將再說明微分與積分之關聯性，首先談定積分（definite integral）的意義。

定積分之定義

設函數 $y=f(x)$ 在 $[a,b]$ 區間為連續，現將此區間「等分」成 n 個小段：

$$a=x_0<x_1<\cdots<x_n=b$$

令 Δx 表每個小段之間隔，即 $\Delta x=x_i-x_{i-1}$，$i=1,2,\cdots,n$，現在於 $[x_{i-1},x_i]$ 區間上任取一點 ξ_i，則此 ξ_i 所對應之函數值（或稱高度）為 $f(\xi_i)$，如下圖所示：

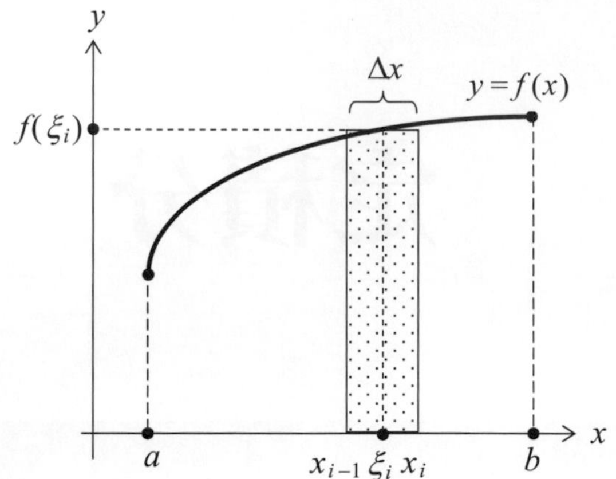

陰影區域面積可表為 $f(\xi_i)\Delta x$，依此步驟，由 $y=f(x)$、x 軸在區間 $[a,b]$ 所圍成面積乃由 n 個長方條形狀之面積疊加而成，即

$$面積 = \sum_{i=1}^{n} f(\xi_i)\Delta x$$

但上式之面積僅是一個近似值，欲得良好的準確值還要令 $n\to\infty$，意即將區間分割得很細直到無窮多等分可得

$$面積 = \underbrace{\lim_{n\to\infty}}_{取極限} \underbrace{\sum_{i=1}^{n}}_{求和} \underbrace{f(\xi_i)}_{取高} \underbrace{\Delta x}_{分割}$$

此式成為一個極限問題！因此有如下之定義：

定義

定積分

若 $\lim_{n\to\infty}\sum_{i=1}^{n} f(\xi_i)\Delta x$ 存在，則記為：

$$\lim_{n\to\infty}\sum_{i=1}^{n} f(\xi_i)\Delta x \equiv \int_a^b f(x)dx \cdots\cdots\cdots(1)$$

稱 $f(x)$ 在區間 $[a,b]$ 是可積分（integrable），其中 a 為此積分之下限（lower limit），b 為上限（upper limit）。有上、下限之積分稱為定積分。

由此定義可知有「定積分四部曲」：**分割、取高、求和、取極限**，(1) 式通常稱為黎曼積分（Riemann Integral），$\sum_{i=1}^{n} f(\xi_i)\Delta x$ 稱為黎曼和（Riemann Sum）。

但定積分若均以定義（分割、取高、求和、取極限）去求，顯然太麻煩了！故以上說明僅告訴我們定積分可以利用此觀念求得，後面會提出較快速與系統化的計算法。

因此定積分 $\int_a^b f(x)dx$ 的意義就是：函數 $y=f(x)$ 的圖形與 x 軸所圍成區域在區間 $[a,b]$ 的面積，如下圖所示：

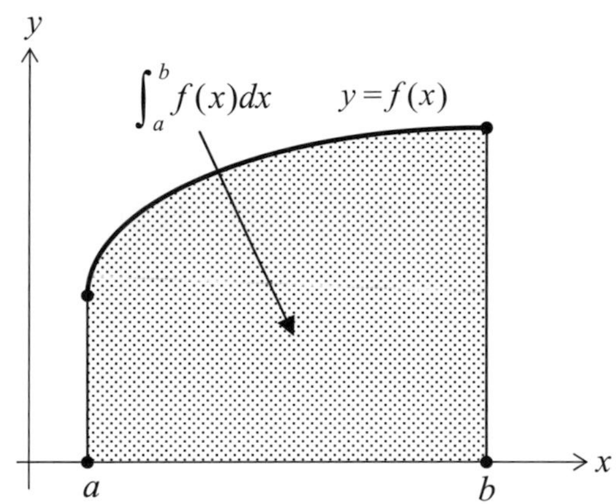

因為定積分的結果就是面積，因此利用這個觀念就可以說明如下的幾點事實。

定積分之觀念與規定

1. 顯然地，$\int_a^a f(x)dx=0$ ，因為無寬度，故其面積為 0。
2. $\int_a^b f(x)dx=-\int_b^a f(x)dx$ ，即上下限互換，其值變號。

   理由：$\int_a^b f(x)dx$ ，此式計算 dx 的方向由小到大 $(a\to b)$。

   $\int_b^a f(x)dx$ ，此式計算 dx 的方向由大到小 $(b\to a)$。

   故二者的 dx 相差一個負號！
3. $\int_a^b f(x)dx$ 之結果就是面積，已經是一個常數（數字！），因此已經與所選用的自變數符號無關，所以

   $\int_a^b f(x)dx=\int_a^b f(t)dt=\int_a^b f(\square)\,d\square$，$\square$ 可任填一個變數符號。

因此數學上稱此處之 x 或 t 為啞變數（dummy variable）。

4. 比較：$\begin{cases}\text{定積分：有上下限，結果為面積}\\ \text{不定積分：無上下限，又稱反導數}\end{cases}$，因此「定積分」與「不定積分」之差異只在積分區間！

5. 至於哪一種函數可以有定積分呢？條件很直覺又簡單：就是**連續**！只要函數 $f(x)$ 在 $[a,b]$ 上連續就可以了，這也是為何在本書前面要先說明連續的原因。

6. 所以極限是一個工具，可用來定義一個函數是否**連續**、是否**可微分**、是否**可定積分**。就如同是一把螺絲起子，可以修理筆電、也可以修理機車！

以下再談有名的「積分均值定理」，如同微分學中之微分均值定理一樣重要，也算是一個預備性的定理。

定理 積分均值定理

設 $f(x)$ 在 $[a,b]$ 上連續，則存在一數 $c\in(a,b)$，使得

$$\int_a^b f(x)dx = f(c)(b-a) \quad \cdots\cdots\cdots(2)$$

積分均值定理之幾何意義如下圖所示：

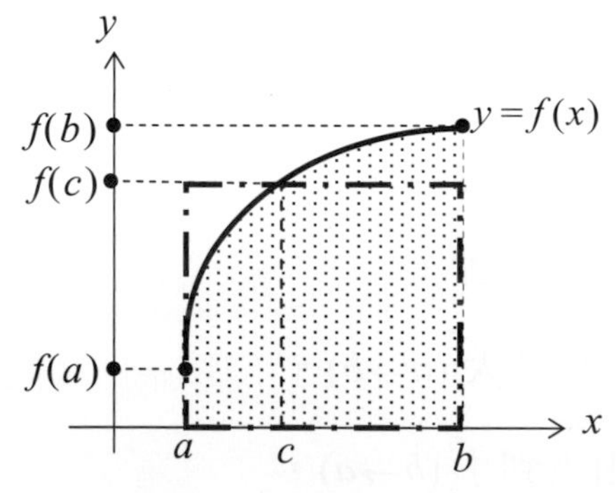

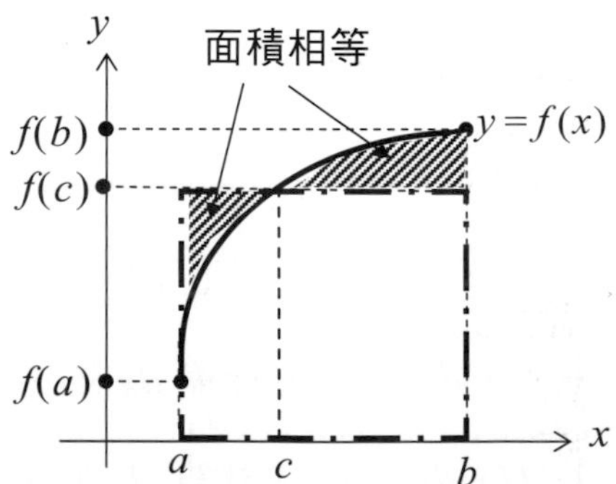

網點面積 $=\int_a^b f(x)dx$

矩形面積 $= f(c)(b-a)$

由圖形可以看出：總可以找到一數 c（類似挖東牆補西牆！），使得

$$\int_a^b f(x)dx = f(c)(b-a)$$

知 $f(c)$ 是：$f(x)$ 在區間 $[a,b]$ 之「**平均高度**」，因此有如下定義：

定義

函數的平均值 $\bar{f}$

$f(x)$ 在區間 $[a,b]$ 之平均值 $\bar{f}$ 為 $\bar{f} = \frac{1}{b-a}\int_a^b f(x)dx$。

接著要說明微積分基本定理，這個定理再配合反導數的觀念，就可系統化地解決計算定積分的問題，因此微積分基本定理是微積分最重要的定理。一般將微積分基本定理分為二部份說明較清楚，即微積分第一基本定理與微積分第二基本定理。

定理 微積分第一基本定理

設 $f(x)$ 在 $[a,b]$ 區間為連續，若 $F(x) = \int_a^x f(t)dt$ ，$x \in [a,b]$ ，則 $F'(x) = f(x)$ 。

說明：利用微分定義對 $F(x)$ 微分得：

$$\begin{aligned} F'(x) &= \lim_{h\to 0}\frac{F(x+h)-F(x)}{h} = \lim_{h\to 0}\frac{\int_a^{x+h} f(t)dt - \int_a^x f(t)dt}{h} \\ &= \lim_{h\to 0}\frac{\int_x^{x+h} f(t)dt}{h} = \lim_{h\to 0}\frac{f(c)(x+h-x)}{h} \\ &= \lim_{c\to x} f(c) = f(x) \end{aligned}$$

此定理之幾何意義如下圖所示：

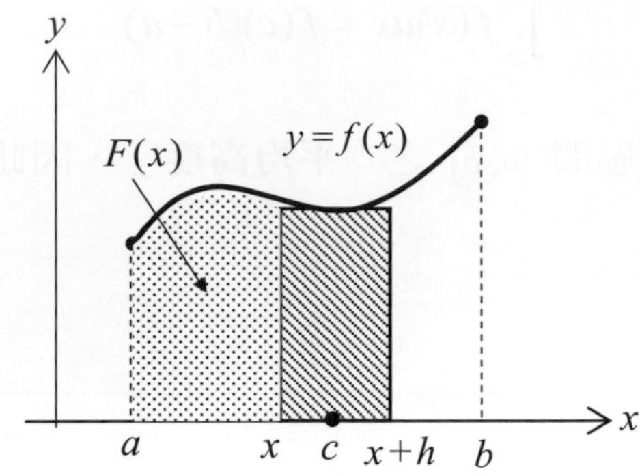

$F(x)=\int_a^x f(t)dt$ 乃網點部份之面積

$F(x+h)-F(x)=\int_x^{x+h} f(t)dt$ 乃斜線部份之面積

$\dfrac{F(x+h)-F(x)}{h}$ 即表示此斜線部份之「平均高度」，當 $h\to 0$ 時，此高度即可看出為 $f(x)$ 也！

注意：在此式 $F(x)=\int_a^x f(t)dt$ 中，t 稱為啞變數，且此式之外型「**不可寫**」為 $F(x)=\int_a^x f(x)dx$ ，切記！

定理　微積分第二基本定理

設 $f(x)$ 在 $[a,b]$ 上連續，且 $F'(x)=f(x)$ ，則

$$\int_a^b f(x)dx = F(b)-F(a) = F(x)\Big|_a^b$$

說明：引用微積分第一基本定理，直接代入得

$F(b)-F(a)=\int_a^b f(x)dx-\int_a^a f(x)dx=\int_a^b f(x)dx$ 。

若將微積分第一基本定理配合連鎖律，可推廣得到如下之結果：

定理 萊不尼茲（Leibnitz）微分法則

已知 $f(x)$ 為一個連續函數，且 $A(x)$ 、$B(x)$ 亦均可微分，若

$F(x)=\int_{A(x)}^{B(x)} f(t)dt$ ，則

$$F'(x)=f[B(x)]B'(x)-f[A(x)]\cdot A'(x)$$

說明：$\because F(x)=\int_{A(x)}^{B(x)} f(t)dt=\int_{A(x)}^{a} f(t)dt+\int_{a}^{B(x)} f(t)dt$

$=\int_{a}^{B(x)} f(t)dt-\int_{a}^{A(x)} f(t)dt$

$\therefore$ 由連鎖律知 $F'(x)=f[B(x)]\cdot B'(x)-f[A(x)]\cdot A'(x)$

口訣：代入變數，再乘變數微分。

萊不尼茲微分法則又可稱為「**積分符號內之微分法則**」，在相關的財務金融理論經常會用到。

觀念說明

1. 「微分」與「積分」間之橋樑為：

   微分 $\xleftrightarrow{\text{微積分基本定理}}$ 積分

   即欲求定積分 $\int_a^b f(x)dx$ 之值，則只要找到 $f(x)$ 之反導數 $F(x)$，則其積分值（定積分）即為 $F(b)-F(a)$ 。

2. $\int_a^b kf(x)dx=k\int_a^b f(x)dx$ ，k 為常數。

3. $\int_a^b [f(x)\pm g(x)]dx=\int_a^b f(x)dx\pm\int_a^b g(x)dx$ 。

4. $\int_a^b f(x)dx=\int_a^c f(x)dx+\int_c^b f(x)dx$，$a<c<b$，幾何意義如下：

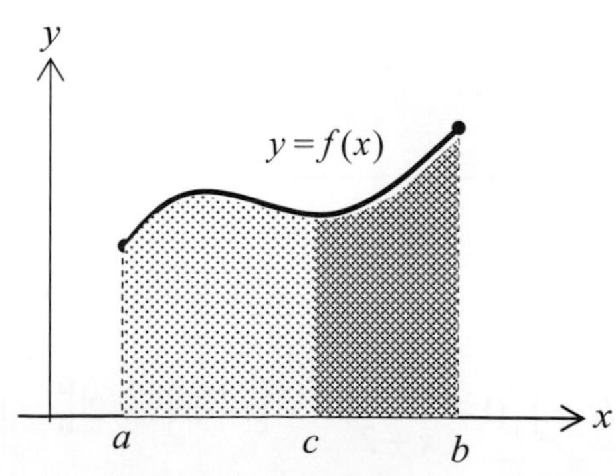

例題 1 平均值

求函數 $y=f(x)=x^2$ 在 $[0,1]$ 間之平均值。

解 $\bar{f}=\frac{1}{1-0}\int_0^1 x^2dx=\frac{1}{1}\left[\frac{1}{3}x^3\right]_0^1=\frac{1}{3}(1-0)=\frac{1}{3}$ 。■

牛刀小試

求函數 $y=f(x)=x-x^2$ 在 $[0,6]$ 間之平均值。

答：$\bar{f}=\frac{1}{6-0}\int_0^6(x-x^2)dx=\frac{1}{6}\left[\frac{1}{2}x^2-\frac{1}{3}x^3\right]_0^6=\frac{1}{6}(-54-0)=-9$ 。

例題 2

求 $\int_0^1\frac{1}{x+1}dx=?$

解 原式 $=\left[\ln|x+1|\right]_0^1=\ln 2-0=\ln 2$ 。■

牛刀小試

求 $\int_1^e(x+\frac{1}{x})dx=?$

答：原式 $=\left[\frac{1}{2}x^2+\ln|x|\right]_1^e=(\frac{1}{2}e^2+1)-\frac{1}{2}=\frac{e^2}{2}+\frac{1}{2}$ 。

例題 3

求 $\int_3^4\frac{x+1}{x+2}dx=?$

解 原式 $=\int_3^4\left(\frac{x+2-1}{x+2}\right)dx=\int_3^4(1-\frac{1}{x+2})dx=\left[x-\ln|x+2|\right]_3^4=1+\ln(\frac{5}{6})$ 。■

牛刀小試

求 $\int_1^2 \frac{3x-1}{3x}dx = ?$

答：原式 $= \int_1^2 \left(1-\frac{1}{3x}\right)dx = \left[x-\frac{1}{3}\ln|x|\right]_1^2 = (2-\frac{1}{3}\ln 2)-1 = 1-\frac{1}{3}\ln 2$。

例題 4

求 $\int_1^{16}(3\sqrt{x}+\frac{1}{\sqrt{x}})dx = ?$

解　原式 $= \left[2x^{3/2}+2\sqrt{x}\right]_1^{16} = 2(64+4)-2(1+1) = 132$。　■

牛刀小試

求 $\int_1^4 (4\sqrt{x}-3x\sqrt{x})dx = ?$

答：原式 $= \left[\frac{8}{3}x^{3/2}-\frac{6}{5}x^{5/2}\right]_1^4 = (-\frac{256}{15})-\frac{22}{15} = -\frac{278}{15}$。

例題 5

求 $\int_1^2 e^x dx = ?$

解　原式 $= \left[e^x\right]_1^2 = e^2 - e$。　■

牛刀小試

求 $\int_1^2 2^x dx = ?$

答：原式 $= \left[\frac{1}{\ln 2}2^x\right]_1^2 = \frac{2}{\ln 2}$。

例題 6

求 $\int_0^1 xe^x dx = ?$

解　利用速解法得原式 $=\left[(x-1)e^x\right]_0^1 = 0-(-1) = 1$。 ■

牛刀小試

求 $\int_0^2 x e^{x^2} dx = ?$

答：直接積分得原式$=\left[\frac{1}{2}e^{x^2}\right]_0^2 = \frac{1}{2}(e^4-1)$。

例題 7

求 $\int_1^2 x^3 \ln x dx = ?$

解　令 $u = \ln x$，$dv = x^3 dx$

$du = \frac{1}{x}dx$，$v = \frac{1}{4}x^4$

$$\therefore \int x^3 \ln x dx = \frac{1}{4}x^4 \ln x - \int \frac{1}{4}x^3 dx = \frac{1}{4}x^4 \ln x - \frac{1}{16}x^4 + c$$

故原式 $=\left[\frac{1}{4}x^4 \ln x - \frac{1}{16}x^4\right]_1^2 = 4\ln 2 - 1 + \frac{1}{16} = 4\ln 2 - \frac{15}{16}$。 ■

牛刀小試

求 $\int_1^e x \ln x dx = ?$

答：

令 $u = \ln x$，$dv = xdx$

$du = \frac{1}{x}dx$，$v = \frac{1}{2}x^2$

$$\therefore \int x \ln x dx = \frac{1}{2}x^2 \ln x - \int \frac{1}{2}xdx = \frac{1}{2}x^2 \ln x - \frac{1}{4}x^2 + c$$

故原式 $=\left[\frac{1}{2}x^2 \ln x - \frac{1}{4}x^2\right]_1^e = \frac{1}{2}e^2 - \frac{1}{4}e^2 + \frac{1}{4} = \frac{1}{4}e^2 + \frac{1}{4}$。

例題 8

求 $\int_2^3 \frac{1}{x(x-1)}dx = ?$

解 因為 $\frac{1}{x(x-1)} = \frac{-1}{x} + \frac{1}{x-1}$

故原式 $= \left[-\ln|x| + \ln|x-1|\right]_2^3 = \left[\ln\left|\frac{x-1}{x}\right|\right]_2^3 = \ln\frac{2}{3} - \ln\frac{1}{2} = \ln\frac{\frac{2}{3}}{\frac{1}{2}} = \ln\frac{4}{3}$。■

牛刀小試

求 $\int_0^2 \frac{x+7}{x^2-x-6}dx = ?$

答：因為 $\frac{x+7}{x^2-x-6} = \frac{2}{x-3} - \frac{1}{x+2}$

故原式 $= \left[2\ln|x-3| - \ln|x+2|\right]_0^2 = -\ln 2 - 2\ln 3 = -\ln 18$。

例題 9

求 $\int_0^1 \frac{x}{\sqrt{x^2+1}}dx = ?$

解 令 $u = 1+x^2$ ，則 $du = 2xdx$

當 $x=0$ 時，$u=1$；當 $x=1$ 時，$u=2$

即進行變數代換時，積分的上限、下限要跟著換！

$\therefore$ 原式 $= \int_0^1 \frac{x}{\sqrt{x^2+1}}dx = \int_1^2 \frac{1}{\sqrt{u}}\frac{du}{2} = \left[\sqrt{u}\right]_1^2 = \sqrt{2}-1$。■

牛刀小試

求 $\int_1^2 \frac{x^3}{\sqrt{x^4+1}} dx = ?$

答：令 $u = x^4 + 1$，則 $du = 4x^3 dx$

當 $x = 1$ 時，$u = 2$；當 $x = 2$ 時，$u = 17$

即進行變數代換時，積分的上限、下限要跟著換！

$\therefore$ 原式 $= \int_1^2 \frac{x^3}{\sqrt{x^4+1}} dx = \int_2^{17} \frac{1}{\sqrt{u}} \frac{du}{4} = \left[\frac{1}{2}\sqrt{u}\right]_2^{17} = \frac{1}{2}\left(\sqrt{17} - \sqrt{2}\right)$。

例題 10

若 $\int_1^5 f(x)dx = 12$，$\int_4^5 f(x)dx = 3.6$，求 $\int_1^4 f(x)dx = ?$

解 $\int_1^4 f(x)dx = \int_1^5 f(x)dx - \int_4^5 f(x)dx = 12 - 3.6 = 8.4$。 ■

牛刀小試

若 $\int_1^4 f(x)dx = 8$，$\int_3^4 f(x)dx = 2.7$，求 $\int_1^3 f(x)dx = ?$

答：$\int_1^3 f(x)dx = \int_1^4 f(x)dx - \int_3^4 f(x)dx = 8 - 2.7 = 5.3$ 。

例題 11

求 $\frac{d}{dx}\int_1^x e^{t^2} dt = ?$

解 原式 $= e^{x^2} \cdot 1 = e^{x^2}$。 ■

牛刀小試

求 $\dfrac{d}{dx}\int_1^{x^3}(2t-1)dt=?$

答：原式 $=3x^2(2x^3-1)$ 。

例題 12

求 $\dfrac{d}{dx}\int_1^{x^2}e^{t^3}dt=?$

解 原式 $=e^{(x^2)^3}\cdot 2x=2xe^{x^6}$ 。 ■

牛刀小試

求 $\dfrac{d}{dx}\int_1^{\frac{1}{x}}\dfrac{1}{1+t^2}dt=?$

答：原式 $=\dfrac{1}{1+(\frac{1}{x})^2}\cdot(-\dfrac{1}{x^2})=-\dfrac{1}{x^2+1}$ 。

例題 13

求 $\dfrac{d}{dx}\left(\int_{x^2}^{x^3}\sqrt{t^4+1}dt\right)=?$

解 原式 $=3x^2\sqrt{x^{12}+1}-2x\sqrt{x^8+1}$ 。 ■

牛刀小試

求 $\dfrac{d}{dx}\left(\int_{x^2}^{x^3}\sqrt{t^3+1}dt\right)=?$

答：原式 $=3x^2\sqrt{x^9+1}-2x\sqrt{x^6+1}$ 。

例題 14

若 $F(x)=\int_{x}^{x^2}\sqrt{1+t^3}dt$，求 $F'(1)=?$

解 $F'(x)=2x\sqrt{1+x^6}-\sqrt{1+x^3}$，計算得 $F'(1)=2\sqrt{2}-\sqrt{2}=\sqrt{2}$。 ■

牛刀小試

若 $F(x)=\int_{x^2}^{x^3}\sqrt{1+t^2}dt$，求 $F'(1)=?$

答：$F'(x)=3x^2\sqrt{1+x^6}-2x\sqrt{1+x^4}$，計算得 $F'(1)=3\sqrt{2}-2\sqrt{2}=\sqrt{2}$。

習題 6-1

1. 求函數 $y=f(x)=\dfrac{1}{(x-4)^2}$ 在 $[0,3]$ 間之平均值。
2. 求函數 $y=\sqrt{x}$ 在 $[0, 4]$ 間之平均值。
3. $\int_0^2(2x+x^2)dx=?$
4. $\int_0^2(3x^2+x-5)dx=?$
5. $\int_0^1\dfrac{1}{x+1}dx=?$
6. $\int_2^3\dfrac{1}{(x-1)^2}dx=?$
7. $\int_{-1}^4\sqrt{x+5}dx=?$
8. $\int_0^2\dfrac{\log_2(x+2)}{x+2}dx=?$
9. $\int_0^2x^2\sqrt{x^3+1}dx=?$
10. $\int_0^2x\sqrt{4x^2+9}dx=?$
11. $\int_1^4\dfrac{5^{\sqrt{x}}}{\sqrt{x}}dx=?$
12. $\int_2^e x^2\ln xdx=?$

13. $\int_1^e \frac{(\ln x)^4}{x} dx = ?$

14. $\int_1^8 \frac{x^{1/3}}{5+x^{4/3}} dx = ?$

15. $\int_0^1 \frac{1}{x^2+4x+3} dx = ?$

16. $\int_0^1 \frac{x^3+1}{\sqrt{x^4+4x+4}} dx = ?$

17. $\int_1^3 \frac{2x^2+12x}{\sqrt[3]{x^3+9x^2+17}} dx = ?$

18. $\int_2^3 \frac{x^4-4}{x^2-1} dx = ?$

19. $\int_1^2 \left[e^{4x} - \frac{1}{(x+1)^2} \right] dx = ?$

20. $\int_9^{25} \frac{\sqrt{x}}{x-4} dx = ?$

21. $\frac{d}{dx}\int_x^{x^2} e^{t^2} dt = ?$

22. $\frac{d}{dx}\left(\int_{-x^2}^{x} \frac{t^2}{1+t^2} dt \right) = ?$

6-2 特殊函數之定積分

本節將探討一些特殊函數（奇函數、偶函數、條件函數）之定積分，計算上並非靠積分技巧，都藉由另類思考，現分類說明如下：

1. 設 $f(x)$ 為奇函數，即 $f(x) = -f(-x)$ ，則 $\int_{-a}^{a} f(x)dx = 0$

說明：$\because \int_{-a}^{0} f(x)dx = -\int_{a}^{0} f(-t)dt$（$x = -t$）

$$= \int_a^0 f(t)dt$$

$$= -\int_0^a f(t)dt$$

$\therefore \int_{-a}^{a} f(x)dx = 0$ ，此結果繪圖如下：

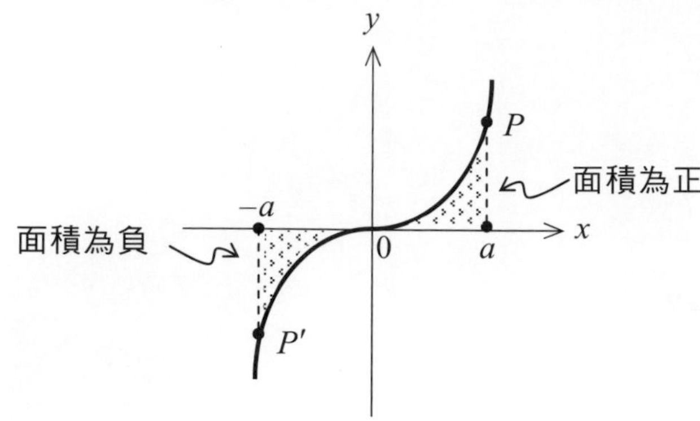

2. 設 $f(x)$ 為偶函數，即 $f(x) = f(-x)$ ，則 $\int_{-a}^{a} f(x)dx = 2\int_{0}^{a} f(x)dx$

說明：$\because \int_{-a}^{0} f(x)dx = -\int_{a}^{0} f(-t)dt$（$x = -t$）

$$= -\int_{a}^{0} f(t)dt$$

$$= \int_{0}^{a} f(t)dt$$

$$\therefore \int_{-a}^{a} f(x)dx = 2\int_{0}^{a} f(x)dx$$

此結果繪圖如下：

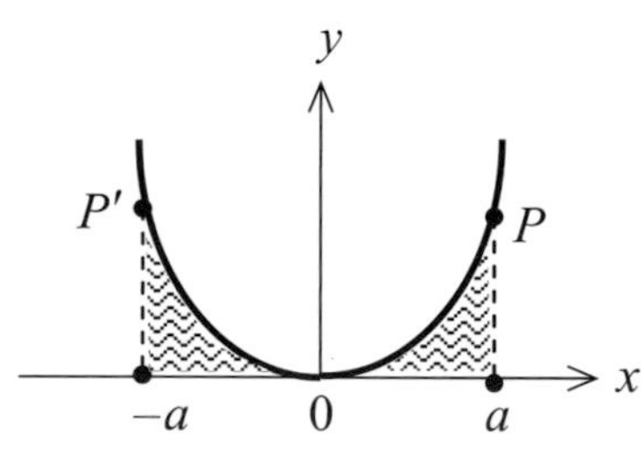

3. 遇條件型函數、絕對值函數，須討論特殊點再分段積分。

例題 1

求 $\int_{-2}^{2} x\sqrt{4 + x^2}\,dx = ?$

解　因為 $x\sqrt{4 + x^2}$ 是奇函數，故原式 = 0。 ■

牛刀小試

求 $\int_{-2}^{2} x^3\sqrt{5x^6+7}dx = ?$

答：因為 $x^3\sqrt{5x^6+7}$ 是奇函數，故原式 $= 0$。

例題 2

求 $\int_{-2}^{2} x^2 dx = ?$

解　因為 x^2 是偶函數，故原式 $=\int_{-2}^{2} x^2 dx = 2\int_{0}^{2} x^2 dx = 2\left[\frac{1}{3}x^3\right]_0^2 = \frac{16}{3}$。■

牛刀小試

求 $\int_{-2}^{2} (x^4+1)dx = ?$

答：因為 x^4+1 是偶函數

故原式 $=\int_{-2}^{2} (x^4+1)dx = 2\int_{0}^{2} (x^4+1)dx = 2\left[\frac{1}{5}x^5 + x\right]_0^2 = \frac{84}{5}$。

例題 3 善用奇偶

求 $\int_{-1}^{1} (x^2-x-1)dx = ?$

解　先將 x^2-x-1 分割為奇、偶函數再積分會較快，故

$$\text{原式} = \int_{-1}^{1}(x^2-x-1)dx = \underbrace{\int_{-1}^{1}(x^2-1)dx}_{\text{偶函數}} + \underbrace{\int_{-1}^{1}(-x)dx}_{\text{奇函數}}$$

$$= 2\int_{0}^{1}(x^2-1)dx + 0$$

$$= 2\left[\frac{1}{3}x^3 - x\right]_0^1 = -\frac{4}{3}$$ 。■

牛刀小試

求 $\int_{-2}^{2}(x^2-x+1)dx=?$

答：$\int_{-2}^{2}(x^2-x+1)dx=\int_{-2}^{2}(x^2+1)dx+\int_{-2}^{2}(-x)dx=2\int_{0}^{2}(x^2+1)dx+0$

$=2\left[\frac{1}{3}x^3+x\right]_0^2=\frac{28}{3}$ 。

例題 4

設 $f(x)=\begin{cases}x, & x<1\\ x-1, & x\geq 1\end{cases}$，求 $\int_0^2 x^2 f(x)dx=?$

解　由題意看出 $x=1$ 是分段點，故

原式 $=\int_0^1 x^2\cdot xdx+\int_1^2 x^2\cdot(x-1)dx=\left[\frac{1}{4}x^4\right]_0^1+\left[\frac{1}{4}x^4-\frac{1}{3}x^3\right]_1^2$

$=\frac{1}{4}+\frac{17}{12}=\frac{5}{3}$ 。 ■

牛刀小試

設 $f(x)=\begin{cases}x^2+1, & 0<x<2\\ x+3, & x\geq 2\end{cases}$，求 $\int_0^4 f(x)dx=?$

答：$\int_0^4 f(x)dx=\int_0^2(x^2+1)dx+\int_2^4(x+3)dx=\left[\frac{1}{3}x^3+x\right]_0^2+\left[\frac{1}{2}x^2+3x\right]_2^4$

$=\frac{14}{3}+12=\frac{50}{3}$ 。

例題 5

求 $\int_{-1}^{6}|x-2|dx=?$

解 由 $|x-2|=\begin{cases}2-x, & x\le 2\\ x-2, & x\ge 2\end{cases}$，因此 $x=2$ 是分段點，故

$$\text{原式}=\int_{-1}^{2}(2-x)dx+\int_{2}^{6}(x-2)dx$$

$$=\left[2x-\frac{1}{2}x^2\right]_{-1}^{2}+\left[\frac{1}{2}x^2-2x\right]_{2}^{6}$$

$$=\frac{9}{2}+8$$

$$=\frac{25}{2}\text{。} \quad ■$$

牛刀小試

求 $\int_{1}^{4}|x-3|dx=?$

答：由 $|x-3|=\begin{cases}3-x, & x\le 3\\ x-3, & x\ge 3\end{cases}$，因此 $x=3$ 是分段點，故

$$\text{原式}=\int_{1}^{3}(3-x)dx+\int_{3}^{4}(x-3)dx=\left[3x-\frac{1}{2}x^2\right]_{1}^{3}+\left[\frac{1}{2}x^2-3x\right]_{3}^{4}$$

$$=2+\frac{1}{2}=\frac{5}{2}\text{。}$$

習題 6-2

1. $\int_{-2}^{2}x\sqrt{4x^4+5}dx=?$
2. $\int_{-1}^{1}\frac{x}{\sqrt{x^2+4}}dx=?$
3. $\int_{-3}^{3}(x^2+1)dx=?$
4. 設 $f(x)=\begin{cases}-x^2+6, & 0<x<1\\ x+4, & x\ge 1\end{cases}$，求 $\int_{0}^{2}f(x)dx=?$
5. $\int_{0}^{3}\left|x^2-4\right|dx=?$
6. $\int_{1}^{4}\left(2-|x-2|\right)dx=?$
7. $\int_{-1}^{1}|x(x-1)|dx=?$

★6-3 近似積分法

雖然連續函數之「定積分」必定存在，但許多函數之「反導數」卻不易求，就無法算出其定積分，因此有必要發展「近似積分法」，本節共說明二種方法如下：

第一法：梯形法則

如下圖所示：

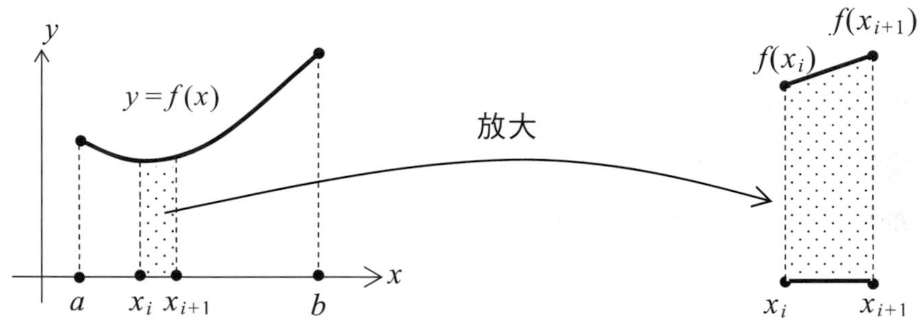

欲計算 $\int_a^b f(x)dx$ 之值，將區間 $[a,b]$ 平分為 n 等分，則等分之寬度為 $h=\dfrac{b-a}{n}$，形狀為梯形，因此第 i 個梯形之面積為：

$$\int_{x_i}^{x_{i+1}} f(x)dx \approx \frac{f(x_i)+f(x_{i+1})}{2}\cdot\frac{b-a}{n}=\frac{(b-a)\left[f(x_i)+f(x_{i+1})\right]}{2n}$$

令 $a \equiv x_0$，$b \equiv x_n$，則

$$\int_a^b f(x)dx \approx \frac{b-a}{2n}\{[f(x_0)+f(x_1)]+[f(x_1)+f(x_2)]+\cdots+[f(x_{n-1})+f(x_n)]\}$$

$$=\frac{b-a}{2n}[f(x_0)+2f(x_1)+2f(x_2)+\cdots+2f(x_{n-2})+2f(x_{n-1})+f(x_n)]$$

$$=\frac{h}{2}[f(x_0)+2f(x_1)+2f(x_2)+\cdots+2f(x_{n-2})+2f(x_{n-1})+f(x_n)]$$

其中 $h=\dfrac{b-a}{n}$：等分間距

記法：
$$\frac{h}{2}\begin{Bmatrix} 1+1 & & & & \\ & 1+1 & & & \\ & & \ddots & & \\ & & & 1+1 & \\ & & & & 1+1 \end{Bmatrix}$$

$$=\frac{h}{2}\left[f(x_0)+2f(x_1)+2f(x_2)+\cdots+2f(x_{n-2})+2f(x_{n-1})+f(x_n)\right]$$

第二法：辛普生法則

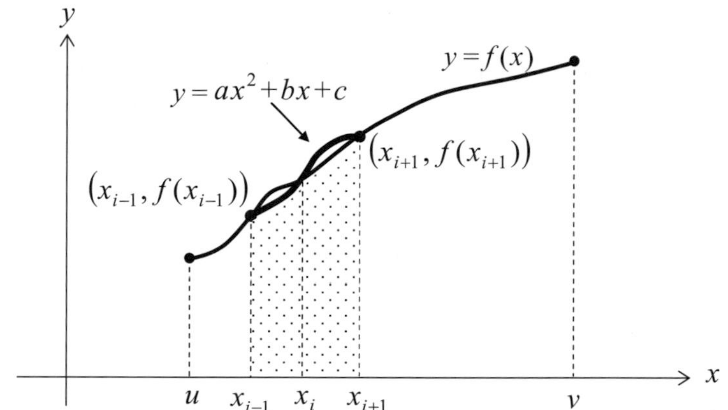

辛普生法則（Simpson rule）之原理乃是：**將每一小段皆以「二次曲線」來近似！**現取區間 $[x_{i-1},x_{i+1}]$，設想有一個二次曲線 $y=ax^2+bx+c$ 正好通過 $(x_{i-1},f(x_{i-1}))$，$(x_i,f(x_i))$，$(x_{i+1},f(x_{i+1}))$ 此三點，因此有：

$$ax_{i-1}^2+bx_{i-1}+c=f(x_{i-1})\cdots\cdots\cdots\cdots(1)$$
$$ax_i^2+bx_i+c=f(x_i)\cdots\cdots\cdots\cdots\cdots\cdots(2)$$
$$ax_{i+1}^2+bx_{i+1}+c=f(x_{i+1})\cdots\cdots\cdots\cdots(3)$$

則此一區域之面積為：

$$\int_{x_{i-1}}^{x_{i+1}}(ax^2+bx+c)dx=\frac{a}{3}(x_{i+1}^3-x_{i-1}^3)+\frac{b}{2}(x_{i+1}^2-x_{i-1}^2)+c(x_{i+1}-x_{i-1})$$
$$=\frac{x_{i+1}-x_{i-1}}{6}\left[2a(x_{i+1}^2+x_{i+1}x_{i-1}+x_{i-1}^2)+3b(x_{i+1}+x_{i-1})+6c\right]$$

令 $x_{i+1}-x_{i-1}=2h$，其中 $h=\dfrac{v-u}{n}$：等分間距

即 $x_{i+1}=x_i+h$，$x_{i-1}=x_i-h$，將上式全部以 h 與 x_i 取代得

$$\int_{x_{i-1}}^{x_{i+1}}(ax^2+bx+c)dx=\frac{h}{3}\left[a(6x_i^2+2h^2)+6bx_i+6c\right]\cdots\cdots\cdots(4)$$

而 (1)+4×(2)+(3) 得

$$f(x_{i-1})+4f(x_i)+f(x_{i+1})=a(6x_i^2+2h^2)+6bx_i+6c\cdots\cdots\cdots(5)$$

比較 (4)、(5) 二式即知 $\int_{x_{i-1}}^{x_{i+1}}(ax^2+bx+c)dx=\frac{h}{3}\{f(x_{i-1})+4f(x_i)+f(x_{i+1})\}$

令 $u\equiv x_0$，$v\equiv x_n$，則

$$\begin{aligned}\int_u^v f(x)dx&=\frac{h}{3}\{[f(x_0)+4f(x_1)+f(x_2)]+[f(x_2)+4f(x_3)+f(x_4)]+\cdots\\&\quad+[f(x_{n-4})+4f(x_{n-3})+f(x_{n-2})]+[f(x_{n-2})+4f(x_{n-1})+f(x_n)]\}\\&=\frac{h}{3}[f(x_0)+4f(x_1)+2f(x_2)+\cdots+2f(x_{n-2})+4f(x_{n-1})+f(x_n)]\end{aligned}$$

且 n 必須為偶數（因為一次算二個面積）。

註明：辛普生法則之理論較複雜，僅供有興趣的同學參考！

記法：$\frac{h}{3}\left\{\begin{matrix}1+4+1 & & & & & & \\ & 1+4+1 & & & & & \\ & & 1+4+1 & & & & \\ & & & \ddots & & & \\ & & & & 1+4+1 & & \\ & & & & & 1+4+1 & \\ & & & & & & 1+4+1\end{matrix}\right\}$

$$=\frac{h}{3}[f(x_0)+4f(x_1)+2f(x_2)+\cdots+2f(x_{n-2})+4f(x_{n-1})+f(x_n)]$$

觀念說明

1. 梯形法則屬於一次（直線）近似，辛普生法則屬於二次（拋物線）近似，故對一函數而言，取相同的等分，則辛普生法則較梯形法則準確。
2. 無論梯形法則或辛普生法則，都屬於「等間距」積分，即「**間隔取得愈細所得之面積愈精確**」！

例題 1

以梯形法則，取等分數 $n=4$、$n=8$ 分別求 $\int_0^1 e^x dx$ 之近似值到小數點以下第四位。

解　真解為 $\left[e^x\right]_0^1 = e-1 \approx 1.718282$，此值可以拿來比較！

[梯形法則] 四等分，則 $x=0,\ \frac{1}{4},\ \frac{2}{4},\ \frac{3}{4},\ 1$，間距為 $\frac{1-0}{4}=\frac{1}{4}$

$$\text{原式} \approx \frac{\frac{1}{4}}{2}\left[1\cdot e^0 + 2\cdot e^{1/4} + 2\cdot e^{2/4} + 2\cdot e^{3/4} + 1\cdot e^1\right] = 1.72721 \text{。}$$

[梯形法則] 八等分，則 $x=0, \frac{1}{8}, \frac{2}{8}, \frac{3}{8}, \frac{4}{8}, \frac{5}{8}, \frac{6}{8}, \frac{7}{8}, 1$，間距為 $\frac{1-0}{8}=\frac{1}{8}$

$$\text{原式} \approx \frac{\frac{1}{8}}{2}\left[1\cdot e^0 + 2\cdot e^{1/8} + 2\cdot e^{2/8} + 2\cdot e^{3/8} + 2\cdot e^{4/8} + 2\cdot e^{5/8} + 2\cdot e^{6/8} + 2\cdot e^{7/8} + 1\cdot e^1\right]$$

$$= 1.718319 \text{。}$$

我們發現：等分愈細，梯形法則愈準確！ ■

牛刀小試

利用梯形法則求 $\int_0^1 e^{-x^2} dx$ 之近似值 $(n=4)$ 到小數以下第四位。

答：[梯形法則] 四等分，則 $x=0,\ \frac{1}{4},\ \frac{2}{4},\ \frac{3}{4},\ 1$，間距為 $\frac{1-0}{4}=\frac{1}{4}$

$$\text{原式} \approx \frac{\frac{1}{4}}{2}\left[1\cdot e^{-0^2} + 2\cdot e^{-(0.25)^2} + 2\cdot e^{-(0.5)^2} + 2\cdot e^{-(0.75)^2} + 1\cdot e^{-1}\right]$$

$$= 0.7430 \text{。}$$

例題 2

以辛普生法則取 $n=4$ 求 $\int_0^1 e^x dx$ 之近似值到小數點以下第四位。

解

[辛普生法則]四等分，則 $x=0,\ \frac{1}{4},\ \frac{2}{4},\ \frac{3}{4},\ 1$，間距為 $\frac{1-0}{4}=\frac{1}{4}$

$$原式 \approx \frac{\frac{1}{4}}{3}\left[1\cdot e^0+4\cdot e^{1/4}+2\cdot e^{2/4}+4\cdot e^{3/4}+1\cdot e^1\right]$$

$$=1.718284。$$ ■

牛刀小試

利用辛普生法則求 $\int_1^2 \frac{1}{x}dx$ 之近似值（$n=10$）。

答：

[辛普生法則] 10 等分，則

$$原式 \approx \frac{0.1}{3}\left[1+4\cdot\frac{1}{1.1}+2\cdot\frac{1}{1.2}+4\cdot\frac{1}{1.3}+2\cdot\frac{1}{1.4}+4\cdot\frac{1}{1.5}+2\cdot\frac{1}{1.6}+4\cdot\frac{1}{1.7}+2\cdot\frac{1}{1.8}+4\cdot\frac{1}{1.9}+1\cdot\frac{1}{2}\right]$$

$$=\frac{0.1}{3}(20.7945)=0.69315。$$

例題 3

以辛普生法則求下圖之小島面積？單位為百米，橫向間距為 100 米。

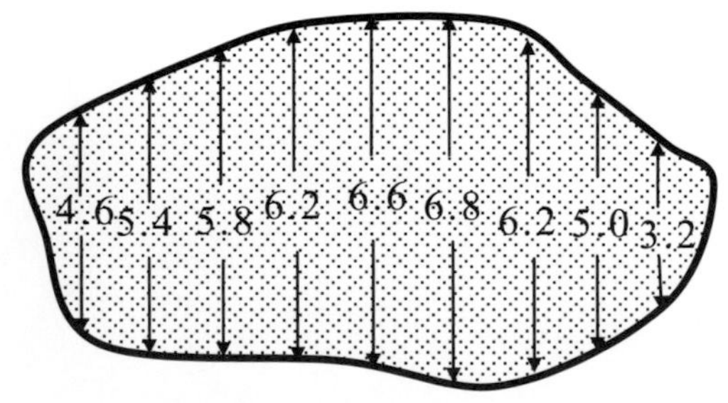

解 由圖形看出分成 10 等分，間距為 100 米，故面積

$$\approx \frac{100}{3}\times 100[1\cdot 0+4\cdot(4.6)+2\cdot(5.4)+4\cdot(5.8)+2\cdot(6.2)+4\cdot(6.6)+2\cdot(6.8)$$
$$+4\cdot(6.2)+2\cdot(5.0)+4\cdot(3.2)+1\cdot 0]$$
$$=508000\ \text{m}^2。$$ ■

習題 6-3

1. 將 [2,8] 六等分，以梯形法則求 $\int_2^8 \frac{1}{\sqrt{3+x^2}}dx$ 之值到小數以下第四位。
2. 利用辛普生法則求 $\int_0^1 \sqrt{1+x^2}dx$ 之近似值 ($n=4$) 到小數以下第四位。
3. 以辛普生法則求下圖之水池面積？單位為米，橫向間距為 2 米。

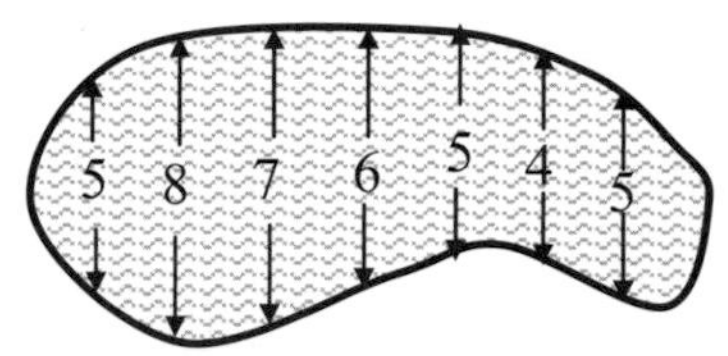

★6-4 瑕積分

什麼是瑕積分（improper integral）呢？若只看「improper integral」之英文字義，其實很容易誤解瑕積分之涵義，以為是不正確的積分，其實所謂「improper」之意義乃指：**「不滿足黎曼和積分定義步驟（即分割、取高、求和、取極限）的積分也」**，最常見的為「**積分區間**」之上下限為無限大，因為當上下限中只要有一個為無限大時，即使將分割數取很多，其間距還是很大！因此必須要有變通的做法如下：

1. 瑕積分 $\int_a^\infty f(x)dx$

   將此式定義為 $\int_a^\infty f(x)dx \equiv \lim_{t\to\infty}\int_a^t f(x)dx$

   即已將瑕積分當成極限來處理，因此：

   若 $\lim_{t\to\infty}\int_a^t f(x)dx$ 存在，則 $\int_a^\infty f(x)dx$ 存在。

   若 $\lim_{t\to\infty}\int_a^t f(x)dx$ 不存在，則 $\int_a^\infty f(x)dx$ 不存在。

2. 瑕積分 $\int_{-\infty}^{b} f(x)dx$

將此式定義為 $\int_{-\infty}^{b} f(x)dx \equiv \lim\limits_{s\to-\infty}\int_{s}^{b} f(x)dx$

即已將瑕積分當成極限來處理，因此：

若 $\lim\limits_{s\to-\infty}\int_{s}^{b} f(x)dx$ 存在，則 $\int_{-\infty}^{b} f(x)dx$ 存在。

若 $\lim\limits_{s\to-\infty}\int_{s}^{b} f(x)dx$ 不存在，則 $\int_{-\infty}^{b} f(x)dx$ 不存在。

3. 瑕積分 $\int_{-\infty}^{\infty} f(x)dx$

將此式定義為 $\int_{-\infty}^{\infty} f(x)dx \equiv \lim\limits_{s\to-\infty}\int_{s}^{a} f(x)dx + \lim\limits_{t\to\infty}\int_{a}^{t} f(x)dx$

即已將瑕積分當成極限來處理，因此：

若此二極限式「分別」存在，則稱 $\int_{-\infty}^{\infty} f(x)dx$ 存在。

若此二極限式「只要有一個」不存在，則稱 $\int_{-\infty}^{\infty} f(x)dx$ 不存在。

亦即已將瑕積分當成極限來處理，利用極限來判斷瑕積分是否存在。

例題 1

判定 $\int_{0}^{\infty} e^{-x}dx$ 之瑕積分存在與否？

解

$$\begin{aligned}
&\int_{0}^{\infty} e^{-x}dx \\
&= \lim_{t\to\infty}\int_{0}^{t} e^{-x}dx \\
&= \lim_{t\to\infty}\left[-e^{-x}\right]_{0}^{t} \\
&= \lim_{t\to\infty}\left[-e^{-t}-(-1)\right] \\
&= 1
\end{aligned}$$

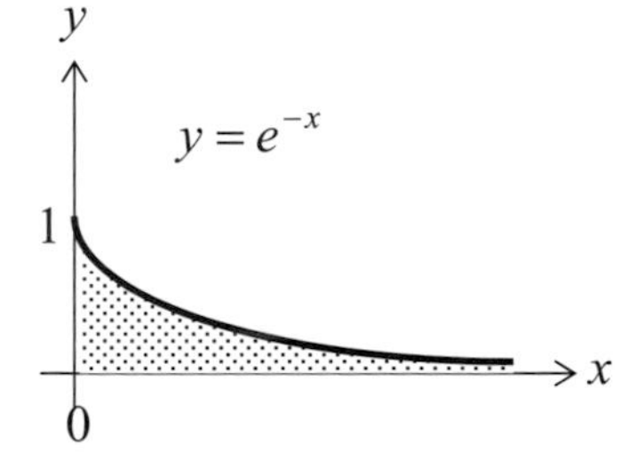

故瑕積分存在，且其值為 1，幾何意義如右圖所示。 ■

例題 2

判定 $\int_0^{\infty} xdx$ 之瑕積分存在與否？

解 $\int_0^{\infty} xdx$

$=\lim\limits_{t\to\infty}\int_0^{t} xdx$

$=\lim\limits_{t\to\infty}\left[\dfrac{1}{2}x^2\right]_0^t$

$=\lim\limits_{t\to\infty}\left[\dfrac{1}{2}t^2-0\right]$

= 不存在，幾何意義如右圖所示。 ■

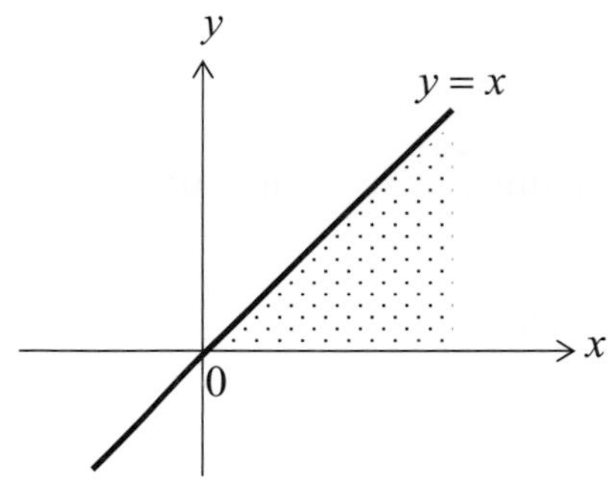

例題 3

判定 $\int_{-\infty}^{\infty} e^{-x}dx$ 之瑕積分存在與否？

解 $\int_{-\infty}^{\infty} e^{-x}dx$

$=\lim\limits_{s\to-\infty}\int_s^0 e^{-x}dx+\lim\limits_{t\to\infty}\int_0^t e^{-x}dx$

$=\lim\limits_{s\to-\infty}\left[-e^{-x}\right]_s^0+\lim\limits_{t\to\infty}\left[-e^{-x}\right]_0^t$

$=\lim\limits_{s\to-\infty}\left[(-1)-(-e^{-s})\right]+\lim\limits_{t\to\infty}\left[-e^{-t}-(-1)\right]$

其中 $\lim\limits_{s\to-\infty}\left[(-1)-(-e^{-s})\right]=\infty$

故瑕積分不存在，幾何意義如右圖所示。 ■

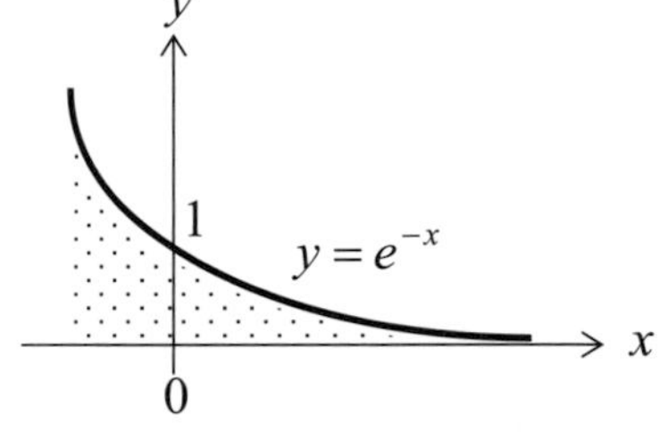

例題 4

判定 $\int_{-\infty}^{\infty} x dx$ 之瑕積分存在與否？

解 $\int_{-\infty}^{\infty} x dx$

$$= \lim_{s \to -\infty} \int_{s}^{0} x dx + \lim_{t \to \infty} \int_{0}^{t} x dx$$

$$= \lim_{s \to -\infty} \left[\frac{1}{2} x^2 \right]_{s}^{0} + \lim_{t \to \infty} \left[\frac{1}{2} x^2 \right]_{0}^{t}$$

$$= \lim_{s \to -\infty} \left[0 - \frac{1}{2} s^2 \right] + \lim_{t \to \infty} \left[\frac{1}{2} t^2 - 0 \right]$$

其中 $\lim_{s \to -\infty} \left[0 - \frac{1}{2} s^2 \right] = -\infty$

故瑕積分不存在，幾何意義如右圖所示。 ■

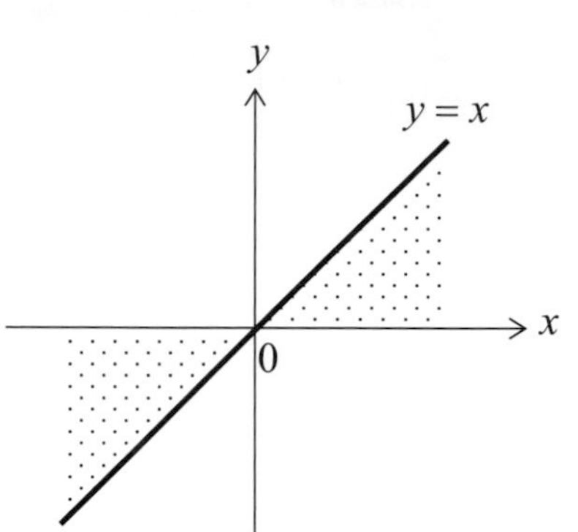

注意：不要將積分正負抵消！

習題 6-4

1. $\int_{0}^{\infty} e^{-2x} dx = ?$

2. $\int_{0}^{\infty} x e^{-x^2} dx = ?$

3. $\int_{-\infty}^{0} x e^{x} dx = ?$

4. $\int_{-\infty}^{\infty} x e^{-x^2} dx = ?$

5. $\int_{0}^{\infty} \frac{1}{x+1} dx = ?$

6. $\int_{e}^{\infty} \frac{1}{x(\ln x)^3} dx = ?$

7. $\int_{7}^{\infty} \frac{1}{(x-5)^2} dx = ?$

習題解答

6-1

1. $\frac{1}{4}$
2. $\frac{4}{3}$
3. $\frac{20}{3}$
4. 0
5. ln 2
6. $\frac{1}{2}$
7. $\frac{38}{3}$
8. $\frac{3}{2}\ln 2$
9. $\frac{52}{9}$
10. $\frac{49}{6}$
11. $\frac{40}{\ln 5}$
12. $\frac{2}{9}e^3-\frac{8}{3}\ln 2+\frac{8}{9}$
13. $\frac{1}{5}$
14. $\frac{3}{4}\ln(\frac{7}{2})$
15. $\frac{1}{2}\ln\frac{3}{2}$
16. $\frac{1}{2}$
17. 16
18. $\frac{22}{3}+\frac{3}{2}\ln\frac{2}{3}$
19. $\frac{1}{4}(e^8-e^4)-\frac{1}{6}$
20. $4+2\ln\frac{15}{7}$
21. $e^{x^4}\cdot 2x-e^{x^2}$
22. $\frac{x^2}{1+x^2}-\frac{x^4}{1+x^4}\cdot(-2x)$

6-2

1. 0
2. 0
3. 24
4. $\frac{67}{6}$
5. $\frac{23}{3}$
6. $\frac{7}{2}$
7. 1

6-3

1. 1.2558
2. 1.1478
3. 80 m^2

6-4

1. $\frac{1}{2}$
2. $\frac{1}{2}$
3. -1
4. 0
5. 不存在
6. $\frac{1}{2}$
7. $\frac{1}{2}$

開心笑園

生曰：「學完第六章以後，我已經可以把任意外型的函數積分都踩在腳下了！因為積分只有三步曲：**相乘、相加、取極限**」

師曰：「沒錯！但記得積不出來時要會看書後附錄的積分表！」

7 定積分之應用

本章大綱：

§ 7-1 直角坐標下之面積

★ § 7-2 旋轉體之體積

★ § 7-3 定積分在商學之應用

學習目標：

1. 瞭解直角坐標下如何求區域之面積
2. 熟悉圓盤法求旋轉體之體積
3. 熟悉墊圈法求中空旋轉體之體積
4. 熟悉定積分在商學之應用

本章主要說明定積分的四種應用：

1. 區域面積
2. 旋轉體之體積
3. 商學之消費者剩餘、生產者剩餘
4. 現金流

7-1 直角坐標下之面積

1. 曲線 $y=f(x)$ 與 x 軸所圍成區域之面積

   如右圖所示之區域，其面積 A 為：

   $$A=\int_a^b f(x)dx$$

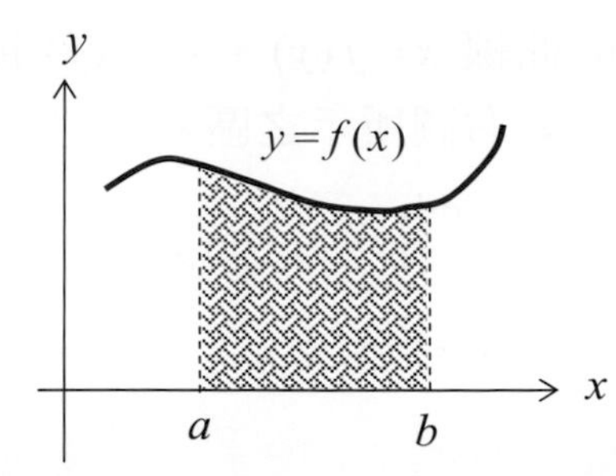

2. 若 $y=f(x)$ 之圖形有部份在 x 軸下方如右圖所示之區域，因為面積恆正故其面積 A 為：

$$A=\left|\int_a^b f(x)dx\right|+\int_b^c f(x)dx$$

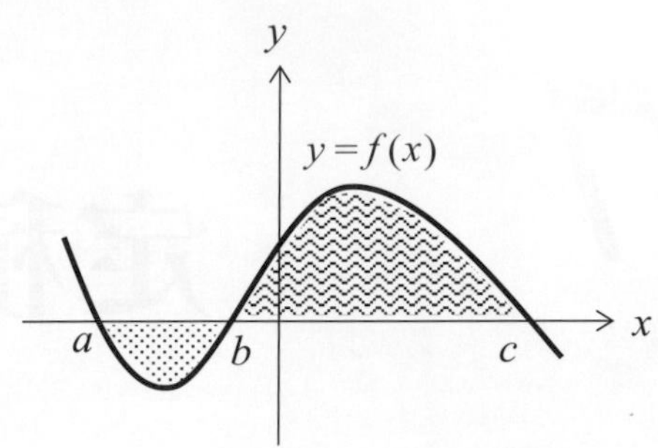

3. 二曲線 $y=f(x)$、$y=g(x)$ 所圍成區域之面積如右圖所示之區域，則面積

$$A=\int_a^b[f(x)-g(x)]dx$$

即：高－低

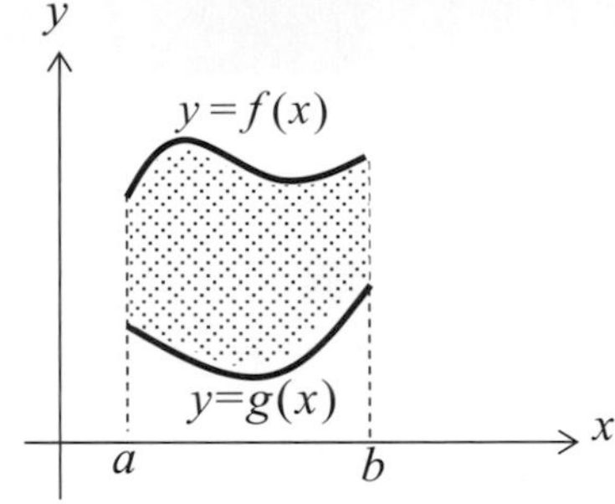

4. 二曲線 $y=f(x)$、$y=g(x)$ 有交點如右圖所示之區域，則需「分段積分」，即

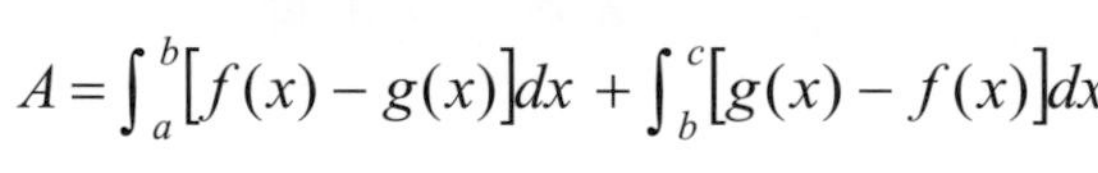

$$A=\int_a^b[f(x)-g(x)]dx+\int_b^c[g(x)-f(x)]dx$$

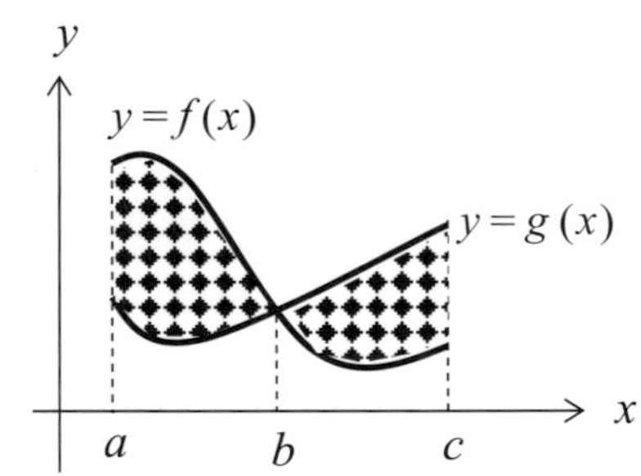

5. 曲線 $x=f(y)$ 與 y 軸所圍成區域之面積如右圖所示之區域：

若 $x=f(y)$，$c\le y\le d$，則

$$A=\int_c^d f(y)dy$$

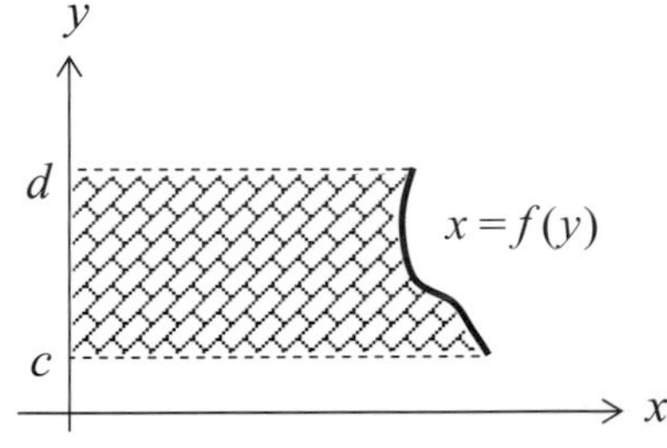

6. 曲線 $x=f(y)$、$x=g(y)$ 所圍成區域之面積如右圖所示之區域，則面積

$$A=\int_c^d[f(y)-g(y)]dy$$

即：右－左

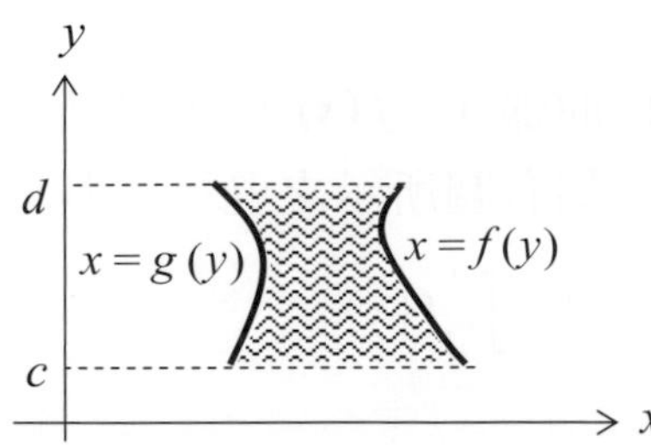

例題 1

求 $y=x^2-1$ 與 x 軸在區間 $[1,2]$ 所圍區域之面積。

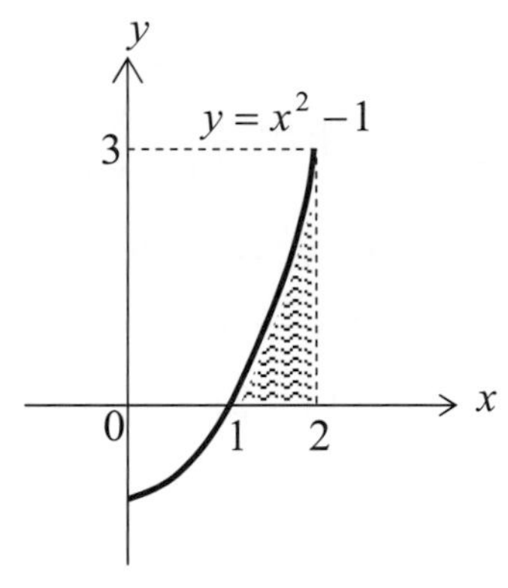

解 面積 $A=\int_1^2 (x^2-1)dx$

$$=\left[\frac{x^3}{3}-x\right]_1^2$$

$$=\left(\frac{8}{3}-2\right)-\left(\frac{1}{3}-1\right)$$

$$=\frac{4}{3}。$$ ■

牛刀小試

求 $y=x^2-2x$ 與 x 軸在區間 $[0,3]$ 所夾之區域面積為何？

答：$y=x^2-2x$ 之圖形如下所示：

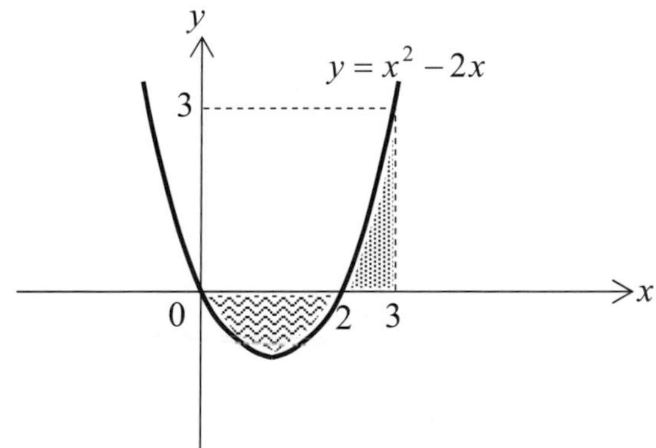

$$A_1=\left|\int_0^2 (x^2-2x)dx\right|=\left|\left[\frac{1}{3}x^3-x^2\right]_0^2\right|=\left|-\frac{4}{3}\right|=\frac{4}{3}$$

$$A_2=\int_2^3 (x^2-2x)dx=\left[\frac{1}{3}x^3-x^2\right]_2^3=0-(-\frac{4}{3})=\frac{4}{3}$$

故面積 $A=A_1+A_2=\frac{4}{3}+\frac{4}{3}=\frac{8}{3}$ 。

例題 2

求曲線 $y=x^2$ 和直線 $y=x+6$ 所圍成的區域面積。

解 先求出 $\begin{cases} y=x^2 \\ y=x+6 \end{cases}$ 之交點

由 $x^2=x+6$

$\rightarrow x^2-x-6=0$

$\rightarrow (x-3)(x+2)=0$

得交點為 $(-2,4)$、$(3,9)$，圖形如右：

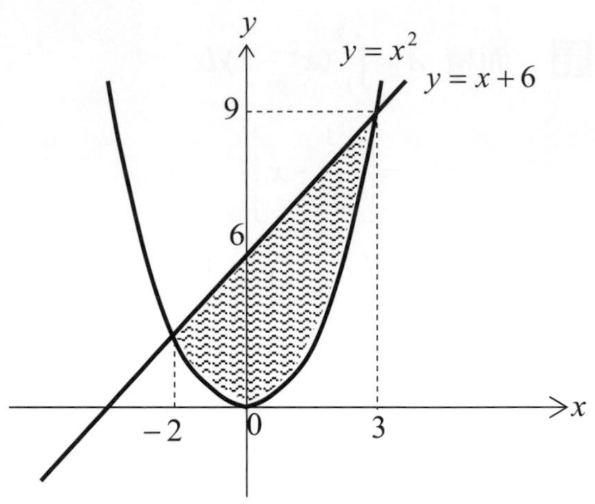

$$\therefore\ A=\int_{-2}^{3}(x+6-x^2)dx$$

$$=\left[\frac{1}{2}x^2+6x-\frac{1}{3}x^3\right]_{-2}^{3}$$

$$=\frac{27}{2}-(-\frac{22}{3})=\frac{125}{6}$$ 。■

牛刀小試

求曲線 $y=2-x^2$ 和直線 $y=x$ 所圍成的區域面積。

答：

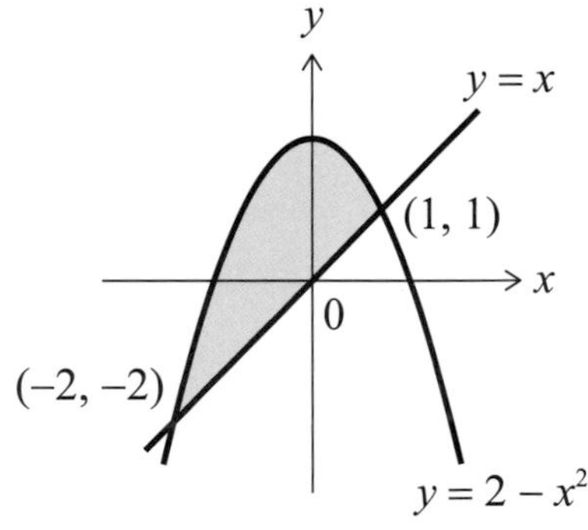

先求出 $\begin{cases} y=2-x^2 \\ y=x \end{cases}$ 之交點為 $(1, 1)$、$(-2, -2)$

則 $A=\int_{-2}^{1}(2-x^2-x)dx=\left[2x-\frac{x^3}{3}-\frac{x^2}{2}\right]_{-2}^{1}=\frac{9}{2}$ 。

例題 3

求由曲線 $y=x^3+x^2-x$ 和直線 $y=x$ 所圍成的區域面積。

解

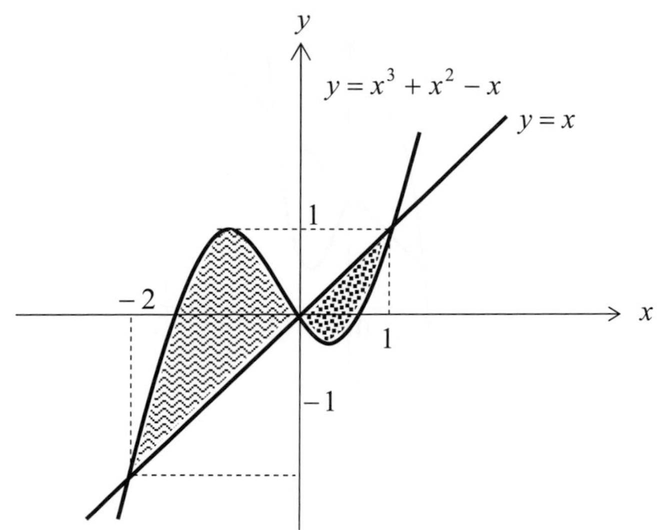

先求出 $\begin{cases} y=x^3+x^2-x \\ y=x \end{cases}$ 之交點

由 $x^3+x^2-x=x$

$\to x^3+x^2-2x=0$

$\to x(x+2)(x-1)=0$

得交點為 $(-2,-2)$、$(0,0)$、$(1,1)$，圖形如上：

$$\therefore\ A=\int_{-2}^{0}(x^3+x^2-x-x)dx+\int_0^1\left[x-(x^3+x^2-x)\right]dx$$

$$=\int_{-2}^{0}(x^3+x^2-2x)dx+\int_0^1(-x^3-x^2+2x)dx$$

$$=\left[\frac{1}{4}x^4+\frac{1}{3}x^3-x^2\right]_{-2}^{0}+\left[-\frac{1}{4}x^4-\frac{1}{3}x^3+x^2\right]_0^1$$

$$=\frac{8}{3}+\frac{5}{12}=\frac{37}{12}\text{。}$$ ■

牛刀小試

求由曲線 $y = x^3 - 3x + 3$ 和直線 $y = x + 3$ 所圍成的區域面積。

答：

圖形如下

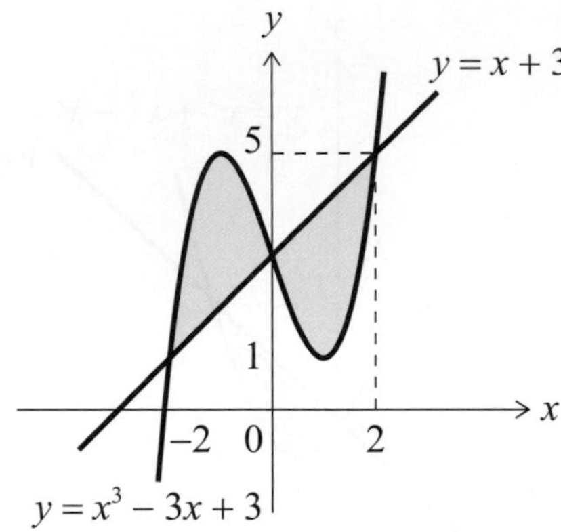

先求出 $\begin{cases} y = x^3 - 3x + 3 \\ y = x + 3 \end{cases}$ 之交點為 $(-2, 1), (0, 3), (2, 5)$

$$\therefore A = \int_{-2}^{0}\left[(x^3 - 3x + 3) - (x + 3)\right]dx + \int_{0}^{2}\left[(x + 3) - (x^3 - 3x + 3)\right]dx$$

$= 4 + 4 = 8$。

例題 4

求曲線 $x = y^2 - 4y + 6$ 與 y 軸在 $y \in [0, 2]$ 之間所圍成之區域面積。

解　圖形如右：

$$\therefore A = \int_{0}^{2}(y^2 - 4y + 6)dy = \left[\frac{1}{3}y^3 - 2y^2 + 6y\right]_0^2$$

$$= \left[\frac{8}{3} - 8 + 12\right] - 0 = \frac{20}{3}$$ 。■

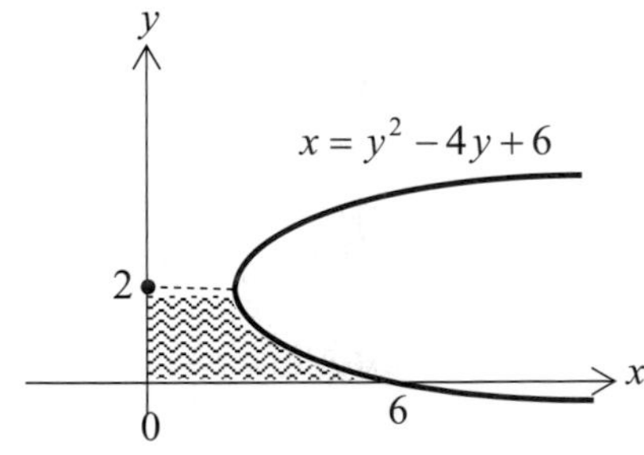

例題 5

求曲線 $x=2y-y^2$ 與 $x=y-2$ 所圍成之區域面積。

解　先求出 $\begin{cases} x=y-2 \\ x=2y-y^2 \end{cases}$ 之交點！

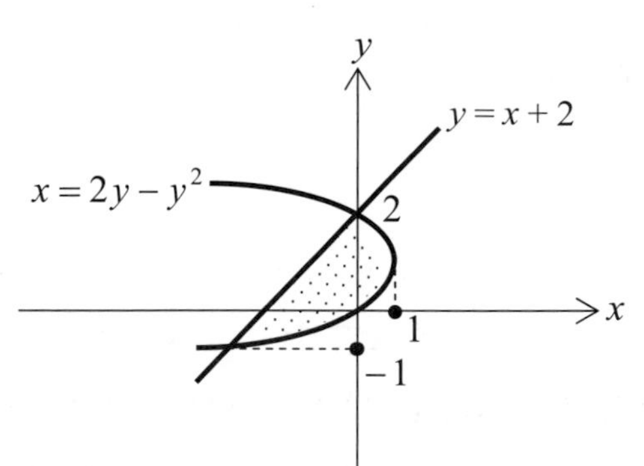

由 $y-2=2y-y^2$

$\rightarrow y^2-y-2=0$

$\rightarrow (y-2)(y+1)=0$

$\begin{cases} y=2 \rightarrow x=0 \\ y=-1 \rightarrow x=-3 \end{cases}$

得交點為 $(-3,-1)$、$(0,2)$，圖形如右：

右一左，得

$$\therefore\ A=\int_{-1}^{2}\left[(2y-y^2)-(y-2)\right]dy$$

$$=\int_{-1}^{2}\left(-y^2+y+2\right)dy$$

$$=\left[-\frac{1}{3}y^3+\frac{1}{2}y^2+2y\right]_{-1}^{2}$$

$$=\left[-\frac{8}{3}+2+4\right]-\left[\frac{1}{3}+\frac{1}{2}-2\right]$$

$$=\frac{9}{2}\text{。} \quad ■$$

習題 7-1

1. 求由二曲線 $y=\sqrt{x+2}$、$y=\sqrt{2-x}$ 及 x 軸所圍成之區域面積？
2. 求曲線 $y=x^2-x$ 和直線 $y=x$ 所圍成的區域面積。
3. 求曲線 $y=x^3+3x^2$ 和直線 $y=4x$ 所圍成的區域面積。
4. 求曲線 $y=x^2$ 和直線 $y=2x$ 所圍成的區域面積。
5. 求兩曲線 $y=f(x)=x^3$，$y=g(x)=x$ 所圍成的區域面積為何？
6. 求由 $y=\dfrac{3}{x^2}$，$y=4-x^2$，$x>0$ 所圍成之區域面積？
7. 求二曲線 $\begin{cases} x+y=0 \\ y^2+3y=x \end{cases}$ 所包圍區域的面積？
8. 求曲線 $x=y^2$ 與 $x+y=2$ 所圍成之區域面積。

7-2 旋轉體之體積

欲求由曲線 $y=f(x)$、x 軸在 $[a,b]$ 內所包圍區域繞 x 軸旋轉所得之旋轉體體積，如下圖所示：

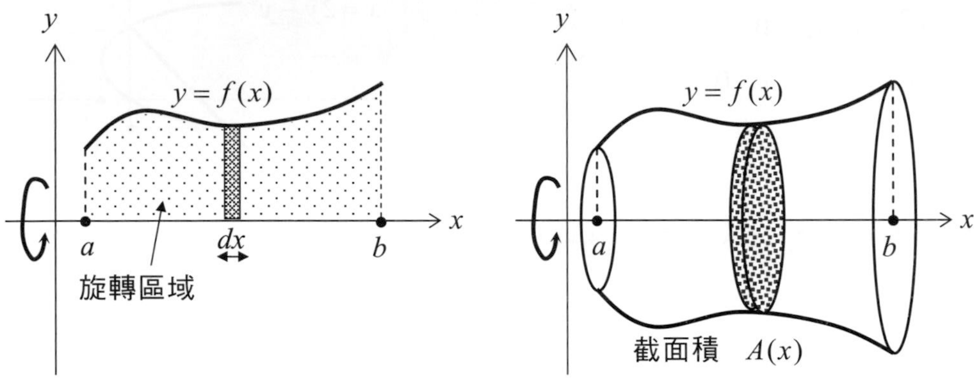

若每個垂直 x 軸之薄片截面積為 $A(x)$，厚度為 dx，薄片體積為 $A(x)dx$，則總體積即為 $V=\int_a^b A(x)dx$

$\because\ A(x)=\pi y^2=\pi[f(x)]^2$，此處 y 為半徑，故 $V=\pi\int_a^b [f(x)]^2\,dx$

此方法稱為圓盤法（disk method）。

設區域 R 由二函數 $f(x)$、$g(x)$ 在 $[a,b]$ 內所包圍區域，則此區域繞 x 軸旋轉所得之體積為：

$$V=\pi\int_a^b \left[f^2(x)-g^2(x)\right]dx$$

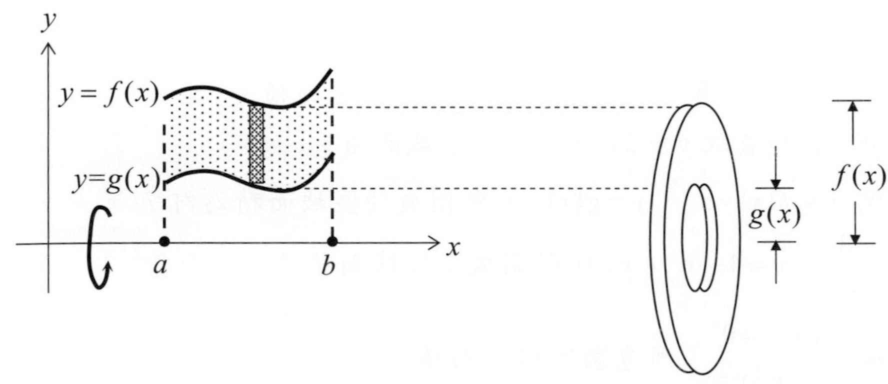

即「大體積－小體積」！此區域為「中空」，形狀就如同墊圈（washer）疊加之體積，又稱墊圈法（washer method），**即只要是中空，都是「大體積－小體積」**。

◆ 計算策略 ◆

畫圖確認旋轉區域 $\begin{cases}\text{實心：看出半徑即可計算（圓盤法）}\\ \text{空心：體積＝大體積－小體積（墊圈法）}\end{cases}$

例題 1

求曲線 $y = x - x^2$ 與 x 軸所圍成區域繞 x 軸旋轉之體積？

解 本題之圖形如下：屬實心（像橄欖籽！）

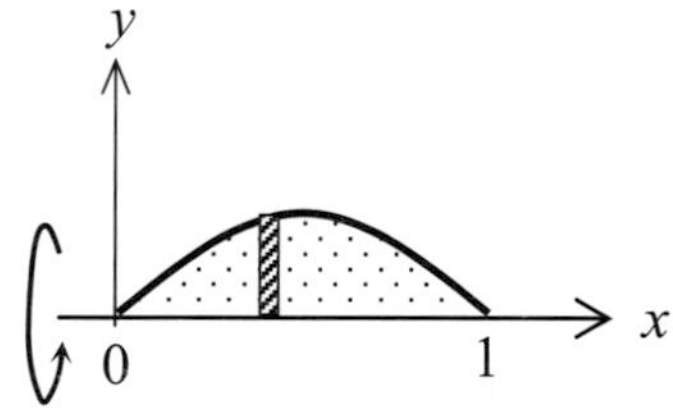

故 $V = \pi\int_0^1 (x - x^2)^2 dx = \pi\int_0^1 (x^2 - 2x^3 + x^4)dx$

$= \pi\left[\dfrac{x^3}{3} - \dfrac{x^4}{2} + \dfrac{x^5}{5}\right]_0^1 = \dfrac{\pi}{30}$。 ■

牛刀小試

求 $f(x) = \sqrt{2x}$，$1 \le x \le 2$ 與 x 軸所圍成區域繞 x 軸之旋轉體積？

答：

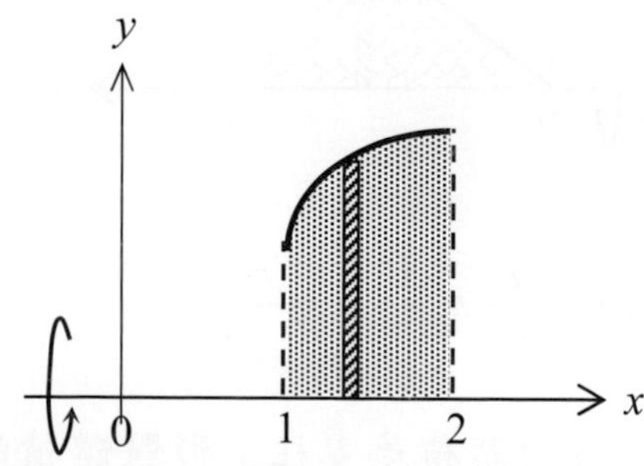

$V = \pi\int_1^2 y^2 dx = \pi\int_1^2 (\sqrt{2x})^2 dx = \pi\int_1^2 2x dx = \pi\left[x^2\right]_1^2 = 3\pi$。

例題 2

利用旋轉體之觀念求半徑為 a 的球體體積？

解　利用半徑為 a 之圓繞 x 軸旋轉！

取圓之方程式為 $x^2+y^2=a^2$，$y=\pm\sqrt{a^2-x^2}$（取正即可）

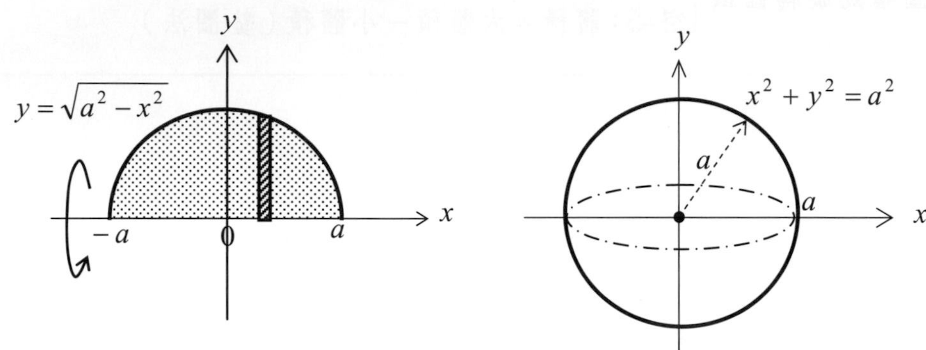

$$V=\pi\int_{-a}^{a}y^2dx=\pi\int_{-a}^{a}(a^2-x^2)dx=\pi\left[a^2x-\frac{1}{3}x^3\right]_{-a}^{a}=\frac{4}{3}\pi a^3 。 \blacksquare$$

牛刀小試

求 $f(x)=\frac{a}{h}x$，$0\le x\le h$ 與 x 軸所圍成區域繞 x 軸之旋轉體體積？

答：

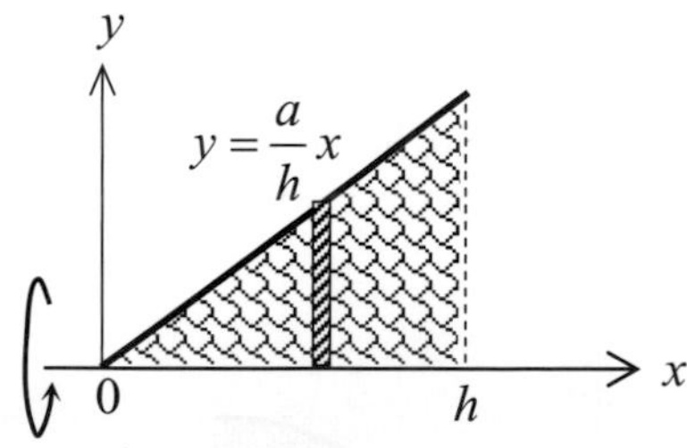

$$V=\pi\int_0^h y^2dx=\pi\int_0^h\frac{a^2}{h^2}x^2dx=\frac{a^2}{h^2}\pi\left[\frac{x^3}{3}\right]_0^h=\frac{\pi a^2h}{3}$$

本題之結果可知：「錐」形體的體積是「柱」形體體積的 $\frac{1}{3}$ ！

例題 3

求 $y=|x|+1$ 與 $y=2x^2$ 兩函數之包圍區域繞 x 軸旋轉之體積？

解 本題之圖形如下：屬空心

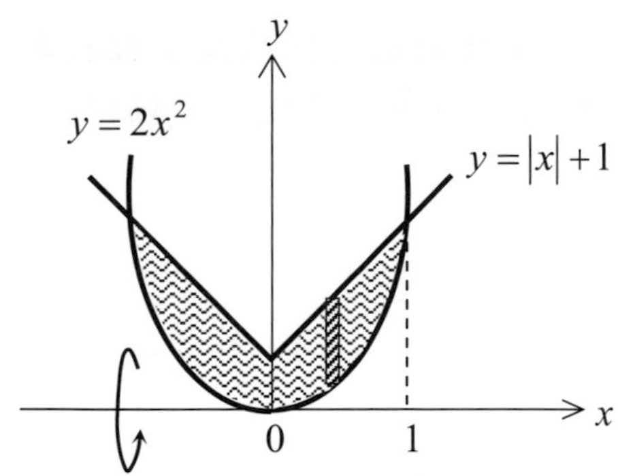

由左、右之對稱性，利用「大體積－小體積」得

$$V=2\cdot\pi\int_0^1\left[(x+1)^2-(2x^2)^2\right]dx=2\pi\int_0^1(1+2x+x^2-4x^4)\,dx$$

$$=2\pi\left[x+x^2+\frac{x^3}{3}-\frac{4}{5}x^5\right]_0^1=\frac{46\pi}{15}\text{。}\quad ■$$

牛刀小試

求 $y=e^x$、$y=x^2+\frac{1}{2}$ 兩函數在 $0\le x\le 1$ 之包圍區域繞 x 軸旋轉之體積？

答：本題之圖形如下：屬空心

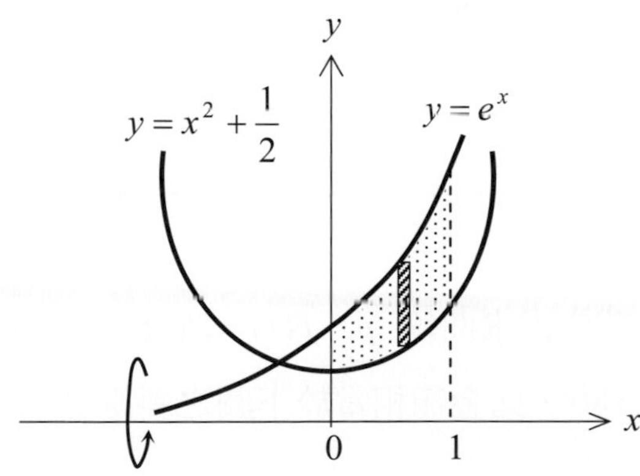

$$V=\pi\int_0^1\left[(e^x)^2-(x^2+\frac{1}{2})^2\right]dx=\pi\int_0^1\left(e^{2x}-x^4-x^2-\frac{1}{4}\right)dx$$

$$=\pi\left[\frac{1}{2}e^{2x}-\frac{1}{5}x^5-\frac{1}{3}x^3-\frac{1}{4}x\right]_0^1=\pi(\frac{1}{2}e^2-\frac{77}{60})\text{。}$$

習題 7-2

1. 求 $16x^2+9y^2=144$，$y\geq 0$ 之內部繞 x 軸旋轉所成之體積？
2. 求曲線 $y=\sqrt{x}$ 與 x 軸所圍成區域在區間 $[0,4]$ 內繞 x 軸旋轉之體積？
3. 求 $y=x^2-4x+5$ 與直線 $y=2x$ 所圍之區域繞 x 軸旋轉之體積？
4. 求 $y=x^3$、$x=y^3$ 在第一象限所圍成之區域繞 x 軸旋轉所得之旋轉體的體積？
5. 求 $y=x$、$y=x^2$ 在第一象限所圍成之區域繞 x 軸旋轉所得之旋轉體的體積？

★7-3 定積分在商學之應用

本節要討論定積分在商學上的應用。

消費者剩餘

在第一章提過需求函數 $D(x)$：表示需求 x 單位物品之價格，數學式為 $p=f(x)=D(x)$，此方程式稱為需求方程式，其圖形稱為需求曲線（demand curve）。需求曲線之示意圖如下：

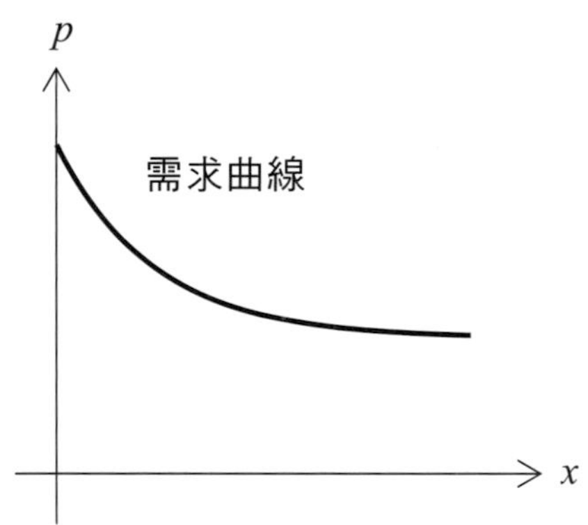

假設有一個消費者藉由需求曲線 $p=f(x)=D(x)$ 總共購買了 x_0 單位，因此所花費的總金額為 $\int_0^{x_0} D(x)dx$，此金額相當於下圖之斜線區域面積：

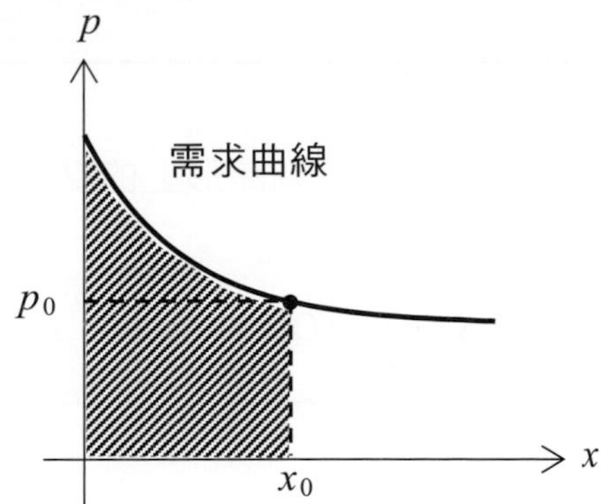

但聰明的消費者會等待到價格等於 p_0 才一次購買了 x_0 單位，因此所花費的總金額為 p_0x_0，此金額相當於下圖之斜線區域面積：

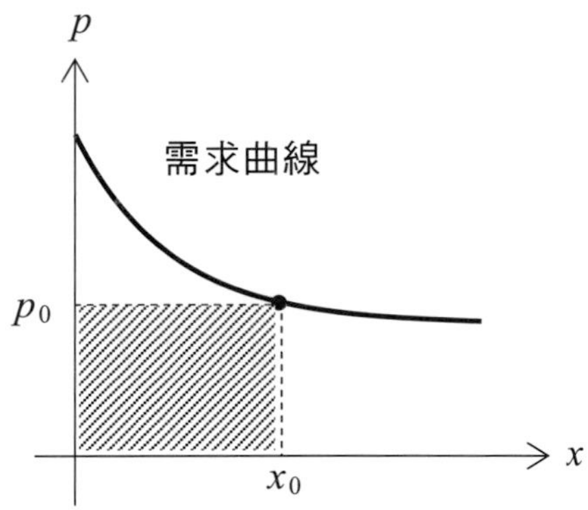

這樣一來，聰明的消費者省下的金額為：

$$\int_0^{x_0} D(x)dx - p_0x_0 = \int_0^{x_0} [D(x) - p_0]dx$$

此值就稱為消費者剩餘（consumer surplus），簡稱 $C.S.$，幾何意義如下：

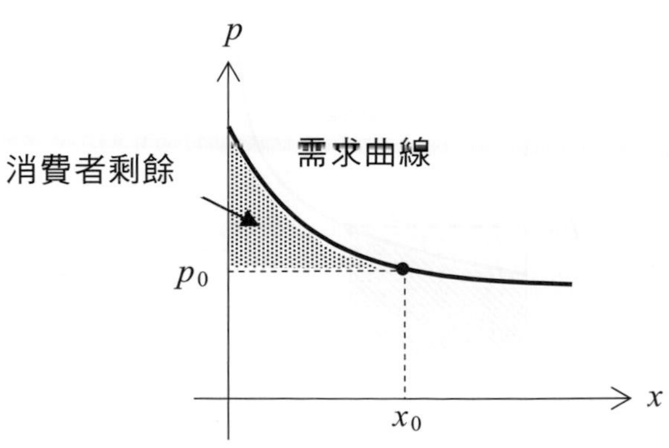

定義

消費者剩餘

若需求方程式為 $p=D(x)$ ，且 (x_0,p_0) 為圖形上的點，則在價格為 p_0 時之消費者剩餘為：

$$C.S.=\int_0^{x_0}\left[D(x)-p_0\right]dx$$

生產者剩餘

在第一章提過供給函數（supply function） $S(x)$：表示供給 x 單位物品之價格，數學式為 $p=f(x)=S(x)$，此方程式稱為供給方程式（supply equation），其圖形稱為供給曲線（supply curve）。供給曲線之示意圖如下：

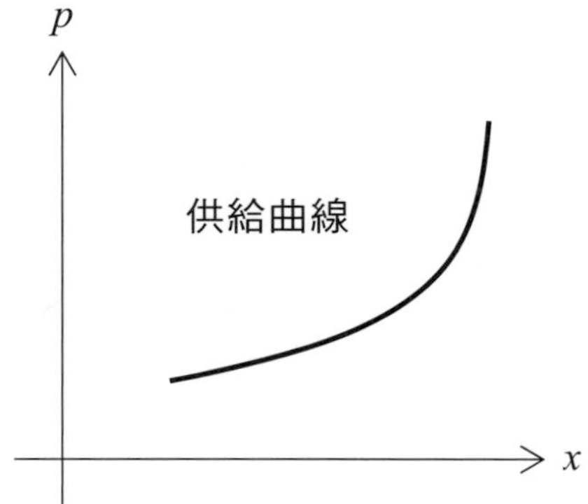

假設有一個生產者藉由生產曲線 $p=f(x)=D(x)$ 總共生產了 x_0 單位，因此生產所花費的總金額為 $\int_0^{x_0}S(x)dx$ ，此金額相當於下圖之斜線區域面積：

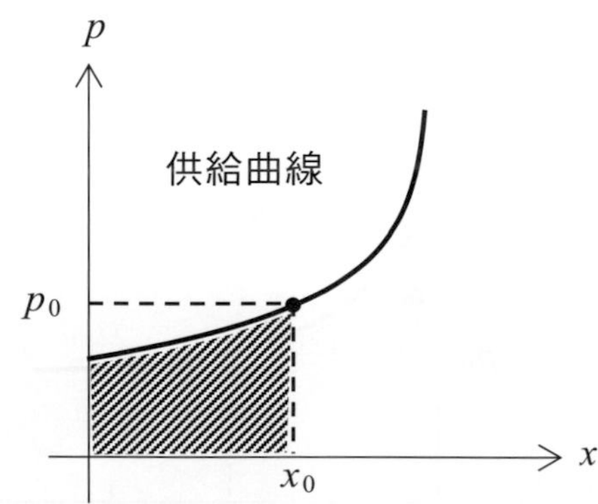

但精明的生產者會等待到價格等於 p_0 才一次生產了 x_0 單位，因此生產所花費的總金額為 p_0x_0 ，此金額相當於下圖之斜線區域面積：

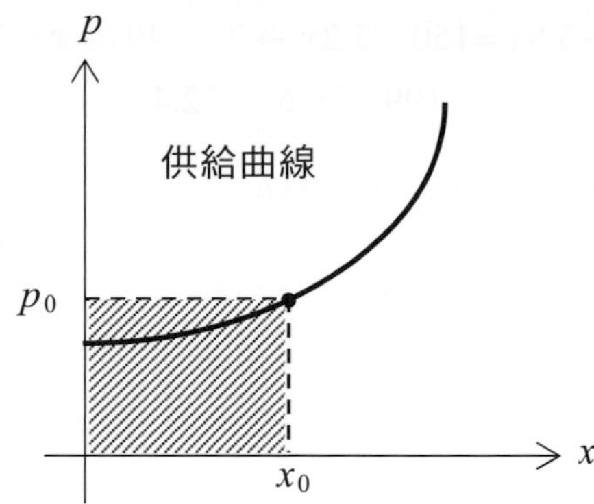

這樣一來，精明的生產者額外賺的金額為：

$$p_0x_0-\int_0^{x_0}S(x)dx=\int_0^{x_0}\left[p_0-S(x)\right]dx$$

此值就稱為生產者剩餘（producer surplus），簡稱 $P.S.$，幾何意義如下：

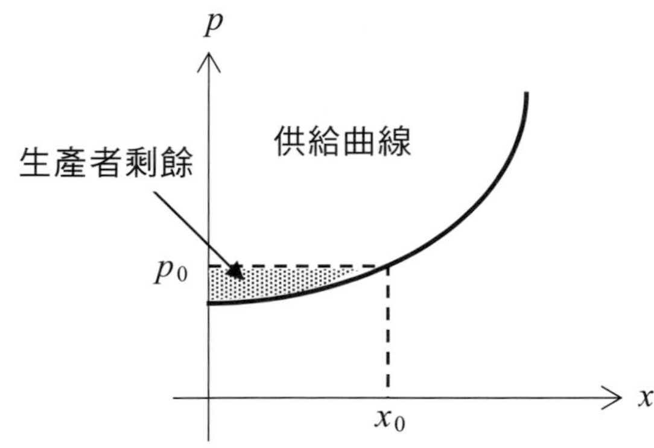

定義

生產者剩餘

若供給方程式為 $p=S(x)$，且 (x_0,p_0) 為圖形上的點，則在價格為 p_0 時之生產者剩餘為：

$$P.S.=\int_0^{x_0}\left[p_0-S(x)\right]dx$$

例題 1 基本題

鳳梨酥的需求函數 $D(x)$ 與供給函數 $S(x)$ 分別表示如下：

$p=D(x)=199-3.8x$

$p=S(x)=150+3.2x$

求此產品在均衡價格 p_0 時之消費者剩餘與生產者剩餘。

解　由 $D(x)=S(x)\rightarrow 199-3.8x=150+3.2x\rightarrow 7x=49\rightarrow x=7$

代回 $p_0=D(7)=199-3.8\times 7=199-26.6=172.4$

消費者剩餘 $C.S.=\int_0^7(199-3.8x-172.4)dx$

$=\int_0^7(26.6-3.8x)dx$

$=\left[26.6x-1.9x^2\right]_0^7$

$=93.1$。

生產者剩餘 $P.S.=\int_0^7(172.4-150-3.2x)dx$

$=\int_0^7(22.4-3.2x)dx$

$=\left[22.4x-1.6x^2\right]_0^7$

$=78.4$。 ■

收入流量

房租收入或是許多的投資而言，收入函數可說是時間變數的函數關係，這種隨時間變化的收入函數稱為收入流量（income stream）$f(t)$，單位常以 $\frac{\text{元}}{\text{年}}$ 表示，因此從現在 $t=0$（年） 到 $t=T$（年）的全部收入流量總值（總收入）$A(t)$ 可以表示為：

$$A(t)=\int_0^T f(t)dt$$

若此收入流量以年利率 r 、採連續複利之方式計息，則我們可推出（此處省略推導）從現在 $t=0$（年） 到 $t=T$（年） 的連續所得之現值為：

$$P=\int_0^T f(t)e^{-rt}dt$$

現值的功能可以用來評估投資的淨利，以作為商業方案評估的參考。

利用現值，再配合連續複利公式，從現在 $t=0$（年） 到 $t=T$（年） 的連續所得之終值為：

$$F=e^{rT}\int_0^T f(t)e^{-rt}dt$$

例題 2

某人投資一份年金壽險，此壽險的收入流量為 $f(t)=10000\sqrt{t+1}$，則從現在起 5 年內全部收入流量總值為何？

解 $A=\int_0^5 10000\sqrt{t+1}dt=10000\left[\frac{2}{3}(t+1)^{3/2}\right]_0^5=\frac{20000}{3}\left(6^{3/2}-1\right)$

≈ 91313 元 ■

例題 3

某人投資一商品的收入流量為 $f(t)=1000t$，以年利率 5%、採連續複利之方式計息，則從現在起 10 年內連續所得的現值為何？

解 $P=\int_0^{10} 1000te^{-0.05t}dt=1000\left[(-20t-400)e^{-0.05t}\right]_0^{10}=1000(400-600e^{-0.5})$

$=36082$ 元 ■

例題 4

某跨國公司投資一油田的收入流量為 $f(t)=5e^{0.02t}\ \frac{\text{百萬元}}{\text{年}}$，以年利率 4%、採連續複利之方式計息，則

(1) 從現在起 5 年內連續所得的現值為何？

(2) 從現在起 5 年內連續所得的終值為何？

解

(1) $P=\int_0^5 5e^{0.02t}e^{-0.04t}dt=\int_0^5 5e^{-0.02t}dt=5\left[-50e^{-0.02t}\right]_0^5=250(1-e^{-0.1})$

$=23.8$ 百萬元。

(2) $F=Pe^{rT}=23.8e^{0.04\times 5}=23.8e^{0.2}=29.1$ 百萬元。 ■

例題 5

某機車製造廠欲擴充廠房，有如下二個擴充方案：

A 方案：廠房須投資 5,000 萬元，往後 10 年每年有 1,000 萬的收入。

B 方案：廠房須投資 10,000 萬元，往後 10 年每年有 2,000 萬的收入。

假設二方案皆以年利率 5%、採連續複利之方式計息，請問哪一個方案較有利？

解

A 方案的淨現值為：

$$P_A=\int_0^{10}1000e^{-0.05t}dt-5000=\left[-20000e^{-0.05t}\right]_0^{10}-5000$$

$$=7869.4-5000$$

$$=2869.4 \text{ 萬元。}$$

B 方案的淨現值為：

$$P_B=\int_0^{10}2000e^{-0.05t}dt-10000=\left[-40000e^{-0.05t}\right]_0^{10}-10000$$

$$=15738.8-10000$$

$$=5738.8\text{ 萬元。}$$

故知採取 B 方案較有利。 ■

習題 7-3

1. 華固牌瓷器的需求函數 $D(x)$ 與供給函數 $S(x)$ 分別表示如下：

   $p=D(x)=-0.2x^2+40$

   $p=S(x)=0.8x^2-6x+24$

   求此產品在均衡價格 p_0 時之消費者剩餘與生產者剩餘。

2. 某銀行租賃部門的收入流量為 $f(t)=2t$ $\left(\frac{\text{百萬元}}{\text{年}}\right)$，以年利率 10%、採連續複利之方式計息，則從現在起 5 年內連續所得的現值為何？

3. 某人投資一份年金壽險，此壽險的收入流量為 $f(t)=5000\sqrt{t+4}$，則從現在起 5 年內全部收入流量總值為何？

4. 某人投資一商品的收入流量為 $f(t)=2000(t+1)$，以年利率 5%、採連續複利之方式計息，則從現在起 10 年內連續所得的現值為何？

5. 某跨國公司投資某一港口的收入流量為 $f(t)=12e^{0.04t}\ \frac{\text{百萬元}}{\text{年}}$，以年利率 5%、採連續複利之方式計息，則

(1) 從現在起 5 年內連續所得的現值為何？

(2) 從現在起 5 年內連續所得的終值為何？

6. 某混凝土廠欲擴充廠房，有如下二個擴充方案：

A 方案：廠房須投資 2,000 萬元，往後 10 年每年有 500 萬的收入。

B 方案：廠房須投資 5,000 萬元，往後 10 年每年有 1,000 萬的收入。

假設二方案皆以年利率 5%、採連續複利之方式計息，請問哪一個方案較有利？

習題解答

7-1

1. $\frac{8}{3}\sqrt{2}$
2. $\frac{4}{3}$
3. $\frac{131}{4}$
4. $\frac{4}{3}$
5. $\frac{1}{2}$
6. $\frac{12\sqrt{3}-20}{3}$
7. $\frac{32}{3}$
8. $\frac{9}{2}$

7-2

1. 64π
2. 8π
3. $\frac{1408}{15}\pi$
4. $\frac{16}{35}\pi$
5. $\frac{2}{15}\pi$

7-3

1. 消費者剩餘 = 68.3
   生產者剩餘 = 81.1
2. 18 百萬元
3. ≈ 633333 元
4. 87902 元
5. (1) 58.5 百萬元
   (2) 75.1 百萬元
6. B 方案較有利

開心笑園

生曰：「老師上課為什麼都不提政治話題呢？」

師曰：「因為我是中壢人！」

8 偏微分及其應用

本章大綱：

§ 8-1 雙變數函數
§ 8-2 偏導數
§ 8-3 全微分與近似值
§ 8-4 雙變數函數之極值
§ 8-5 限制條件下之極值求法
★ § 8-6 偏導數在商學之應用
★ § 8-7 最小平方法

學習目標：

1. 瞭解雙變數函數之特性
2. 瞭解雙變數函數之偏導數計算
3. 熟悉全微分之意義
4. 熟悉雙變數函數之近似值求法
5. 瞭解偏微分在商學上之應用
6. 瞭解雙變數函數的極值求法
7. 瞭解 Lagrange 乘子法之應用計算
8. 瞭解最小平方法之計算

迄今為止所探討的微積分皆為「單」變數，也就是 $y=f(x)$ ，只有一個自變數 x。本章將要探討常見之「多」變數函數之微分學，例如：

溫度的計算：$T=f(x,t)$

其中 T：溫度

x：位置

t：時間

即溫度為位置與時間的函數，稱 $T=f(x,t)$ 為雙變數函數。

又如本利和的計算：$A(P,n,r,t)=P(1+\dfrac{r}{n})^{nt}$

其中 A：本利和（或終值）

P：本金（或現值）
t：時間（單位：年）
r：年利率
n：一年之複利次數

即本利和為本金、時間、年利率、一年之複利次數的函數，因此稱 $A(P,n,r,t)$ 為四變數函數。

要瞭解一個單變數 $y=f(x)$ 的特性，只要在 x-y 平面即可展現；要瞭解一個雙變數 $z=f(x,y)$ 的特性，則要在 x-y-z 三度空間才可展現，至於超過三個自變數以上的函數，雖然無法用空間坐標來分析，但只要雙變數函數之分析理論懂了，則其它多變數函數也就沒問題，故本章仍以雙變數函數說明為主，因為理論皆是相同的。

8-1 雙變數函數

以雙變數函數 $z=f(x,y)$ 之圖形為例，在三維坐標中表達如下：其形狀為空間中之一個曲面（surface）。

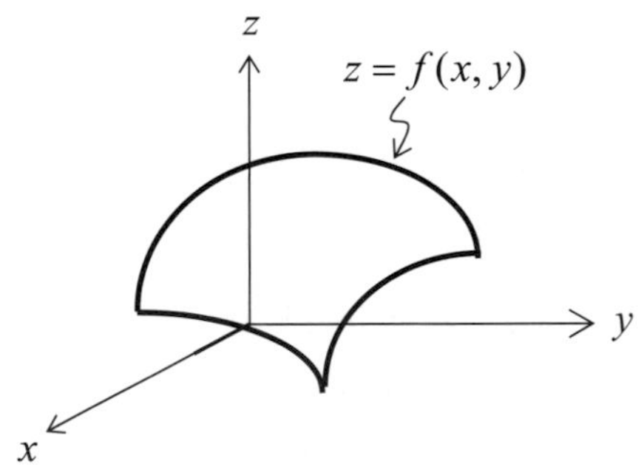

空間中水平面、圓錐面、拋物面之表示

1. 在三維空間中，水平面的方程式與圖形如下：
   k：常數，決定水平面的高度。

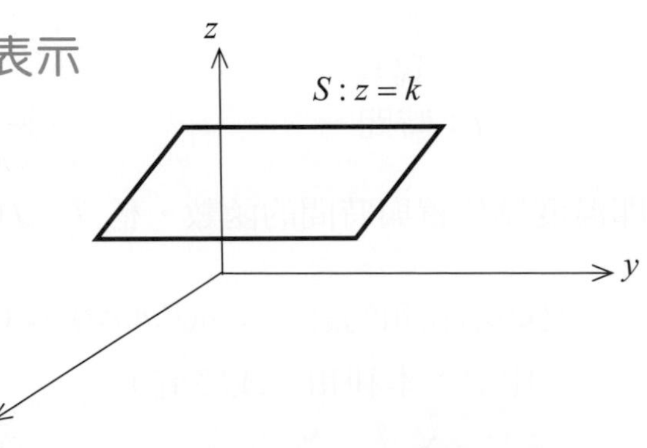

2. 在三維空間中，圓錐面的方程式與圖形如下：

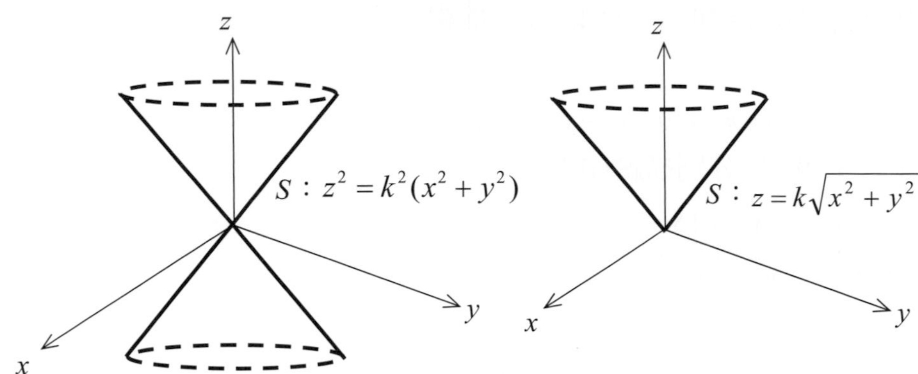

k ：常數，決定錐面的斜度。

3. 在三維空間中，拋物面的方程式與圖形如下：

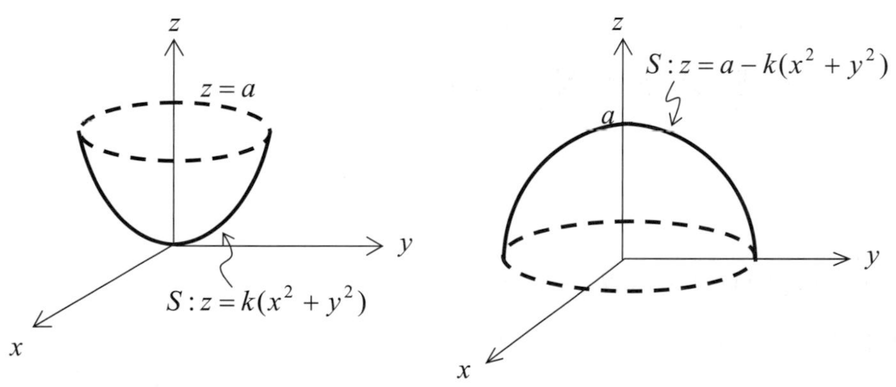

$k > 0$：常數，決定拋物體開口的大小。

二個面除非平行，否則在空間中會交成一條曲線，一般將水平面 $z = k$ 與曲面 $z = f(x,y)$ 的交線投影在 x-y 平面上之曲線稱為函數 $f(x,y)$ 的等位曲線（level curve），其實就是 $f(x,y) = k$ 在 x-y 平面上之曲線，其中 k 為任意常數，即不管 x、y 之值如何改變，在等位曲線上感覺到的 $f(x,y)$ 都是固定的常數。

在商學上，若**產出函數 $Q(x, y)$** 取決於二個因素 x、y，則 $Q(x,y) = c$ 稱為等量曲線（curve of constant）；若**效用函數 $U(x, y)$** 取決於二個因素 x、y，則 $U(x,y) = c$ 稱為無異曲線（indifferent curve）。

例題 1

請描繪出函數 $f(x,y)=10-x^2-y^2$ 的等位曲線。

解 即繪出 $f(x,y)=k \to 10-x^2-y^2=k$ 之曲線

取 $k=-5$, 0, 5 分別描繪如下：

$k=-5 \to x^2+y^2=15$

$k=0 \to x^2+y^2=10$

$k=5 \to x^2+y^2=5$

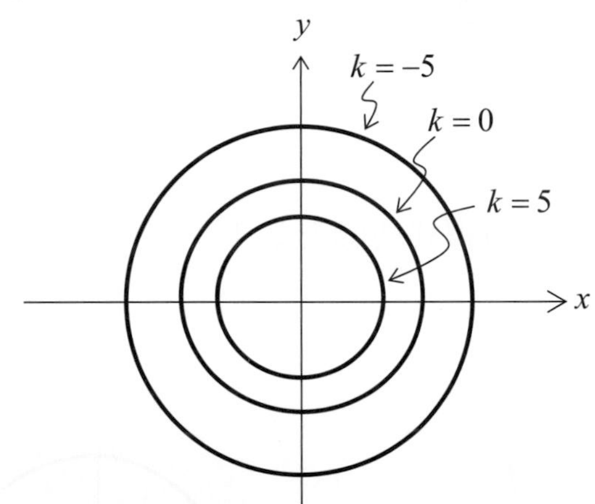

■

牛刀小試

求 $f(x,y)=\ln\sqrt{x^2+y^2}=0$ 的等位曲線方程式，並畫圖。

答：由 $f(x,y)=\ln\sqrt{x^2+y^2}=0 \to x^2+y^2=1$。

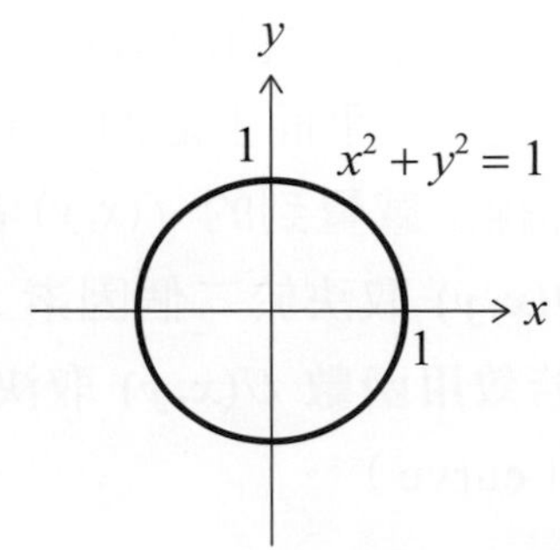

例題 2

假設效用函數 $U(x,y)=5x^{1/3}y^{2/3}$ 來自於消費者購買了 x、y 二種商品，請計算 $x=8$、$y=1$ 的效用水準，並描繪出此時對應之無異曲線。

解 將 $x=8$、$y=1$ 代入 $U(x,y)=5x^{1/3}y^{2/3}$ 得效用水準

$U(8,1)=5\cdot 8^{1/3}\cdot 1^{2/3}=5\cdot 2\cdot 1=10$

因此對應之無異曲線方程式為 $5x^{1/3}y^{2/3}=10$

此式可整理為 $xy^2=8$ 之曲線，繪圖如下：

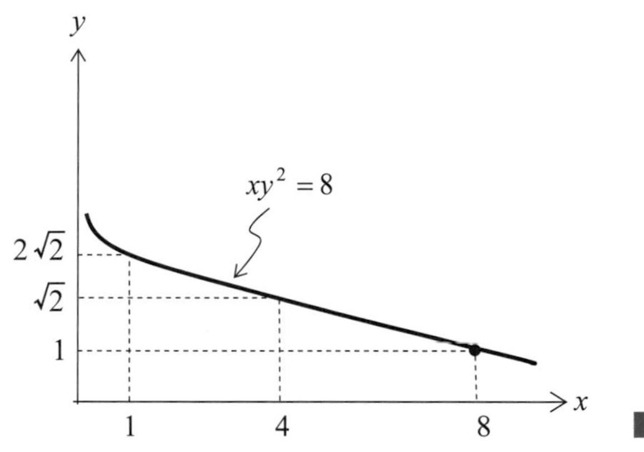

■

習題 8-1

1. 請描繪出函數 $f(x,y)=10-x^2-\frac{1}{2}y^2$ 的等位曲線。
2. 假設效用函數 $U(x,y)=2x^{2/3}y^{1/3}$ 來自於消費者購買了 x、y 二種商品，請計算 $x=8$、$y=27$ 的效用水準，並描繪出此時對應之無異曲線。

8-2 偏導數

對一個雙變數函數 $z=f(x,y)$，僅使其中一個變數有變化，則對該變數取微分的運算就是所謂的偏導數（partial derivative），是微積分中基本又重要的內容。

定義

偏導數

設函數 $z=f(x,y)$ 在點 $P(x_0,y_0)$ 之鄰域有定義，如果極限

$$\frac{\partial f}{\partial x}\equiv\lim_{\Delta x\to 0}\frac{f(x_0+\Delta x,y_0)-f(x_0,y_0)}{\Delta x}$$

存在，稱此極限值為 $f(x,y)$ 在點 (x_0,y_0) 處對 x 之偏導數，記為 $\frac{\partial f}{\partial x}$ 或 f_x 或 f_1。

同理，亦可定義函數 $f(x,y)$ 在點 (x_0,y_0) 處對 y 之偏導數為

$\frac{\partial f}{\partial y}\equiv\lim_{\Delta y\to 0}\frac{f(x_0,y_0+\Delta y)-f(x_0,y_0)}{\Delta y}$，記為 $\frac{\partial f}{\partial y}$ 或 f_y 或 f_2。

觀念說明

1. 由定義即知 $\frac{\partial f}{\partial x}$ 乃視 y 為常數而對 x 求微分，$\frac{\partial f}{\partial y}$ 乃視 x 為常數而對 y 求微分。
2. 導數之幾何意義，可由下二圖得知：

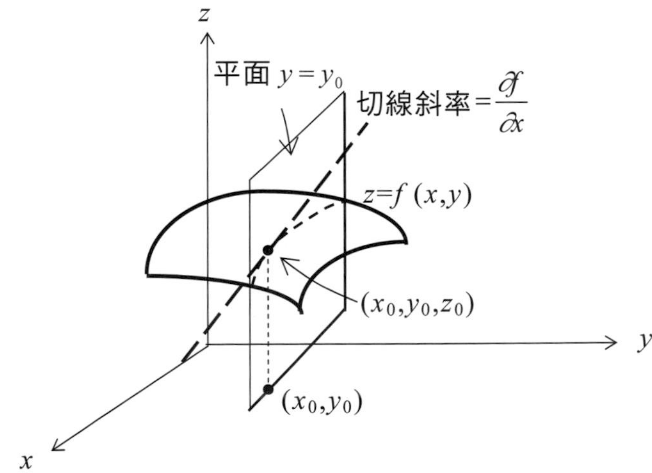

$\frac{\partial f}{\partial x}$：表示在曲面 $z=f(x,y)$ 與平面 $y=y_0$ 相交的曲線上，$f(x,y)$ 沿著 x 軸方向之變化率，此時 y 是定值。

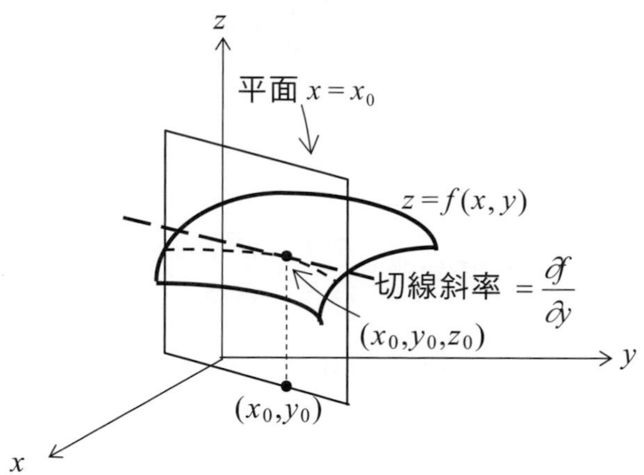

$\frac{\partial f}{\partial y}$：表示在曲面 $z=f(x,y)$ 與平面 $x=x_0$ 相交的曲線上，$f(x,y)$ 沿著 y 軸方向之變化率，此時 x 是定值。

定義

高階偏導數

定義 $z=f(x,y)$ 之高階偏微分（偏導數）如下：

$\frac{\partial^2 f}{\partial x^2}=\frac{\partial}{\partial x}(\frac{\partial f}{\partial x})\equiv f_{xx}=f_{11}$ ：即 $f_{11}(a,b)=\lim_{h\to 0}\frac{f_1(a+h,b)-f_1(a,b)}{h}$

$\frac{\partial^2 f}{\partial y^2}=\frac{\partial}{\partial y}(\frac{\partial f}{\partial y})\equiv f_{yy}=f_{22}$ ：即 $f_{22}(a,b)=\lim_{k\to 0}\frac{f_2(a,b+k)-f_2(a,b)}{k}$

$\frac{\partial^2 f}{\partial x\partial y}=\frac{\partial}{\partial x}(\frac{\partial f}{\partial y})\equiv f_{yx}=f_{21}$ ：先對 y 微分，再對 x 微分

即 $f_{21}(a,b)=\lim_{h\to 0}\frac{f_2(a+h,b)-f_2(a,b)}{h}$

$\frac{\partial^2 f}{\partial y\partial x}=\frac{\partial}{\partial y}(\frac{\partial f}{\partial x})\equiv f_{xy}=f_{12}$ ：先對 x 微分，再對 y 微分

即 $f_{12}(a,b)=\lim_{k\to 0}\frac{f_1(a,b+k)-f_1(a,b)}{k}$

其餘更高階的偏微分同學已可自行類推！如：

$$f_{121}(a,b)=\lim_{h\to 0}\frac{f_{12}(a+h,b)-f_{12}(a,b)}{h}$$

$$f_{122}(a,b)=\lim_{k\to 0}\frac{f_{12}(a,b+k)-f_{12}(a,b)}{k}$$

觀念說明

1. 注意：$\dfrac{dy}{dx}=\dfrac{1}{\dfrac{dx}{dy}}$，但 $\dfrac{\partial f}{\partial x}\neq\dfrac{1}{\dfrac{\partial x}{\partial f}}$ ！

2. 一般來說有 $\dfrac{\partial^2 f}{\partial x\partial y}\neq\dfrac{\partial^2 f}{\partial y\partial x}$，但如果 $\dfrac{\partial^2 f}{\partial x\partial y}$、$\dfrac{\partial^2 f}{\partial y\partial x}$ 在點 (x_0,y_0) 皆連續，則在點 (x_0,y_0) 會有 $\dfrac{\partial^2 f}{\partial x\partial y}=\dfrac{\partial^2 f}{\partial y\partial x}$，此即偏微分所得結果與微分次序無關，在微積分所碰到的函數大部份皆滿足此結果。

例題 1

設 $f(x,y)=3x-x^2y^2+2x^3y$，求 $\dfrac{\partial f}{\partial x}$、$\dfrac{\partial f}{\partial y}=?$

解 $\dfrac{\partial f}{\partial x}=3-2xy^2+6x^2y$

$\dfrac{\partial f}{\partial y}=-2x^2y+2x^3$ 。 ■

牛刀小試

若 $f(x,y)=(x^2y+xy)^2$，求 $\dfrac{\partial f}{\partial x}=?$ $\dfrac{\partial f}{\partial y}=?$

答：$\dfrac{\partial f}{\partial x}=2(x^2y+xy)(2xy+y)$

$\dfrac{\partial f}{\partial y}=2(x^2y+xy)(x^2+x)$ 。

例題 2

已知 $f(x,y)=3x^3y+4xy^2-2x+4y-5$，求

(1) $\dfrac{\partial f}{\partial x}(2,3)=?$ (2) $\dfrac{\partial f}{\partial y}(2,3)=?$

解

(1) $\dfrac{\partial f}{\partial x}=9x^2y+4y^2-2$，$\therefore\ \dfrac{\partial f}{\partial x}(2,3)=142$。

(2) $\dfrac{\partial f}{\partial y}=3x^3+8xy+4$，$\therefore\ \dfrac{\partial f}{\partial y}(2,3)=76$。 ■

牛刀小試

若 $f(x,y)=x^2y^2+xy$，求 $f_x(1,0)=?\ f_y(1,0)=?$

答：$f_x=2xy^2+y$，$\therefore\ f_x(1,0)=0$

$f_y=2x^2y+x$，$\therefore\ f_y(1,0)=1$。

例題 3

已知 $f(x,y)=e^{x+y}+y\ln x$，求

(1) $f_x(1,1)=?$

(2) $f_y(1,1)=?$

(3) $f_{xy}(1,1)=?$

解

(1) $f_x=e^{x+y}+\dfrac{y}{x}$，$\therefore\ f_x(1,1)=e^2+1$。

(2) $f_y=e^{x+y}+\ln x$，$\therefore\ f_y(1,1)=e^2$。

(3) $f_{xy}=e^{x+y}+\dfrac{1}{x}$，$\therefore\ f_{xy}(1,1)=e^2+1$。 ■

牛刀小試

若 $f(x,y)=xe^{x+y}$，求 $f_x(1,0)=?\ f_y(1,0)=?$

答：$f_x=(1+x)e^{x+y}$，$\therefore\ f_x(1,0)=2e$

$f_y=xe^{x+y}$，$\therefore\ f_y(1,0)=e$。

例題 4

若 $u=x^2-y^2$，試證 $\dfrac{\partial^2 u}{\partial x^2}+\dfrac{\partial^2 u}{\partial y^2}=0$。

解 $\dfrac{\partial u}{\partial x}=2x$，$\dfrac{\partial^2 u}{\partial x^2}=2$，$\dfrac{\partial u}{\partial y}=-2y$，$\dfrac{\partial^2 u}{\partial y^2}=-2$

得證 $\dfrac{\partial^2 u}{\partial x^2}+\dfrac{\partial^2 u}{\partial y^2}=2-2=0$。■

牛刀小試

若 $u=\ln(x^2+y^2)$，試證 $\dfrac{\partial^2 u}{\partial x^2}+\dfrac{\partial^2 u}{\partial y^2}=0$。

答：$\dfrac{\partial u}{\partial x}=\dfrac{2x}{x^2+y^2}$，$\dfrac{\partial^2 u}{\partial x^2}=\dfrac{2(x^2+y^2)-2x\cdot 2x}{(x^2+y^2)^2}=\dfrac{-2x^2+2y^2}{(x^2+y^2)^2}$

$\dfrac{\partial u}{\partial y}=\dfrac{2y}{x^2+y^2}$，$\dfrac{\partial^2 u}{\partial y^2}=\dfrac{2(x^2+y^2)-2y\cdot 2y}{(x^2+y^2)^2}=\dfrac{2x^2-2y^2}{(x^2+y^2)^2}$

得證 $\dfrac{\partial^2 u}{\partial x^2}+\dfrac{\partial^2 u}{\partial y^2}=\dfrac{-2x^2+2y^2}{(x^2+y^2)^2}+\dfrac{2x^2-2y^2}{(x^2+y^2)^2}=0$。

求原函數

某些題目先給定其偏微分與限制條件，欲求原函數，如下面之說明。

例題 5

設 $f(x,y)$ 滿足 $\dfrac{\partial f}{\partial x}=x^2+y^2$，$\dfrac{\partial f}{\partial y}=2xy$ 及 $f(0,0)=1$，求 $f(x,y)=?$

解

(1) $\begin{cases}\dfrac{\partial f}{\partial x}=x^2+y^2\Rightarrow f=\dfrac{1}{3}x^3+xy^2+C\\[2mm]\dfrac{\partial f}{\partial y}=2xy\Rightarrow f=xy^2+C\end{cases}$，取聯集得 $f(x,y)=\dfrac{1}{3}x^3+xy^2+c$。

(2) 又 $f(0,0)=1\Rightarrow c=1$，$\therefore f(x,y)=\dfrac{1}{3}x^3+xy^2+1$。■

牛刀小試

設 $f(x,y)$ 滿足 $\dfrac{\partial f}{\partial x}=\ln x+1+2x\ln y$，且 $f(1,y)=-y^2$，求 $f(x,y)=?$

答：視 y 為常數，積分得 $f(x,y)=x\ln x+x^2\ln y+g(y)$

又 $f(1,y)=\ln y+g(y)=-y^2 \Rightarrow g(y)=-y^2-\ln y$

$\therefore f(x,y)=x\ln x+x^2\ln y-y^2-\ln y$。

習題 8-2

1. 若 $f(x,y)=4x^2y^2-16x^2+4y$，求 $f_x(x,y)$、$f_y(x,y)$、$f_{xy}(x,y)$、$f_{yx}(x,y)$？

2. 若 $f(x,y)=x^2y-2xy^2$，求 $\dfrac{\partial f}{\partial x}(1,2)=?$ $\dfrac{\partial f}{\partial y}(1,2)=?$

3. 若 $f(x,y)=x^2y^3+e^{xy}$，求 $\dfrac{\partial f}{\partial x}$、$\dfrac{\partial f}{\partial y}=?$

4. 若 $f(x,y)=xe^{x^2y}$，求 $f_x(2,-1)$、$f_y(-4,3)=?$

5. 若 $f(x,y)=\ln(x^2+xy+y^2)$，求 $f_x(-1,4)$、$f_y(-1,4)=?$

6. 若 $f(x,y)=\sqrt{x^2+y^2+1}$，求 $f_x(x,y)$、$f_y(x,y)$ 之表示式？

7. 若 $f(x,y)=\dfrac{4xy}{\sqrt{x^2+y^2}}$，求 $f_x(x,y)$、$f_y(x,y)$ 之表示式？

8. 若 $f(x,y)=4x^2y^2-16x^2+4y$，求 $f_x(x,y)$、$f_y(x,y)$、$f_{xy}(x,y)$、$f_{yx}(x,y)$ ？

9. 若 $f(x,y)=x^3+x^2y^3-2y^2$，求 $f_x(2,1)=?$ $f_y(2,1)=?$

10. 若 $f(x,y)=e^{y/x}$，求 $f_x(x,y)$、$f_y(x,y)$、$f_{xx}(x,y)$、$f_{yy}(x,y)$ 之表示式？

11. 若 $f(x,y)=x^2y-\ln(x+y)$，求 $f_{xy}(1,1)=?$

12. 若 $f(x,y)=30+8x+2y+0.003x^2+0.001y^2+0.001xy$，當 $x=500$，$y=1000$ 時，求 $\dfrac{\partial f}{\partial x}$、$\dfrac{\partial f}{\partial y}=?$

13. 若 $f_x(x,y)=e^x\ln y-\dfrac{e^y}{x}$，$f_y(x,y)=\dfrac{e^x}{y}-e^y\ln x$，且 $f(1,1)=0$，求 $f(x,y)=?$

8-3 全微分與近似值

有了偏導數之觀念後，則雙變數函數之可微分即容易理解，此處遵照如下的「類推式」講解法較易吸收。

溫故：$y=f(x) \xrightarrow{\text{可知}} dy=\frac{dy}{dx}dx=f'(x)dx\cdots\cdots\cdots(1)$

當 $f'(x)$ 之值僅與 x 有關（即與逼近之方向無關）時，表示 $f(x)$ **可微分**。

知新：雙變數函數 $z=f(x,y) \xrightarrow{\text{猜想可知}} dz=\square dx+\square dy$（照貓畫虎）。

故可類推得知雙變數函數 $z=f(x,y)$ 可微分之定義如下：

定義

可微分

已知 $z=f(x,y)$，當 $x \xrightarrow{\text{改變}} x+\Delta x$ 使得 $z \xrightarrow{\text{變成}} z+\Delta z$，即
$y \xrightarrow{\text{改變}} y+\Delta y$

$$\Delta z=f(x+\Delta x, y+\Delta y)-f(x,y)\equiv A\Delta x+B\Delta y\cdots\cdots\cdots(2)$$

若 A、B 之值僅與 x、y 有關，而與逼近之路徑無關時，則稱 $f(x,y)$ 在點 (x,y) 為可微分。

現在要說明：在 (1) 式中，A、B 之型式為何呢？若 $f(x,y)$ 為**可微分**時，因為 A、B 與逼近之路徑無關，即不論依任何路徑之結果均相同，故只要用特例求出來的結果即可代表 A、B 的結果，這是較容易接受的觀念，也較容易得到！

因此，設 $\Delta y=0$，即沿水平方向（沿 x 軸之方向）逼近，則由 (2) 式得

$$\Delta z=\frac{\partial z}{\partial x}\Delta x \text{，} \therefore A=\frac{\partial z}{\partial x}$$

同理，設 $\Delta x=0$，即沿垂直方向（沿 y 軸之方向）逼近，則由 (2) 式得

$$\Delta z = \frac{\partial z}{\partial y}\Delta y \text{ ， } \therefore B = \frac{\partial z}{\partial y}$$

綜合上面之說明，可知

$$\Delta z = \frac{\partial z}{\partial x}\Delta x + \frac{\partial z}{\partial y}\Delta y \cdots\cdots\cdots(3)$$

(3) 式之型式可解釋為：Δz 為 $f(x,y)$ 隨 x、y 變化時之變化量和。

在 $z = f(x,y)$ 為可微分的情況下，若令微小的變化量為 $dx = \Delta x$，$dy = \Delta y$，則由 (3) 式可得 $z = f(x,y)$ 之全部變化量或稱全微分（total differential）定義如下：

定義

全微分

若函數 $z = f(x,y)$ 可微分，則稱 $df = \frac{\partial f}{\partial x}dx + \frac{\partial f}{\partial y}dy \cdots\cdots\cdots(4)$

為 $z = f(x,y)$ 之全微分。

觀念說明

如同單變數函數以「**切線**」近似之觀念：$f(x) = f(a) + f'(a)(x-a)$

若 $z = f(x,y)$ 可微分，則藉由計算在點 (a,b) 之 $f_x(a,b)$、$f_y(a,b)$

可得 $f(x,y) = f(a,b) + f_x(a,b)(x-a) + f_y(a,b)(y-b)$

此式稱為線性近似（linear approximation）或切平面近似（tangent plane approximation），即用平面取代曲面！因此通過點 (a,b) 之「**切平面**」方程式如下：

$$z - f(a,b) = f_x(a,b)(x-a) + f_y(a,b)(y-b) \cdots\cdots\cdots(5)$$

應用：利用全微分求近似值

已知函數 $z = f(x,y)$，則 df 代表 $f(x,y)$ 由於 x、y 微變所引起之變化量總和，因此可估計一個函數之近似值。

例題 1

求 $\sqrt{(2.99)^2+(4.02)^2}\approx ?$

解 令 $f(x,y)=\sqrt{x^2+y^2}$

則 $df=\dfrac{x}{\sqrt{x^2+y^2}}dx+\dfrac{y}{\sqrt{x^2+y^2}}dy$

令 $x=3$，$y=4$，$dx=-0.01$，$dy=0.02$

$\therefore\ f(3,4)=\sqrt{9+16}=5$

$df=\dfrac{3}{5}(-0.01)+\dfrac{4}{5}(0.02)=\dfrac{0.05}{5}=0.01$

故 $\sqrt{(2.99)^2+(4.02)^2}\approx 5+0.01=5.01$。 ■

例題 2

設一圓柱高 100 公分，半徑為 2 公分。若高度增加 1 公分，半徑增加 0.01 公分，求體積增加之近似值？

解 如右圖所示：

體積 $V=\pi r^2h \Rightarrow dV=2\pi rhdr+\pi r^2dh$

$\because\ r=2$ cm，$h=100$ cm，$dh=1$ cm，$dr=0.01$ cm

$\therefore\ dV=2\pi\cdot 2\cdot 100\cdot 0.01+\pi\cdot 2^2\cdot 1$

$=8\pi\ \text{cm}^3$。 ■

牛刀小試

一正圓柱體的高為 10 m，現以每秒 0.3 m 的速率遞減，而其底半徑為 5 m，以每秒 0.5 m 的速率遞增，求其體積的變率？

答：體積 $V(t)=\pi r^2h \Rightarrow \dfrac{dV}{dt}=2\pi rh\dfrac{dr}{dt}+\pi r^2\dfrac{dh}{dt}$

$=2\pi\cdot 5\cdot 10\cdot 0.5-\pi\cdot 5^2\cdot 0.3=42.5\pi$。

例題 3

印象廣告商估計其每月產出的柯布－道格拉斯（Cobb-Douglas）生產函數為

$$Q(x,y)=x^{1/4}y^{3/4}$$

x：勞動支出，y：資本支出

請估算 $Q(1.9,16.1)$ 的近似值？

解 由 $Q(1.9,16.1)=Q(2,16)+Q_x(2,16)(1.9-2)+Q_y(2,16)(16.1-16)$

$$Q_x=\frac{1}{4}x^{-3/4}y^{3/4}\ ,\ Q_y=\frac{3}{4}x^{1/4}y^{-1/4}$$

$$\begin{aligned}\therefore Q(1.9,16.1)&=2^{1/4}(16)^{3/4}+\frac{1}{4}\cdot 2^{-3/4}(16)^{3/4}(-0.1)+\frac{3}{4}\cdot 2^{1/4}(16)^{-1/4}(0.1)\\&=8\times 2^{1/4}-(0.1)\times 2^{1/4}+0.0375\times 2^{1/4}\\&=7.9375\times 2^{1/4}\\&\approx 9.439\end{aligned}$$
。 ■

習題 8-3

1. 求 $\sqrt{(3.01)^2+(3.98)^2}$ 之近似值？
2. 已知 ln5 的估計值約為 1.61，求 $\ln\left[(1.02)^2+(2.03)^2\right]$ 之估計值？

8-4 雙變數函數之極值

此處將探討雙變數函數之極值問題，解說其原理，使同學知其然也知其所以然。首先看如下之圖形：

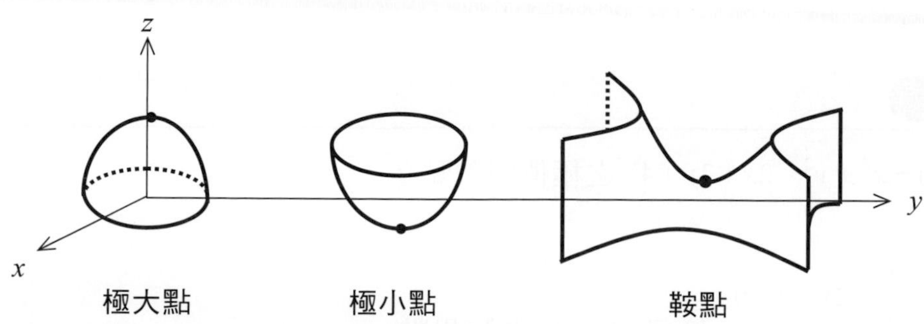

藉由上圖，可將點分類如下：

1. **極大點**：從 x 方向或 y 方向看均為極大。
2. **極小點**：從 x 方向或 y 方向看均為極小。
3. **鞍點**：從 x 方向看為極小，但從 y 方向看為極大，或從 x 方向看為極大，但從 y 方向看為極小。

以上三種類型之點皆稱為臨界點（critical point）或靜止點（stationary point），都滿足如下之定理：

定理

若 $z=f(x,y)$ 在點 (a,b) 為臨界點，則

$$\frac{\partial f}{\partial x}(a,b)=\frac{\partial f}{\partial y}(a,b)=0 \cdots\cdots\cdots(1)$$

而在求得臨界點後如何判斷此點是極大、極小或是鞍點呢？此處省略理論的推導，直接列出以下定理：

定理 雙變數函數極點判斷法

對函數 $f(x,y)$ 而言，已知在點 (a,b) 為臨界點，令

$$f_{xx}(a,b)\equiv A，f_{xy}(a,b)\equiv B，f_{yy}(a,b)\equiv C，H\equiv\begin{vmatrix}A & B\\ B & C\end{vmatrix}=AC-B^2$$

則 (1) $A>0$，$H>0 \Rightarrow$ 極小點

(2) $A<0$，$H>0 \Rightarrow$ 極大點

(3) $H<0 \Rightarrow$ 鞍點

(4) $H=0 \Rightarrow$ 不能判斷（極小點、極大點、鞍點皆有可能）

例題 1

求 $f(x,y)=x^2+y^2-2x+2y+4$ 之極值與鞍點？

解 由 $\begin{cases}\dfrac{\partial f}{\partial x}=2x-2=0\\ \dfrac{\partial f}{\partial y}=2y+2=0\end{cases}$ 解得 $(1,-1)$ 為臨界點

$\frac{\partial^2 f}{\partial x^2}=2$，$\frac{\partial^2 f}{\partial y^2}=2$，$\frac{\partial^2 f}{\partial x\partial y}=0$，$H=\begin{vmatrix}2 & 0\\0 & 2\end{vmatrix}=4$，故 $(1,-1)$ 為極小點。

代入得 $f\big|_{\min}=f(1,-1)=2$ 。 ■

牛刀小試

設 $f(x,y)=x^2-y^2-2x+4y-3$ 之極值與鞍點？

答：由 $\begin{cases}\frac{\partial f}{\partial x}=2x-2=0\\ \frac{\partial f}{\partial y}=-2y+4=0\end{cases}$ 解得 $(1,2)$ 為臨界點

$\frac{\partial^2 f}{\partial x^2}=2$，$\frac{\partial^2 f}{\partial y^2}=-2$，$\frac{\partial^2 f}{\partial x\partial y}=0$，$H=\begin{vmatrix}2 & 0\\0 & -2\end{vmatrix}=-4$

故 $(1,2)$ 為鞍點。

例題 2

求 $f(x,y)=x^3+y^3-3xy$ 之極值與鞍點？

解 由 $\begin{cases}\frac{\partial f}{\partial x}=3x^2-3y=0\\ \frac{\partial f}{\partial y}=3y^2-3x=0\end{cases}$ 得 $\begin{cases}x^2=y\\ y^2=x\end{cases}$

計算可知 $x^4=x\rightarrow x^4-x=0\rightarrow x(x-1)(x^2+x+1)=0$，解得 $x=0,\ 1$

當 $x=0$ 時，$y=0$；當 $x=1$ 時，$y=1$

得 $(0,0)$、$(1,1)$ 為臨界點。

(1) $\frac{\partial^2 f}{\partial x^2}=6x$，$\frac{\partial^2 f}{\partial y^2}=6y$，$\frac{\partial^2 f}{\partial x\partial y}=-3$。

(2) 點 $(0,0)$：$f_{xx}=0$，$f_{xy}=-3$，$f_{yy}=0$，$H=\begin{vmatrix}0 & -3\\-3 & 0\end{vmatrix}=-9$，故 $(0,0)$ 為鞍點。

(3) 點 $(1,1)$：$f_{xx}=6$，$f_{xy}=-3$，$f_{yy}=6$，$H=\begin{vmatrix}6 & -3\\-3 & 6\end{vmatrix}=27$，故 $(1,1)$ 為極小點。

■

牛刀小試

設 $f(x,y)=x^2+y^2+xy-3x-3y$，求極值？

答：由 $\begin{cases}\dfrac{\partial f}{\partial x}=2x+y-3=0\\ \dfrac{\partial f}{\partial y}=x+2y-3=0\end{cases}$ 解得 $(1,1)$ 為臨界點

$\dfrac{\partial^2 f}{\partial x^2}=2$，$\dfrac{\partial^2 f}{\partial y^2}=2$，$\dfrac{\partial^2 f}{\partial x\partial y}=1$，$H=\begin{vmatrix}2 & 1\\ 1 & 2\end{vmatrix}=3$，故 $(1,1)$ 為極小點。

代入得 $f\big|_{\min}=f(1,1)=-3$。

例題 3

立維公司欲製造兩型滑鼠，已知生產第一型燈泡 x 個、生產第二型燈泡 y 個時，其收入函數為 $R(x, y) = -0.2x^2 - 0.25y^2 - 0.2xy + 224x + 180y$ 元，而生產第一型滑鼠 x 個與第二型滑鼠 y 個所需之成本為 $C(x, y) = 120x + 80y + 2000$ 元，問第一型與第二型的滑鼠要生產幾個可得到最大利潤？

解 由題意知

$$\begin{aligned}P(x, y) &= R(x, y) - C(x, y)\\ &= (-0.2x^2 - 0.25y^2 - 0.2xy + 224x + 180y) - (120x + 80y + 2000)\\ &= -0.2x^2 - 0.25y^2 - 0.2xy + 104x + 100y - 2000\end{aligned}$$

$\dfrac{\partial P}{\partial x}=-0.4x-0.2y+104=0$，$\dfrac{\partial P}{\partial y}=-0.5y-0.2x+100=0$

聯立解上兩式得 $x = 200$，$y = 120$

$\dfrac{\partial^2 P}{\partial x^2}=-0.4$，$\dfrac{\partial^2 P}{\partial y^2}=-0.5$，$\dfrac{\partial^2 P}{\partial x\partial y}=-0.2$，$H=\begin{vmatrix}-0.4 & -0.2\\ -0.2 & -0.5\end{vmatrix}=0.16$

故 $(200, 120)$ 為極大點，

此時最大獲利為 $P(200, 120) = 14400$ 元。

例題 4

飛力公司欲製造二型燈泡，已知生產第一型燈泡 x 個時，每個可賣 $(100-2x)$ 元，生產第二型燈泡 y 個時，每個可賣 $(125-3y)$ 元，但生產第一型燈泡 x 個與第二型燈泡 y 個所需之成本為 $(12x+11y+4xy)$ 元，問第一型與第二型的燈泡要生產幾個可得到最大利潤？

解 由題意知

利潤為 $P(x,y)=x(100-2x)+y(125-3y)-(12x+11y+4xy)$

$$=88x-2x^2+114y-3y^2-4xy$$

由 $\begin{cases}\dfrac{\partial P}{\partial x}=88-4x-4y=0\\ \dfrac{\partial P}{\partial y}=114-4x-6y=0\end{cases}\xrightarrow{\text{解得}} x=9，y=13$

$\dfrac{\partial^2 P}{\partial x^2}=-4$，$\dfrac{\partial^2 P}{\partial y^2}=-6$，$\dfrac{\partial^2 P}{\partial x\partial y}=-4$，$H=\begin{vmatrix}-4 & -4\\ -4 & -6\end{vmatrix}=8$

故 $(9,13)$ 為極大點，最大利潤為

$P(9,13)=\left[88x-2x^2+114y-3y^2-4xy\right]\Big|_{(9,13)}=1137$。■

習題 8-4

1. 判斷 $f(x,y)=x^2-y^2-2x+4y-3$ 之臨界點為極大、極小或鞍點？
2. 判斷 $f(x,y)=x^2+y^3+6xy-7x-6y$ 之臨界點為極大、極小或鞍點？
3. 判斷 $f(x,y)=x^2-y^3-10x+12y+19$ 之臨界點為極大、極小或鞍點？
4. 求 $f(x,y)=3x^2-9xy+3y^2+4$ 之極值與鞍點？
5. 求 $f(x,y)=x^3-4xy+2y^2$ 之極值與鞍點？
6. 求 $f(x,y)=x^3+y^3-3x-12y+20$ 之極值？
7. 求 $f(x,y)=x^3-y^3-2xy+6$ 之極值？
8. 求 $f(x,y)=x^4+y^4-4xy+8$ 之極值？
9. 求 $f(x,y)=6x^2-8xy+8y^2-8x+16y+8$ 之極值？
10. 宏大科技公司欲製造二型手機，已知生產第一型手機 x 個時，每個可賣 $(40-8x+5y)$ 元，生產第二型手機 y 個時，每個可賣 $(50+9x-7y)$ 元，但生產第一型手機 x 個與第二型手機 y 個所需之成本為 $(1400+100x-90y)$ 元，問第一型手機與第二型手機要生產幾個可得到最大利潤？

8-5 限制條件下之極值求法

對雙變數函數 $f(x,y)$ 而言，經常會碰到自變數 x 或 y 都有範圍限制的情況。例如一公司的資金或是人力都有它的限制，本節即討論存在限制條件下之極值求法。

拉格朗日乘子法

拉格朗日（Lagrange）乘子法是一種在限制條件下求極值之方法。若點 (x,y) 須滿足 $g(x,y)=0$ 之限制，而欲求 $f(x,y)$ 之極值，由偏微分的意義，知必須 $f(x,y)$ 變化最大之方向與 $g(x,y)$ 變化最大之方向二者若恰好成「常數倍」才能得極值（意思即二者同進退）！此處省略理論推導，直接說明計算過程如下：

令 λ 為一參數，稱為拉格朗日乘子（Lagrange multiplier）

且設 $L(x,y,\lambda)=f(x,y)+\lambda g(x,y)$

由 $\dfrac{\partial L}{\partial x}=\dfrac{\partial L}{\partial y}=\dfrac{\partial L}{\partial \lambda}=0$ 得如下三個方程式：

$$\begin{cases} \dfrac{\partial f}{\partial x}+\lambda\dfrac{\partial g}{\partial x}=0 \cdots\cdots\cdots(1) \\ \dfrac{\partial f}{\partial y}+\lambda\dfrac{\partial g}{\partial y}=0 \cdots\cdots\cdots(2) \\ g(x,y)=0 \cdots\cdots\cdots\cdots(3) \end{cases}$$

由以上之 (1)、(2)、(3) 三個方程式可以解得三個未知數 x、y、λ。

其中稱 $\boldsymbol{f(x,y)}$ ：**目標函數**

$\boldsymbol{g(x,y)}$ ：**限制函數**

同理，擴充到三變數，令 $L(x,y,z,\lambda)=f(x,y,z)+\lambda g(x,y,z)$

則由 $\dfrac{\partial L}{\partial x}=\dfrac{\partial L}{\partial y}=\dfrac{\partial L}{\partial z}=\dfrac{\partial L}{\partial \lambda}=0$，得

$$\begin{cases} \dfrac{\partial f}{\partial x}+\lambda\dfrac{\partial g}{\partial x}=0 \cdots\cdots\cdots(4) \\ \dfrac{\partial f}{\partial y}+\lambda\dfrac{\partial g}{\partial y}=0 \cdots\cdots\cdots(5) \\ \dfrac{\partial f}{\partial z}+\lambda\dfrac{\partial g}{\partial z}=0 \cdots\cdots\cdots(6) \\ g(x,y,z)=0 \cdots\cdots\cdots\cdots(7) \end{cases}$$

由以上之 (4)、(5)、(6)、(7) 四個方程式可以解得四個未知數 x、y、z、λ。

例題 1

在圖形 $2x+3y=1$ 上，求使 $f(x,y)=x^2+y^2$ 有最小值之點，及所對應的函數值？

解 由題意知：目標函數 $f(x,y)=x^2+y^2$

限制函數 $2x+3y=1$

$\therefore\ L(x,y,\lambda)=x^2+y^2+\lambda(2x+3y-1)$

$$\text{則}\begin{cases}\dfrac{\partial L}{\partial x}=2x+2\lambda=0\cdots\cdots\cdots(1)\\ \dfrac{\partial L}{\partial y}=2y+3\lambda=0\cdots\cdots\cdots(2)\\ 2x+3y=1\ \cdots\cdots\cdots\cdots\cdots(3)\end{cases}$$

從 (1)、(2) 知 $x=\dfrac{2}{3}y$，代入 (3) 式解得 $x=\dfrac{2}{13}$，$y=\dfrac{3}{13}$，故得點為 $(\dfrac{2}{13},\dfrac{3}{13})$，

$f|_{\min}=f(\dfrac{2}{13},\dfrac{3}{13})=(\dfrac{2}{13})^2+(\dfrac{3}{13})^2=\dfrac{1}{13}$。 ■

牛刀小試

在圖形 $2x+3y=6$ 上，求使 $f(x,y)=4x^2+9y^2$ 有最小值之點，及所對應的函數值？

答：令 $L(x,y,\lambda)=4x^2+9y^2+\lambda(2x+3y-6)$

$$\text{則}\begin{cases}\dfrac{\partial L}{\partial x}=8x+2\lambda=0\\ \dfrac{\partial L}{\partial y}=18y+3\lambda=0\\ 2x+3y=6\end{cases}$$

由前二式得 $2x=3y$

代入 $2x+3y=6$ 得 $(x,y)=(\dfrac{3}{2},1)$，得最小值 18。

例題 2

在圖形 $x^2+y^2=1$ 上，求使 $f(x,y)=6x^2+2y^2-5$ 有最小值之點，及所對應的函數值？

解　由題意知：目標函數 $f(x,y)=6x^2+2y^2-5$

限制函數 $x^2+y^2=1$

令 $L(x,y,\lambda)=6x^2+2y^2-5+\lambda(x^2+y^2-1)$

則 $\begin{cases} \dfrac{\partial L}{\partial x}=12x+2\lambda x=0 \cdots\cdots\cdots(1) \\ \dfrac{\partial L}{\partial y}=4y+2\lambda y=0 \cdots\cdots\cdots\cdots(2) \\ x^2+y^2=1 \cdots\cdots\cdots\cdots\cdots\cdots\cdots(3) \end{cases}$

解 (1) ～ (2) 式得 $x=0$ 或 $y=0$，代入 (3) 得 $(x,y)=(\pm1,0)$ 或 $(0,\pm1)$。

計算 $f(\pm1,0)=6-5=1$，$f(0,\pm1)=2-5=-3$，

故得最小值為 -3，最小值之點為 $(0,1)$ 與 $(0,-1)$。 ■

牛刀小試

在圖形 $x^2+y^2=1$ 上，求使 $f(x,y)=4x^2+9y^2$ 有最小值之點，及所對應的函數值？

答：$L(x,y,\lambda)=4x^2+9y^2+\lambda(x^2+y^2-1)$

則 $\begin{cases} \dfrac{\partial L}{\partial x}=8x+2\lambda x=0 \\ \dfrac{\partial L}{\partial y}=18y+2\lambda y=0 \\ x^2+y^2=1 \end{cases}$

由前二式得 $x=0$ 或 $y=0$

代入 $x^2+y^2=1$ 得 $(x,y)=(0,\pm1)$ 或 $(\pm1,0)$ 。

計算 $f(\pm1,0)=4$，$f(0,\pm1)=9$，

故得最小值為 4，最小值之點為 $(1,0)$ 與 $(-1,0)$。

例題 3

求函數 $f(x, y, z) = x - y + z$ 之極大值、極小值，但 x、y、z 需滿足 $x^2 + y^2 + z^2 = 9$。

解 由題意知：目標函數 $f(x, y, z) = x - y + z$

限制函數 $x^2 + y^2 + z^2 = 9$

令 $L(x, y, z, \lambda) = x - y + z + \lambda(x^2 + y^2 + z^2 - 9)$

則 $\begin{cases} L_x = 1 + 2\lambda x = 0 \\ L_y = -1 + 2\lambda y = 0 \\ L_z = 1 + 2\lambda z = 0 \\ x^2 + y^2 + z^2 = 9 \end{cases}$

由前三式知 $x = -y = z$，代入 $x^2 + y^2 + z^2 = 9$ 後解得

$(x, y, z) = (\sqrt{3}, -\sqrt{3}, \sqrt{3})$ 或 $(-\sqrt{3}, \sqrt{3}, -\sqrt{3})$

計算得極大值為 $f(\sqrt{3}, -\sqrt{3}, \sqrt{3}) = 3\sqrt{3}$

極小值為 $f(-\sqrt{3}, \sqrt{3}, -\sqrt{3}) = -3\sqrt{3}$。 ■

牛刀小試

求函數 $f(x, y, z) = 6xy + 18yz + 24xz$ 之極大值、極小值，但 x、y、z 需滿足 $xyz = 1500$。

答：

令 $L(x, y, z, \lambda) = 6xy + 18yz + 24xz + \lambda(xyz - 1500)$

則 $\begin{cases} L_x = 6y + 24z + \lambda yz = 0 \\ L_y = 6x + 18z + \lambda xz = 0 \\ L_z = 18y + 24x + \lambda xy = 0 \\ xyz - 1500 = 0 \end{cases}$

由前三式得 $4x = 3y = 12z$，代入 $xyz = 1500$ 解得

$x = 15$，$y = 20$，$z = 5$

∴極小值為 $f(15, 20, 5) = 5400$。

例題 4

宅配公司的運費以包裹的長寬高的長度總和來計價。如果某包裹的長寬高的長度總和限制在 60 公分的話，請問此包裹的最大容量為何？

解　由題意知：目標函數 $V(x,y,z)=xyz$

限制函數 $x+y+z=60$

得 $L(x,y,z,\lambda)=xyz+\lambda(x+y+z-60)$

則
$$\begin{cases} \dfrac{\partial L}{\partial x}=yz+\lambda=0 \cdots\cdots\cdots(1) \\ \dfrac{\partial L}{\partial y}=xz+\lambda=0 \cdots\cdots\cdots(2) \\ \dfrac{\partial L}{\partial z}=xy+\lambda=0 \cdots\cdots\cdots(3) \\ x+y+z=60 \cdots\cdots\cdots(4) \end{cases}$$

先由式 (1)、(2)、(3) 得 $yz=xz=xy$，即 $x=y=z$

代入 (4) 式解得 $x=y=z=20$

故 $V|_{\max}=xyz=20\times20\times20=8000$（立方公分）。■

牛刀小試

一個無蓋的開口長方體盒子，如果此盒子的體積限制在 500 立方公分，請問此盒子的長、寬、高為何可使其表面積最小？

答：設長、寬、高分別為 x、y、z，依題意知：

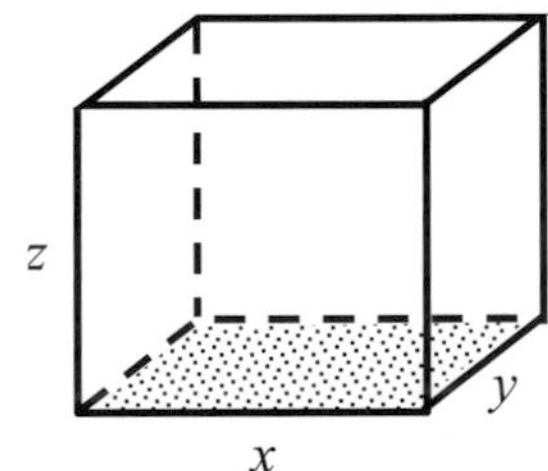

目標函數 $A=xy+2yz+2xz$

限制函數 $V=xyz=500$

$L(x,y,z,\lambda)=xy+2yz+2zx+\lambda(xyz-500)$

則
$$\begin{cases} \dfrac{\partial L}{\partial x}=y+2z+\lambda yz=0 \cdots\cdots\cdots(1) \\ \dfrac{\partial L}{\partial y}=x+2z+\lambda xz=0 \cdots\cdots\cdots(2) \\ \dfrac{\partial L}{\partial z}=2x+2y+\lambda xy=0 \cdots\cdots\cdots(3) \\ xyz-500=0 \cdots\cdots\cdots\cdots\cdots\cdots(4) \end{cases}$$

先由式 (1)、(2)、(3) 得 $-\lambda=\dfrac{y+2z}{yz}=\dfrac{x+2z}{xz}=\dfrac{2x+2y}{xy}$

整理後得 $x=2k$，$y=2k$，$z=k$

代入 (4) 式：$2k\cdot 2k\cdot k=500\rightarrow k=5$

故長 = 10 公分，寬 = 10 公分，高 = 5 公分。

心得 拉格朗日乘子法之公式不難，但難在如何算出 x、y、z！這猶如解方程式，無固定規則可言！但大部份都是先解 $\dfrac{\partial L}{\partial x}=\dfrac{\partial L}{\partial y}=\dfrac{\partial L}{\partial z}=0$，得到 x、y、z 的關係後，再代入限制函數 $g(x,y,z)=0$ 得到確定的 x、y、z。

例題 5

大贏科技製造商估計其每月產出的柯布－道格拉斯生產函數為：

$$Q(x,y)=100x^{3/4}y^{1/4}$$

x：勞動支出

y：資本支出

若一單位的勞動支出為 100 元，一單位的資本支出為 200 元，總預算為 200,000 元，請問當 x、y 各為多少時可得最大產出？

解 目標函數 $f(x,y)=100x^{3/4}y^{1/4}$

限制函數 $100x+200y=200000$

$\therefore\ L(x,y,\lambda)=100\,x^{3/4}y^{1/4}+\lambda(100\,x+200y-200000)$

則 $\begin{cases}\dfrac{\partial L}{\partial x}=75x^{-1/4}y^{1/4}+100\lambda=0\cdots\cdots\cdots(1)\\ \dfrac{\partial L}{\partial y}=25x^{3/4}y^{-3/4}+200\lambda=0\cdots\cdots\cdots(2)\\ 100x+200y=200000\cdots\cdots\cdots\cdots\cdots(3)\end{cases}$

由 (1)、(2) 得 $x=6y\xrightarrow{\text{代入 (3)}}x=1500$，$y=250$

$\therefore\ f(1500,\ 250)=100\,(1500)^{3/4}(250)^{1/4}$。 ■

牛刀小試

海維儀器製造廠商估計其每月產出的柯布－道格拉斯生產函數為 $Q(x,y)=10x^{0.3}y^{0.7}$

x：勞動支出

y：資本支出

若一單位的勞動支出為 6 元，一單位的資本支出為 7 元，總預算為 1,200 元，請問當 x、y 各為多少時可得最大產出？

答：目標函數 $f(x,y)=10x^{0.3}y^{0.7}$

限制函數 $6x+7y=1200$

$L(x,y,\lambda)=10x^{0.3}y^{0.7}+\lambda(6x+7y-1200)$

則 $$\begin{cases} \dfrac{\partial L}{\partial x}=3x^{-0.7}y^{0.7}+6\lambda=0 \cdots\cdots\cdots(1) \\ \dfrac{\partial L}{\partial y}=7x^{0.3}y^{-0.3}+7\lambda=0 \cdots\cdots\cdots(2) \\ 6x+7y=1200 \cdots\cdots\cdots\cdots\cdots\cdots(3) \end{cases}$$

由 (1)、(2) 得 $2x=y\xrightarrow{\text{代入 }(3)}x=60$，$y=120$

$\therefore f(60,120)=10(60)^{0.3}(120)^{0.7}\approx 975$。

習題 8-5

1. 求函數 $f(x,y)=x^2+y^2$ 之極值，但 x、y 需滿足 $5x+6y=5$。
2. 求函數 $f(x,y)=3xy$ 之極值，但 x、y 需滿足 $2x^2+y^2=1$。
3. 求函數 $f(x,y)=xy$ 之極值，但 x、y 需滿足 $x^2+4y^2=8$。
4. 求函數 $f(x,y)=xy^2$ 之極值，但 x、y 需滿足 $x+y=12$。
5. 求函數 $f(x,y,z)=x+3y-2z$ 之極大值、極小值，x、y、z 需滿足 $x^2+y^2+z^2=14$。
6. 求函數 $f(x,y,z)=xy^2z^3$ 之極大值，但 x、y、z 需滿足 $x+y+z=12$。
7. 購買 x、y、z 三種物品之效用函數為 $u=5x^{1/3}y^{2/3}z^{1/2}$，每種物品之單價分別為 \$2、\$5、\$1。若一消費者有 \$90，要各買多少才得最大的 u？
8. 欲製造一具容納 108 立方米液體之無蓋長方體容器，試問長、寬、高各多少可使表面積材料最省？

★8-6 偏導數在商學之應用

本節將利用偏微分來討論二個商學的內容。

邊際分析

邊際分析的觀念在前面已經提過，在雙變數函數中，指的是當函數中某個變數增加 1 單位時，其函數值的變化。

例題 1

威勝企業社有 10 名高級工程師與 25 名一般工程師，其每月的產出是：

$$Q(x,y)=100x+50y+20xy-5x^2-3y^2$$

其中 x：高級工程師人數

y：一般工程師人數

(1) 請問當增加一名高級工程師時，每月產出的變化？

(2) 請問當增加一名一般工程師時，每月產出的變化？

解

(1) 由 $Q(x,y)=100x+50y+20xy-5x^2-3y^2$

則 $\dfrac{\partial Q}{\partial x}=100+20y-10x$

$\therefore \dfrac{\partial Q}{\partial x}(10,25)=100+500-100=500$

即每月產出多 500。

(2) 由 $Q(x,y)=100x+50y+20xy-5x^2-3y^2$

則 $\dfrac{\partial Q}{\partial y}=50+20x-6y$

$\therefore \dfrac{\partial Q}{\partial y}(10,25)=50+200-150=100$

即每月產出多 100。 ■

商學上有一個常見的生產函數模型如下：

$$Q = f(L,K) = AL^a K^b$$

其中 A、a、b 皆為正的常數，且 $a+b=1$，此生產函數稱為柯布－道格拉斯（Cobb-Douglas）生產函數，其中

Q：產量

L：勞動因素的投入金額（勞動支出）

K：資本設備的投入金額（資本支出）

利用偏微分可求得 $\frac{\partial Q}{\partial L}$ 與 $\frac{\partial Q}{\partial K}$，其意義分別如下：

1. $\frac{\partial Q}{\partial L}$ 稱為勞動邊際生產力（marginal productivity of labor）：
   衡量當資本支出固定時，勞動支出變動對產量變動之變化率。
2. $\frac{\partial Q}{\partial K}$ 稱為資本邊際生產力（marginal productivity of capital）：
   衡量當勞動支出固定時，資本支出變動對產量變動之變化率。

例題 2

大贏科技製造商估計其每月產出的柯布－道格拉斯生產函數為：

$$Q(L,K) = 60L^{2/3}K^{1/3}$$

L：勞動支出，單位為工時

K：資本支出，單位為萬元

(1) 計算當 $L=64$，$K=8$ 之勞動邊際生產力 $\frac{\partial Q}{\partial L}$ 與資本邊際生產力 $\frac{\partial Q}{\partial K}$。

(2) 製造商欲增加產出，應該增加資本額或勞動力？

解

(1) 由 $Q(L,K) = 60L^{2/3}K^{1/3}$

則 $\frac{\partial Q}{\partial L} = 40L^{-1/3}K^{1/3}$，$\frac{\partial Q}{\partial L}(64,8) = 40\cdot(64)^{-1/3}\cdot 8^{1/3} = 20$

$\frac{\partial Q}{\partial K} = 20L^{2/3}K^{-2/3}$，$\frac{\partial Q}{\partial K}(64,8) = 20\cdot(64)^{2/3}\cdot 8^{-2/3} = 80$。

(2) $\because \frac{\partial Q}{\partial K} > \frac{\partial Q}{\partial L}$，故應該增加資本額。 ■

替代性商品與互補性商品

此處將要考慮兩種商品 A、B 之間的互相需求性。說明如下：

如果 A、B 二商品中任何一種商品的需求增加時，導致另一種商品在需求上的減少，我們稱此兩種商品互為替代性商品（substitute commodities），例如筆電與平板即是互為替代性商品。若一商品的需求減少導致另一商品的需求也隨之減少，則此兩商品互稱為互補性商品（complementary commodities），例如茶葉與茶壺即是互補商品。

此處欲判斷兩商品 A 與 B 是否為替代商品或為互補商品。

假設 $D_1(p_1,p_2)$ 與 $D_2(p_1,p_2)$ 分別表商品 A 與 B 之需求量，且 p_1 與 p_2 分別為它們的價格，因為已知價格增加時，需求量會減少，亦即已有

$$\frac{\partial D_1}{\partial p_1}<0$$

$$\frac{\partial D_2}{\partial p_2}<0$$

對替代性商品而言，若假設商品 A 之價格不變，商品 B 價格增加，導致商品 A 需求量增加，即有 $\frac{\partial D_1}{\partial p_2}>0$，同理 $\frac{\partial D_2}{\partial p_1}>0$。

對互補性商品而言，若假設商品 A 之價格不變，商品 B 價格增加，導致商品 A 需求量減少，即有 $\frac{\partial D_1}{\partial p_2}<0$，同理 $\frac{\partial D_2}{\partial p_1}<0$。

例題 3

假設 A、B 二商品的需求函數分別為 $D_1(p_1,p_2)=\frac{p_2}{1+\sqrt{p_1}}$，$D_2(p_1,p_2)=\frac{3p_1}{1+p_2^4}$。請問此二商品為替代性商品或互補性商品或二者都不是？

解 由 $D_1(p_1,p_2)=\frac{p_2}{1+\sqrt{p_1}}$，$D_2(p_1,p_2)=\frac{3p_1}{1+p_2^4}$

則 $\frac{\partial D_1}{\partial p_2}=\frac{1}{1+\sqrt{p_1}}>0$

$$\frac{\partial D_2}{\partial p_1}=\frac{3}{1+p_2^4}>0$$

故 A、B 為替代性商品。 ■

習題 8-6

1. 力快五金加工廠有 20 部綜合加工機與 40 部傳統車床機，其每月的產出是
   $Q(x,y)=200x+80y+30xy-2x^2-4y^2$
   其中 x：綜合加工機數目
   y：傳統車床機數目
   (1) 請問當增加一部綜合加工機時，每月產出的變化？
   (2) 請問當增加一部傳統車床機時，每月產出的變化？
2. 上贏自動機器科技製造公司估計其每月產出的柯布－道格拉斯生產函數為
   $Q(L,K)=80L^{3/4}K^{1/4}$
   L：勞動支出，單位為工時
   K：資本支出，單位為萬元
   (1) 計算當 $L=16$，$K=81$ 之勞動邊際生產力 $\frac{\partial Q}{\partial L}$ 與資本邊際生產力 $\frac{\partial Q}{\partial K}$。
   (2) 製造商欲增加產出，應該增加資本額或勞動力？
3. 設小麥、麵包二食物的需求函數，分別為 $D_1(p_1,p_2)=360+\frac{20}{2+p_1}-4p_2$，$D_2(p_1,p_2)=600+\frac{8}{1+p_2}-5p_1$。請問此二商品為替代性商品或互補性商品或二者都不是？

★8-7 最小平方法

如果在 x-y 平面上給定 n 個點如右：(x_1,y_1)，(x_2,y_2)，…，(x_n,y_n)。

我們欲求出一條直線，使得這些點與此直線的「誤差」平方和為最小，這個過程稱為最小平方法（method of least square），廣泛地應用於科學或商業行為，如下圖所示：

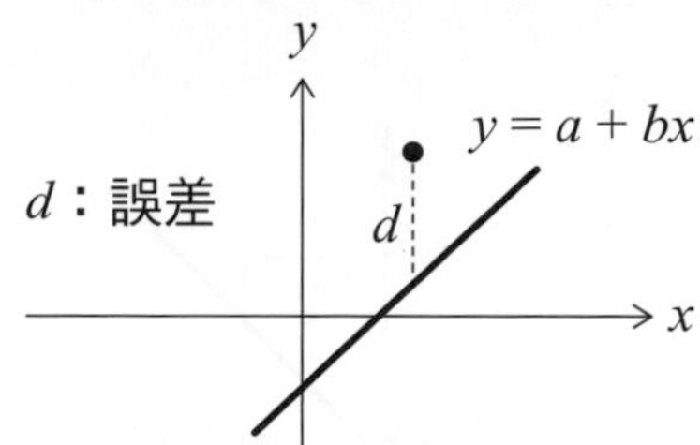

令此一直線為 $y=a+bx$

則平方和 $S=\sum_{i=1}^{n}(y_i-a-bx_i)^2$，如下圖所示：

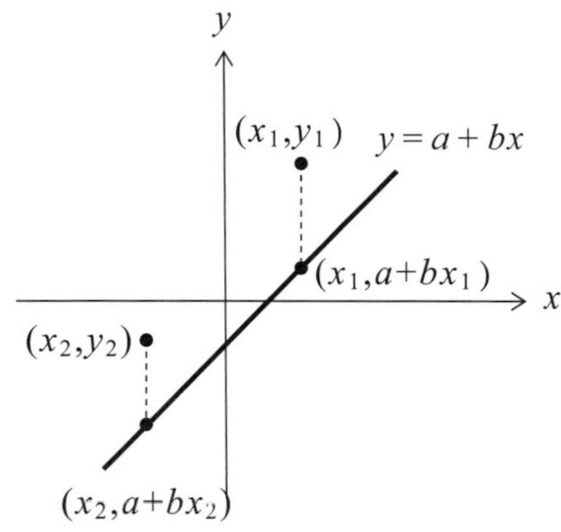

欲得到 $S=S(a,b)$ 之極小值，則

$$\frac{\partial S}{\partial a}=-2\sum_{i=1}^{n}(y_i-a-bx_i)=0 \cdots\cdots\cdots\cdots (1)$$

$$\frac{\partial S}{\partial b}=-2\sum_{i=1}^{n}x_i(y_i-a-bx_i)=0 \cdots\cdots\cdots\cdots (2)$$

由 (1) 式 $\Rightarrow na+b\sum_{i=1}^{n}x_i=\sum_{i=1}^{n}y_i \cdots\cdots\cdots\cdots (3)$

由 (2) 式 $\Rightarrow a\sum_{i=1}^{n}x_i+b\sum_{i=1}^{n}x_i^2=\sum_{i=1}^{n}x_iy_i \cdots\cdots (4)$

(3)、(4) 二式即為求出 a、b 之方程式。

例題 1

求由五點 (1,3)、(–2,2)、(0,4)、(3,4)、(2,7) 所決定之最小平方直線。

解

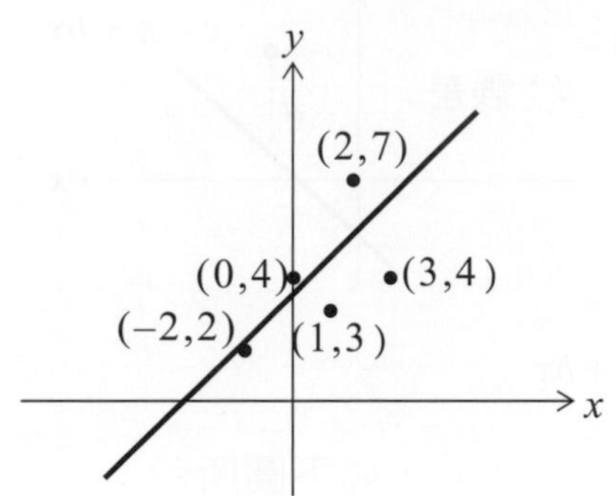

令此直線為 $y=a+bx$，則代入五點之 S 如下所示：

$$S=(a+b-3)^2+(a-2b-2)^2+(a-4)^2+(a+3b-4)^2+(a+2b-7)^2$$

則 $\dfrac{\partial S}{\partial a}=2(a+b-3)+2(a-2b-2)+2(a-4)+2(a+3b-4)+2(a+2b-7)=0$

$\dfrac{\partial S}{\partial b}=2(a+b-3)-4(a-2b-2)+6(a+3b-4)+4(a+2b-7)=0$

整理得 $\begin{cases}10a+8b=40\\8a+36b=50\end{cases}$

解得 $a=\dfrac{260}{74}$，$b=\dfrac{45}{74}$，故直線為 $y=\dfrac{260}{74}+\dfrac{45}{74}x$。 ■

牛刀小試

求由四點 (1,1.7)、(2,1.8)、(3,2.3)、(4,3.2) 所決定之最小平方直線。

答：令此直線為 $y=a+bx$，則代入四點之 S 如下所示：

$$S=(a+b-1.7)^2+(a+2b-1.8)^2+(a+3b-2.3)^2+(a+4b-3.2)^2$$

則 $\dfrac{\partial S}{\partial a}=2(a+b-1.7)+2(a+2b-1.8)+2(a+3b-2.3)+2(a+4b-3.2)=0$

$\dfrac{\partial S}{\partial b}=2(a+b-1.7)+4(a+2b-1.8)+6(a+3b-2.3)+8(a+4b-3.2)=0$

整理得 $\begin{cases}8a+20b=18\\20a+60b=50\end{cases}$，解得 $a=1$，$b=\dfrac{1}{2}$，故直線為 $y=1+\dfrac{1}{2}x$。

習題 8-7

1. 求由四點 (–2,–3)、(–1,–2)、(0,1)、(1,7) 所決定之最小平方直線。
2. 求由四點 (1,1)、(4,2)、(8,4)、(11,5) 所決定之最小平方直線。

習題解答

8-1

1.

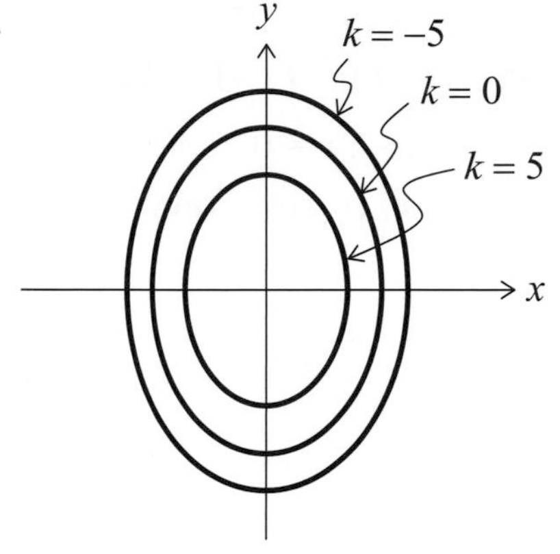

2.

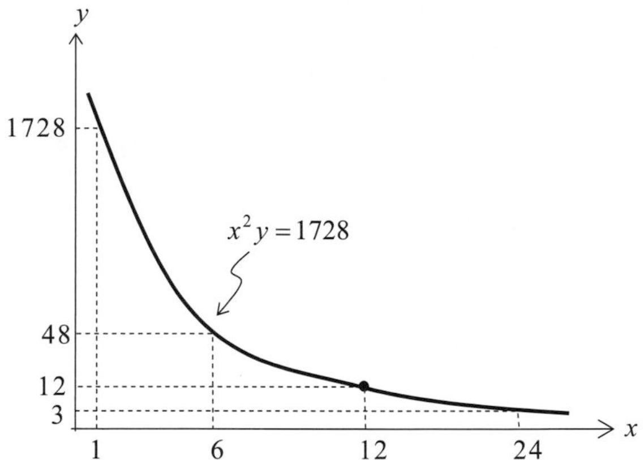

8-2

1. $f_x = 8xy^2 - 32x$

   $f_{xy} = 16xy$

   $f_y = 8x^2y + 4$

   $f_{yx} = 16xy$

2. $\frac{\partial f}{\partial x}(1, 2) = -4$，$\frac{\partial f}{\partial y}(1, 2) = -7$

3. $\frac{\partial z}{\partial x} = 2xy^3 + ye^{xy}$，$\frac{\partial z}{\partial y} = 3x^2y^2 + xe^{xy}$

4. $f_x(2, -1) = -7e^{-4}$，$f_y(-4, 3) = -64e^{48}$

5. $f_x(-1, 4) = \frac{2}{13}$，$f_y(-1, 4) = \frac{7}{13}$

6. $f_x(x, y) = \frac{x}{\sqrt{x^2 + y^2 + 1}}$

   $f_y(x, y) = \frac{y}{\sqrt{x^2 + y^2 + 1}}$

7. $f_x(x, y) = \frac{4y^3}{(x^2 + y^2)^{3/2}}$

   $f_y(x, y) = \frac{4x^3}{(x^2 + y^2)^{3/2}}$

8. $f_x = 8xy^2 - 32x$，$f_{xy} = 16xy$

   $f_y = 8x^2y + 4$，$f_{yx} = 16xy$

9. $\frac{\partial f}{\partial x}(2, 1) = 16$，$\frac{\partial f}{\partial y}(2, 1) = 8$

10. $f_x = \frac{1}{y}e^{x/y}$，$f_y = -\frac{x}{y^2}e^{x/y}$

    $f_{xx} = \frac{1}{y^2}e^{x/y}$，$f_{yy} = \frac{2x}{y^3}e^{x/y} + \frac{x^2}{y^4}e^{x/y}$

11. $f_{xy}(1, 1) = \frac{9}{4}$

12. $\left.\frac{\partial f}{\partial x}\right|_{(500,1000)} = 12$，$\left.\frac{\partial f}{\partial y}\right|_{(500,1000)} = 4.5$

13. $f(x, y) = e^x \ln y - e^y \ln x$

8-3

1. 4.99

2. 1.642

8-4

1. $(1,2)$ 為鞍點
2. $(\frac{1}{2},1)$ 為鞍點
   $(-\frac{23}{2},5)$ 為極小點
3. $(5, 2)$ 為鞍點，$(5, -2)$ 為極小點
4. $(0,0)$ 為鞍點
5. $(0,0)$ 為鞍點
   $(\frac{4}{3},\frac{4}{3})$ 為極小點
6. 2 為極小值，38 為極大值
7. 極大值為 $f(-\frac{2}{3},\frac{2}{3})=\frac{170}{27}$
8. 極小值為 $f(1, 1) = f(-1, -1) = 6$
9. 極小值為 $f(0, -1) = 0$
10. 最大利潤為 $P(40,50) = 900$

8-5

1. $\frac{1525}{3721}$
2. 極大值為 $\frac{3}{2\sqrt{2}}$，極小值為 $-\frac{3}{2\sqrt{2}}$
3. 極大值為 2，極小值為 −2
4. 256
5. −14 為極小值，14 為極大值
6. 6912
7. $x=10$，$y=8$，$z=30$
8. 長 = 6，寬 = 6，高 = 3

8-6

1. (1) 每月產出多 640
   (2) 每月產出多 360
2. (1) $\frac{\partial Q}{\partial L}=90$，$\frac{\partial Q}{\partial K}=\frac{160}{27}$
   (2) 增加勞動力
3. 小麥、麵包為互補性商品

8-7

1. 直線為 $y=\frac{24}{10}+\frac{33}{10}x$
2. 直線為 $y=\frac{15}{29}+\frac{12}{29}x$

開心笑園

師曰：「以後你們生男孩要取名為英俊，生女孩要取名為漂亮」
生曰：「為什麼？」
師答：「因為這樣你們以後就是英俊的爸爸，漂亮的媽媽啦！」

9 重積分

本章大綱：

★ § 9-1 二重積分

★ § 9-2 二重積分之應用

學習目標：

1. 瞭解逐次積分之計算
2. 瞭解重積分表示立體之體積
3. 熟悉重積分之計算與應用

★ 9-1 二重積分

想要搞清楚二重積分（double integral）（或「二維積分」）的觀念與計算，其實與一維積分相同，只要利用「積分四部曲」即可完成。對學生而言，重積分之應用太廣泛了。依我的教學經驗，二維積分的計算常會困擾許多學生（尤其是積分區域之決定），但我還是強調一句話：仔細讀本書即可海闊天空！

選定在 x-y 平面上一個長方形區域 $\Re=\{(x,y)|a\le x\le b,\ c\le y\le d\}$ 或記為 $\Re=[a,b]\times[c,d]$，一雙變數函數 $f(x,y)$ 在 $\Re$ 內為連續函數，其幾何意義為空間中之曲面，如下二圖所示：

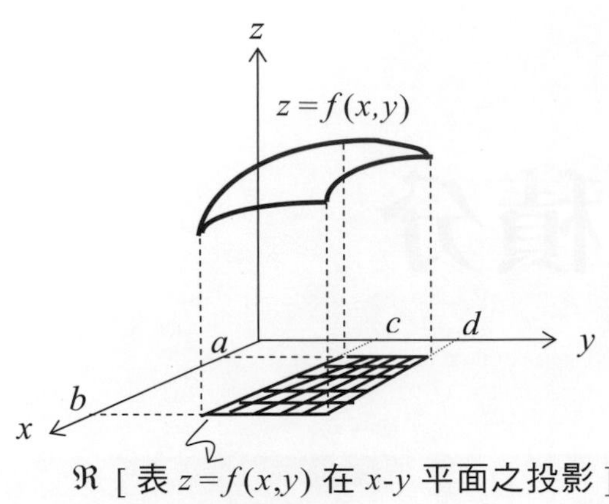

$\Re$ [表 $z=f(x,y)$ 在 x-y 平面之投影]

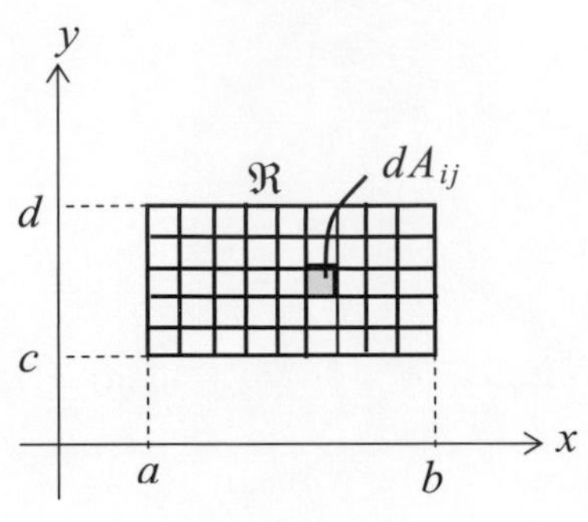

在 x-y 平面表示 $\Re$

則二重積分的定義如下：

定義

二重積分

雙變數函數 $f(x,y)$ 在 $\Re$ 上之黎曼和積分記為 $\iint\limits_{\Re} f(x,y)dxdy$，利用積分四部曲，即：

1. **分割**：將 $\Re$ 分割為許多矩形小區域 dA_{ij}，每個矩形小區域的面積為 $dA_{ij}=dxdy$。
2. **取高**：在每一個 dA_{ij} 內選取一個代表點，記為 (ξ_i,η_j)，即有 $(\xi_i,\eta_j)\in dA_{ij}$，因此可得 $f(\xi_i,\eta_j)$，相當於高度。
3. **求和**：做黎曼和 $\sum_{j=1}^{n}\sum_{i=1}^{n} f(\xi_i,\eta_j)dxdy$。
4. **取極限**：$\lim_{n\to\infty}\sum_{j=1}^{n}\sum_{i=1}^{n} f(\xi_i,\eta_j)dxdy$

   記為 $\lim_{n\to\infty}\sum_{j=1}^{n}\sum_{i=1}^{n} f(\xi_i,\eta_j)dxdy=\iint\limits_{\Re} f(x,y)dxdy$。

觀念說明

1. 當 $f(x,y)\geq 0$ 表「高度」時，則 $\iint\limits_{\Re} f(x,y)dxdy$ 之幾何意義：底部為 $\Re$、高度為 $f(x,y)$ 之立體體積。

特例 若 $f(x,y)=1$，則 $\iint_{\Re} f(x,y)dxdy=\iint_{\Re} 1dxdy=\Re$ 之面積

即二重積分也可以計算平面區域的面積。

2. 二重積分計算觀念同一維積分，例如：

$$\iint_{\Re} f(x,y)dxdy=\iint_{\Re_1} f(x,y)dxdy+\iint_{\Re_2} f(x,y)dxdy$$ ，其中 $\Re=\Re_1+\Re_2$

$$\iint_{\Re}[f(x,y)+g(x,y)]dxdy=\iint_{\Re} f(x,y)dxdy+\iint_{\Re} g(x,y)dxdy$$

3. 欲求 $f(x,y)$ 在區域為 $\Re$ 之平均值（average）時，則定義如下：

$$\bar{f}=\frac{1}{A}\iint_{\Re} f(x,y)dxdy$$ ，其中 A 為區域 $\Re$ 之面積。

接下來的問題是：如何求 $\iint_{\Re} f(x,y)dxdy$？這才是「梗」！現直接以下列要點配合例題逐步說明之。

要點一 若 $f(x,y)\equiv g(x)h(y)$，則

$$\iint_{\Re} g(x)h(y)dxdy=\left[\int_a^b g(x)dx\right]\left[\int_c^d h(y)dy\right]$$

例題 1

求 $\iint_{\Re} xy^2dxdy=?$ 其中 $\Re=[0,1]\times[0,2]$。

解 本題之積分區域如右：

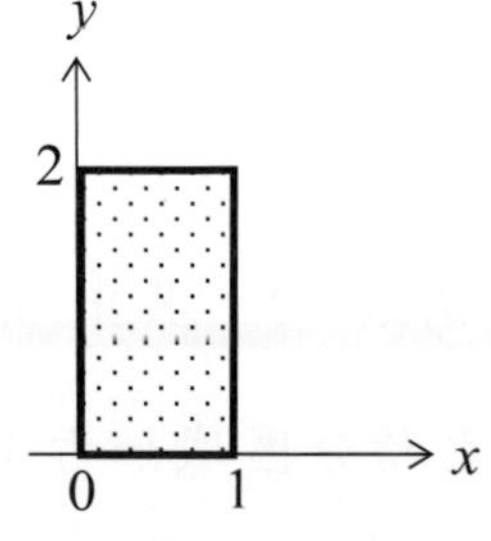

$$\text{原式}=\int_0^1 xdx\cdot\int_0^2 y^2dy$$

$$=\left[\frac{1}{2}x^2\right]_0^1\cdot\left[\frac{1}{3}y^3\right]_0^2$$

$$=\frac{1}{2}\cdot\frac{8}{3}$$

$$=\frac{4}{3}$$ 。 ■

牛刀小試

求 $\iint_{\Re} x^2 y dxdy = ?$ 其中 $\Re = [0,1]\times[0,2]$。

答：本題之積分區域如右：

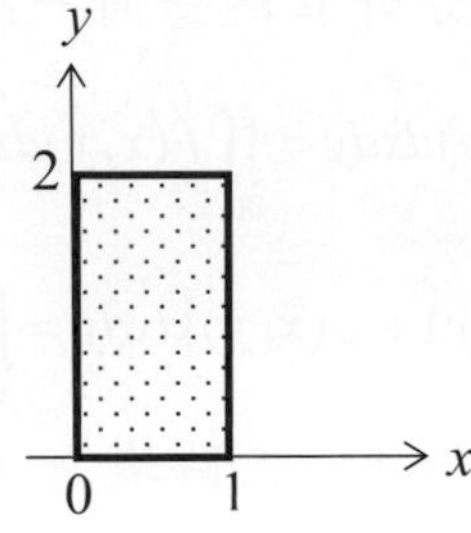

$$\text{原式} = \int_0^1 x^2 dx \cdot \int_0^2 y dy$$
$$= \left[\frac{1}{3}x^3\right]_0^1 \cdot \left[\frac{1}{2}y^2\right]_0^2$$
$$= \frac{1}{3}\cdot 2 = \frac{2}{3}\text{。}$$

例題 2

求 $\iint_{\Re} e^{x+y} dxdy = ?$ 其中 $\Re = [0,1]\times[1,2]$。

解 $e^{x+y} = e^x \cdot e^y$

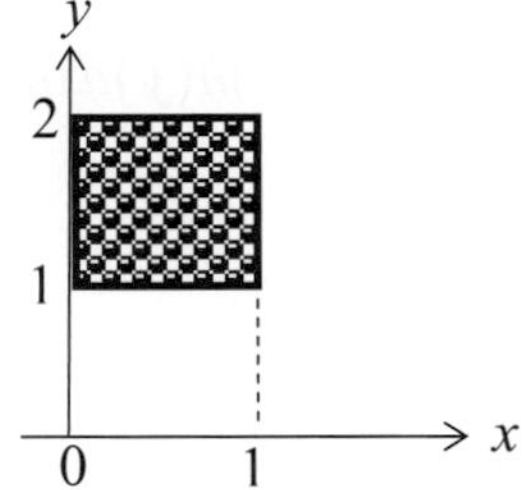

$$\text{原式} = \int_0^1 e^x dx \cdot \int_1^2 e^y dy$$
$$= \left[e^x\right]_0^1 \cdot \left[e^y\right]_1^2$$
$$= (e-1)(e^2-e)$$
$$= e(e-1)^2\text{。}$$ ■

牛刀小試

求 $\iint_{\Re} xe^{x+y} dydx = ?$ 其中 $\Re = [0,1]\times[0,1]$。

答：本題之積分區域如右：

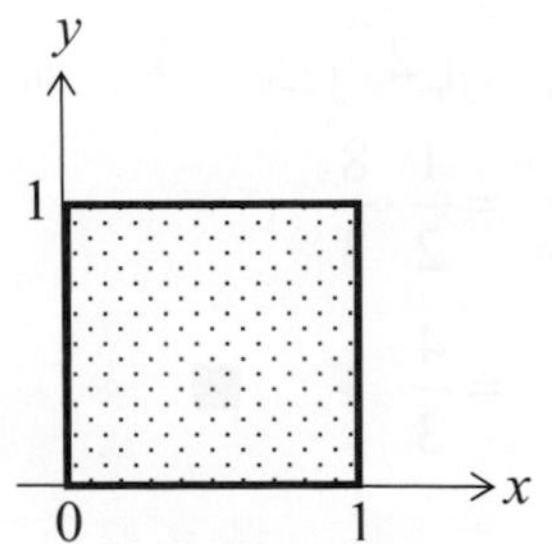

$$\text{原式} = \int_0^1 xe^x dx \cdot \int_0^1 e^y dy$$
$$= \left[(x-1)e^x\right]_0^1 \cdot \left[e^y\right]_0^1$$
$$= 1\cdot(e-1) = e-1\text{。}$$

要點二 如果 $f(x,y)$ 不能分解成 $g(x)\cdot h(y)$，該怎麼辦？此時有如下的定理幫我們：

定理 傅比尼定理

設 $f(x, y)$ 在 $\Re=[a,b]\times[c,d]$ 為連續函數，

其中 $x\in[a,b]$，$y\in[c,d]$，即 $\Re$ 之形狀為長方形區域，則

$$\iint_{\Re} f(x,y)dxdy=\int_a^b\left[\int_c^d f(x,y)dy\right]dx=\int_c^d\left[\int_a^b f(x,y)dx\right]dy$$

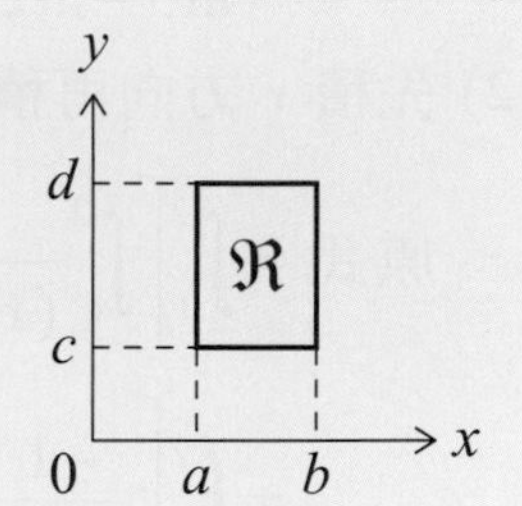

有了傅比尼定理（Fubini Theorem），在計算重積分時會變得簡單許多！依據傅比尼定理，要計算 $\iint_{\Re} f(x,y)dxdy$ 時，可以暫時不管 x 或 y，亦即先對 y（或 x）做一維積分，等 y（或 x）積完後，再對 x（或 y）做積分，因此重積分可以藉由所謂逐次積分（iterated integral）來計算，在計算上已大有幫助。

要點三 因為 $\iint_{\Re} f(x,y)dxdy=\iint_{\Re} f(x,y)dydx$，故先對 x 或 y 積分結果均相同，但問題是：先積 x 或先積 y？答案很乾脆──「方便」就好！有些題目不論先對 x 或 y 積分均很容易，但有些則不一定，因此學習上需配合豐富的計算能力為基礎，並累積經驗！當然一維積分之能力是要先具備的，因為萬丈高樓也是要平地起。

例題 3

求 $\iint_{\Re}\dfrac{1}{(x+y)^2}dxdy=?$ 其中 $\Re=[1,2]\times[0,2]$。

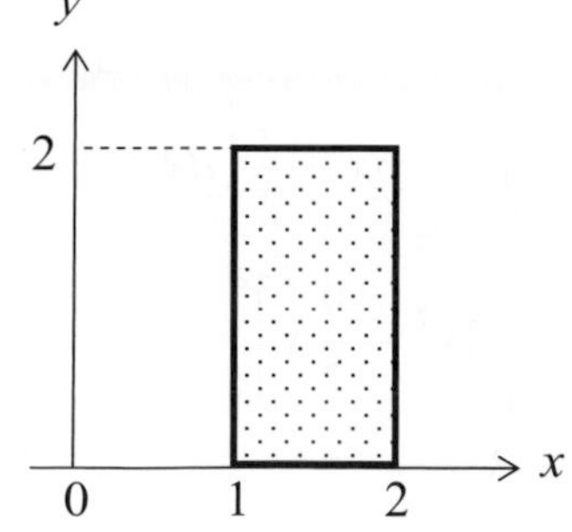

解

(1) 先積 y 方向再積 x 方向

$$\text{原式}=\int_1^2\left[\int_0^2\frac{1}{(x+y)^2}dy\right]dx$$

$$=\int_1^2\left[\left.\frac{-1}{x+y}\right|_0^2\right]dx$$

$$=\int_1^2\left[\frac{-1}{x+2}+\frac{1}{x}\right]dx$$

$$=\left[-\ln(x+2)+\ln(x)\right]_1^2$$

$$=\ln 3-\ln 2$$ 。

(2) 先積 x 方向再積 y 方向

原式 $=\int_0^2\left[\int_1^2\frac{1}{(x+y)^2}dx\right]dy$

$$=\int_0^2\left[\left.\frac{-1}{x+y}\right|_1^2\right]dy$$

$$=\int_0^2\left[-\frac{1}{y+2}+\frac{1}{y+1}\right]dy$$

$$=\left[-\ln(y+2)+\ln(y+1)\right]_0^2$$

$$=\ln 3-\ln 2$$ 。

(3) 此題不論是 x 或 y 哪一個先積分，皆很容易積分，且結果相同，亦驗證了傅比尼定理的正確性。 ■

牛刀小試

求 $\iint_{\Re}(2x-y)dxdy=?$ 其中 $\Re=[0,2]\times[0,3]$ 。

答：本題之積分區域如右：

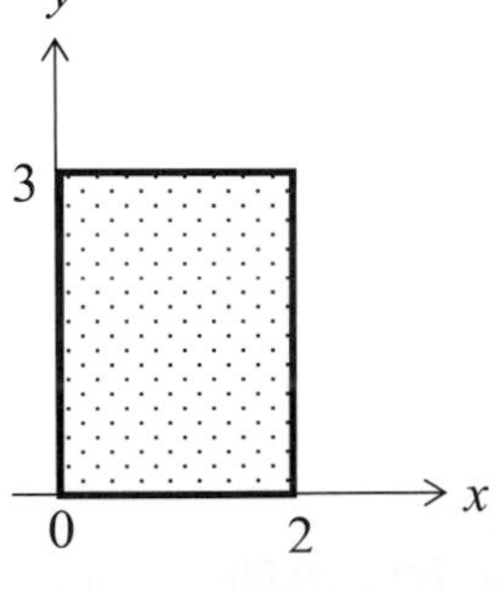

原式 $=\int_0^2\left[\int_0^3(2x-y)dy\right]dx$

$$=\int_0^2\left[\left.2xy-\frac{1}{2}y^2\right|_0^3\right]dx$$

$$=\int_0^2\left[6x-\frac{9}{2}\right]dx$$

$$=\left[3x^2-\frac{9}{2}x\right]_0^2$$

$$=3$$ 。

例題 4

求 $\iint_{\Re} ye^{xy}dA=?$　其中 $\Re=[0,1]\times[0,2]$。

解

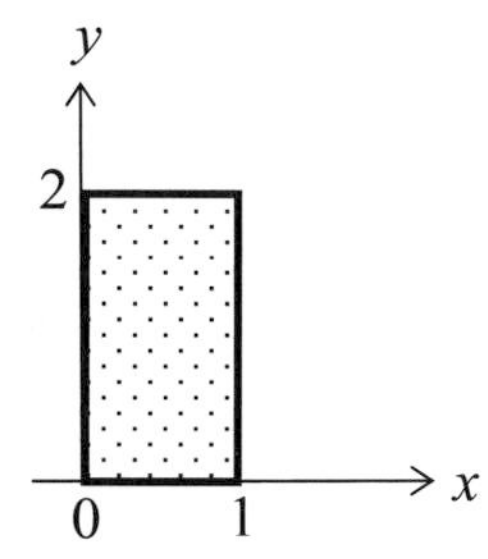

(1) 先積 y 方向再積 x 方向

$$原式=\int_0^1\left[\int_0^2 ye^{xy}dy\right]dx$$

$$=\int_0^1\left[\frac{y}{x}e^{xy}-\frac{1}{x^2}e^{xy}\Big|_0^2\right]dx$$

$$=\int_1^2\left[\frac{1}{x}e^{2x}-\frac{1}{x^2}e^{2x}+\frac{1}{x^2}\right]dx$$

計算到這裡，很難再算下去！

(2) 先積 x 方向再積 y 方向

$$原式=\int_0^2\left[\int_0^1 ye^{xy}dx\right]dy=\int_0^2\left[e^{xy}\right]_{x=0}^{x=1}dy=\int_0^2(e^y-1)dy$$

$$=\left[e^y-y\right]_0^2=e^2-3\text{ 。}$$

(3) 亦即有些題目不論先積 x 或 y 都很容易，但有些則不一定，碰到這種題目，就先挑好積的變數先積分。 ■

求 $\int_0^{\ln 2}\int_0^1 xye^{y^2x}dydx=?$

答：本題之積分區域如右：

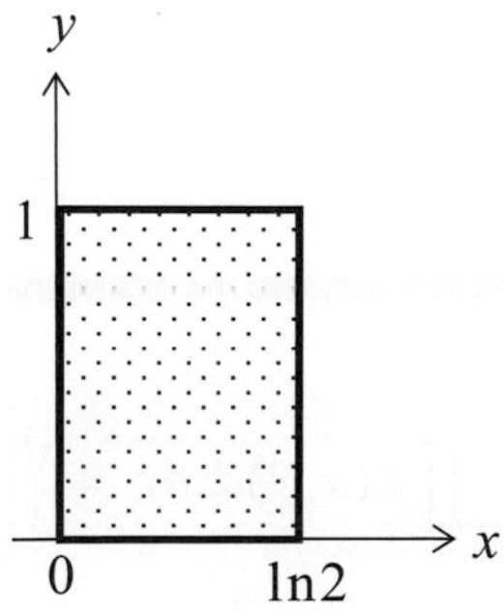

$$\int_0^{\ln 2}\int_0^1 xye^{y^2x}dydx$$

$$=\int_0^{\ln 2}\left[\frac{1}{2}e^{xy^2}\right]_{y=0}^{y=1}dx$$

$$=\int_0^{\ln 2}\frac{1}{2}(e^x-1)dx$$

$$=\frac{1}{2}\left[e^x-x\right]_0^{\ln 2}$$

$$=\frac{1}{2}(1-\ln 2)\text{ 。}$$

要點四 若積分區域不為長方形區域（即任意區域），又該如何計算二重積分？此處分成四類區域說明分析如下：

1. 三角型區域 $\Re$ 由 x 軸、y 軸與直線 $\dfrac{x}{a}+\dfrac{y}{b}=1$ 所圍成，如下圖所示：

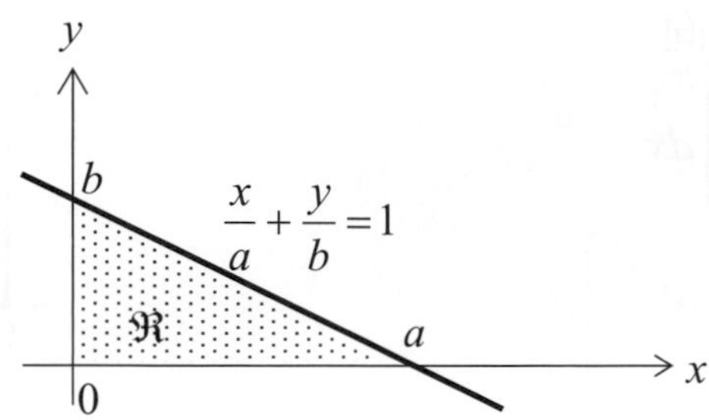

則 $\displaystyle\iint_{\Re} f(x,y)dxdy=\int_0^a\left[\int_{y=0}^{y=b(1-\frac{x}{a})} f(x,y)dy\right]dx$ ～先積 y 再積 x

積 y 時，先將 $\dfrac{x}{a}+\dfrac{y}{b}=1$ 表示為 $y=b\left(1-\dfrac{x}{a}\right)$

因此積分起點為 x 軸（即 $y=0$），終點為 $y=b\left(1-\dfrac{x}{a}\right)$

再積 x 時，只要將此區域 $\Re$ 投影到 x 軸的區間（成為常數區間）即可，如下圖之說明：

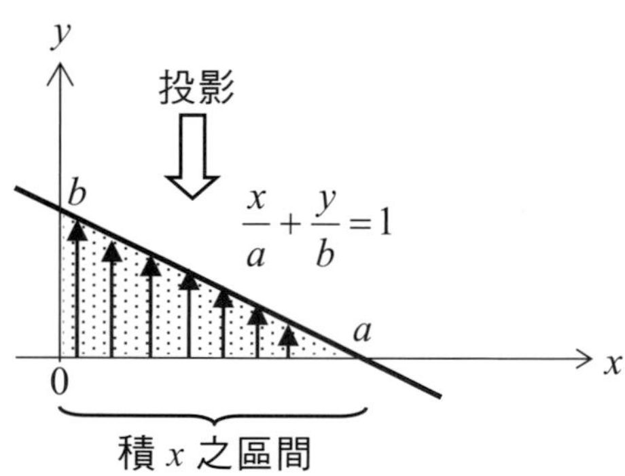

也可以 $\displaystyle\iint_{\Re} f(x,y)dxdy=\int_0^b\left[\int_{x=0}^{x=a(1-\frac{y}{b})} f(x,y)dx\right]dy$ ～先積 x 再積 y

積 x 時，先將 $\dfrac{x}{a}+\dfrac{y}{b}=1$ 表示為 $x=a\left(1-\dfrac{y}{b}\right)$

因此積分起點為 y 軸（即 $x=0$），終點為 $x=a\left(1-\dfrac{y}{b}\right)$

再積 y 時，只要將此區域 $\Re$ 投影到 y 軸的區間（成為常數區間）即可，如下圖之說明：

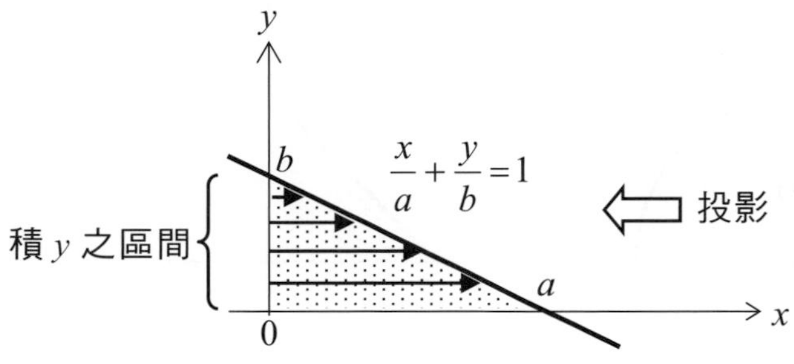

2. 區域 $\Re: a \le x \le b$，$p(x) \le y \le q(x)$ 稱為「**左右切齊型**」，如下圖所示：

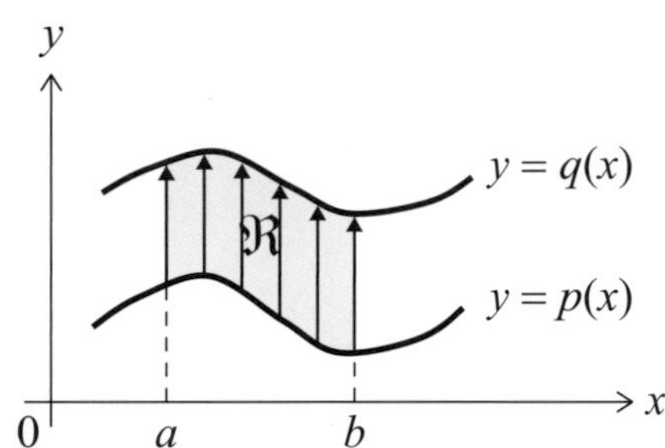

則 $\iint_{\Re} f(x,y)dxdy = \int_a^b \left[\int_{p(x)}^{q(x)} f(x,y)dy \right] dx$

亦即對此種區域只能：先積 y 再積 x。

3. 區域 $\Re: r(y) \le x \le s(y)$，$c \le y \le d$ 稱為「**上下切齊型**」，如下圖所示：

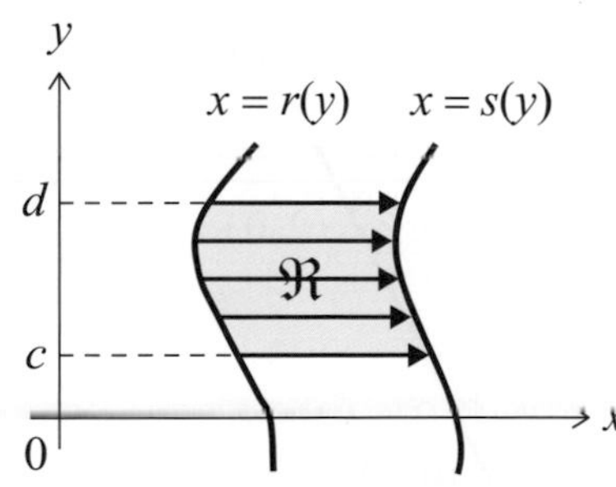

則 $\iint_{\Re} f(x,y)dxdy = \int_c^d \left[\int_{r(y)}^{s(y)} f(x,y)dx \right] dy$

亦即對此種區域只能：先積 x 再積 y。

4. 區域較複雜，則切割成小區域再相加（化繁為簡！），如下圖所示：

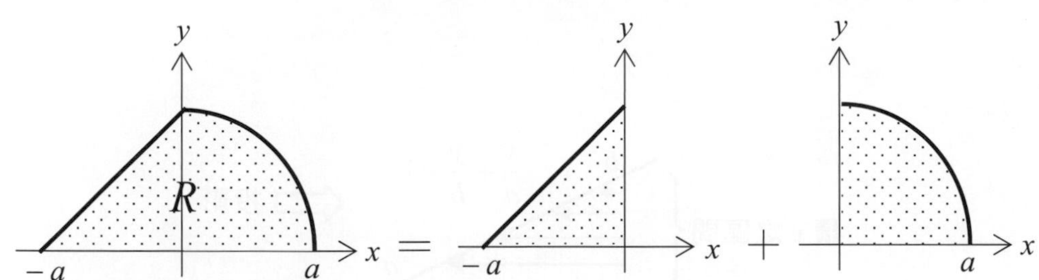

要點五 二重積分重要的計算觀念：最後積分的區間一定是「常數」區間！當然在觀察題目時，要依據題意決定（看出）其積分區域，再依其「**區域形狀**」或「**積分函數之外型**」看出先積哪一個變數較方便。

例題 5

求 $\int_0^2\int_{2x-4}^0 xydydx=?$

解 先依據題意，把積分區域畫在 x-y 平面上！

y 方向：從**直線** $y=2x-4$ 積到**直線** $y=0$

x 方向：從**點** $x=0$ 積到**點** $x=2$

如下圖所示：

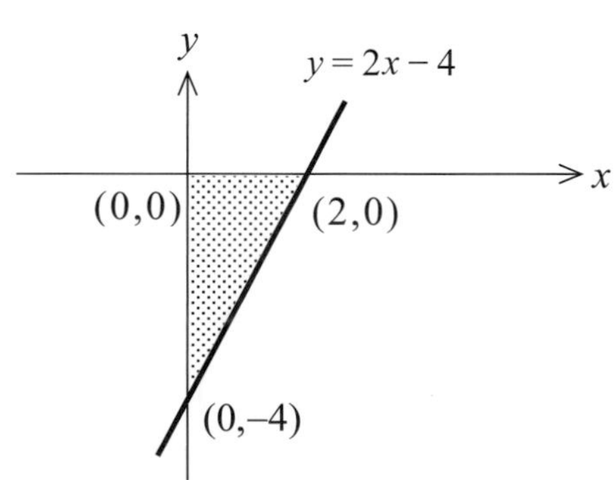

〈法一〉先積 y 再積 x，其積分方向如下圖所示：

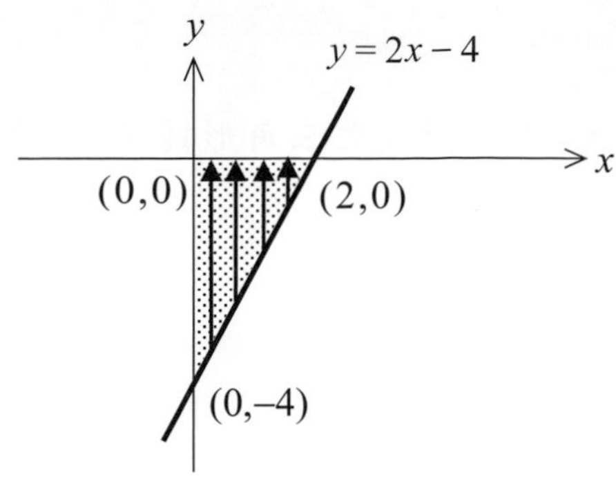

$$原式 =\int_{x=0}^{x=2}\left[\int_{y=2x-4}^{y=0} xydy\right]dx =\int_{x=0}^{x=2}\left[\frac{xy^2}{2}\right]_{y=2x-4}^{y=0} dx$$

$$=-\int_0^2(2x^3-8x^2+8x)dx=-\frac{8}{3}\ 。$$

〈法二〉先積 x 再積 y，其積分方向如下圖所示：

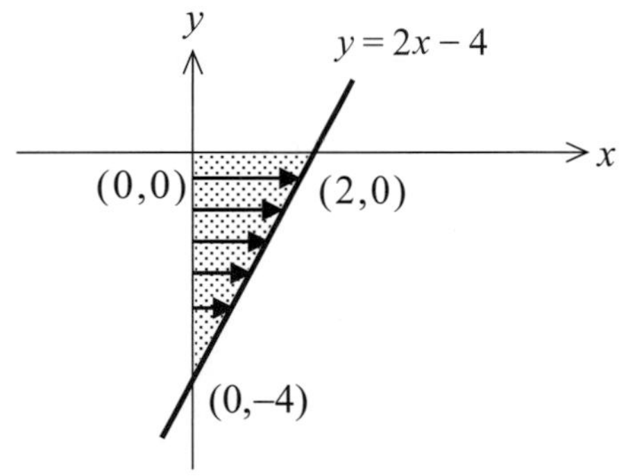

x 方向：從**直線** $x=0$ 積到**直線** $x=\frac{y}{2}+2$

y 方向：從**點** $y=-4$ 積到**點** $y=0$

$$原式 =\int_{y=-4}^{y=0}\left[\int_{x=0}^{x=\frac{y}{2}+2} xydx\right]dy =\int_{y=-4}^{y=0}\left[\frac{yx^2}{2}\right]_{x=0}^{x=\frac{y}{2}+2} dy$$

$$=\int_{y=-4}^{y=0}\left[\frac{1}{8}y^3+y^2+2y\right]dy=-\frac{8}{3}\ 。$$

故知變換積分順序其結果是不變的！ ■

牛刀小試

求由直線 $y=2x$、$y=0$、$x=2$ 所圍成之三角形區域 $\Re$ 的二重積分

$$\iint_{\Re}(4x+2y+2)dA=?$$

答：本題之積分區域如下：

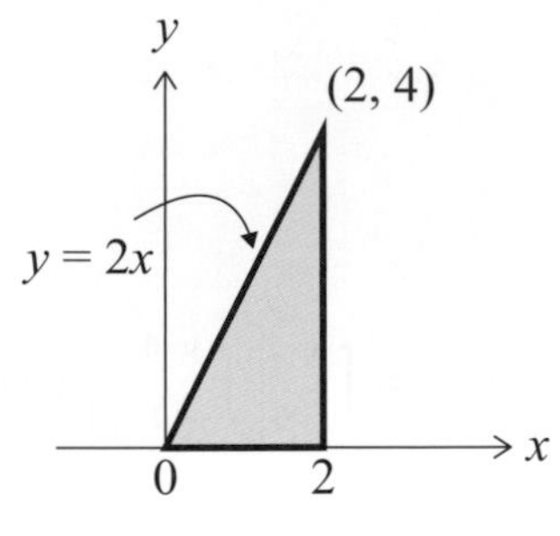

$$\begin{aligned} I &= \iint_{R}(4x+2y+2)dxdy \\ &= \int_{0}^{2}\int_{y=0}^{y=2x}(4x+2y+2)dydx \\ &= \int_{0}^{2}\left[4xy+y^2+2y\right]_{y=0}^{y=2x}dx \\ &= \int_{0}^{2}(12x^2+4x)dx \\ &= \left[4x^3+2x^2\right]_{0}^{2}=40 \text{。} \end{aligned}$$

例題 6

求 $\iint_{\Re}(\sqrt{x}-y^2)dxdy=?$ $\Re$ 為由 $y=x^2$ 及 $x=y^4$ 在第一象限之圖形所圍成區域。

解 先依據題意，把積分區域畫在 x-y 平面上！

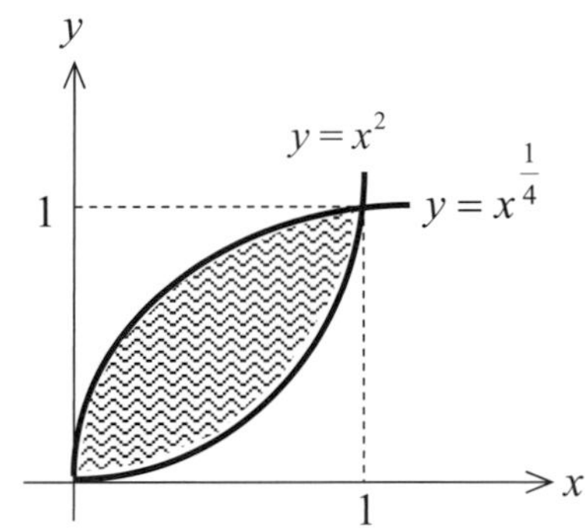

〈法一〉先積 y 再積 x，其積分區域如右：

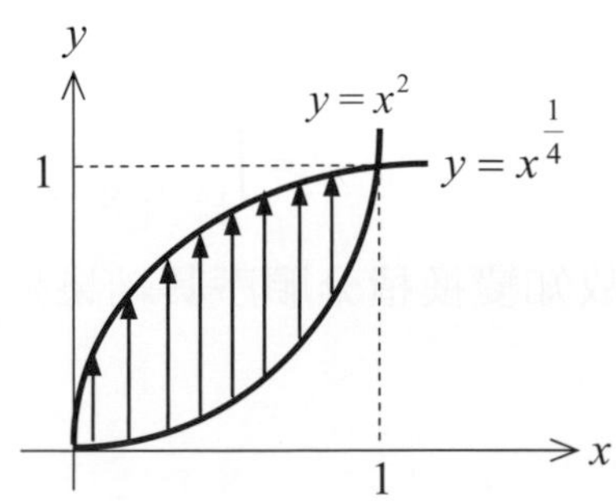

$$\text{原式} = \int_{x=0}^{x=1}\left[\int_{y=x^2}^{y=x^{\frac{1}{4}}}(\sqrt{x}-y^2)dy\right]dx$$

$$= \int_{x=0}^{x=1}\left[\sqrt{x}y-\frac{1}{3}y^3\right]_{y=x^2}^{y=x^{\frac{1}{4}}}dx$$

$$=\int_0^1\left[\frac{2}{3}x^{3/4}-x^{5/2}+\frac{1}{3}x^6\right]dx=\left[\frac{8}{21}x^{7/4}-\frac{2}{7}x^{7/2}+\frac{1}{21}x^7\right]_0^1$$

$$=\frac{1}{7}$$ 。

〈法二〉先積 x 再積 y，其積分區域不變，但積分式需寫為如下型式：

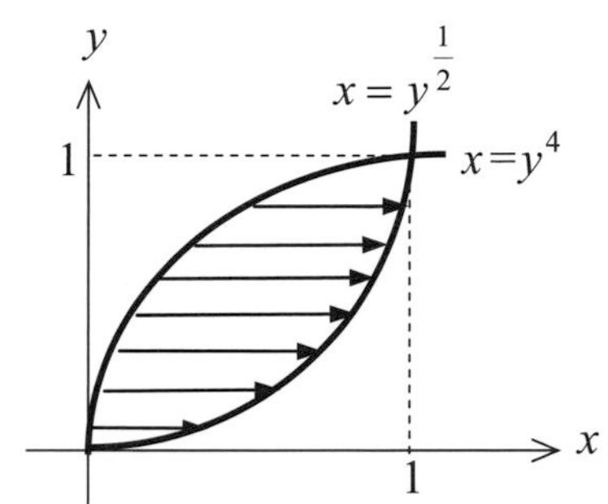

$$\text{原式}=\int_{y=0}^{y=1}\left[\int_{x=y^4}^{x=y^{\frac{1}{2}}}(\sqrt{x}-y^2)dx\right]dy=\int_{y=0}^{y=1}\left[\frac{2}{3}x^{3/2}-xy^2\right]_{x=y^4}^{x=y^{\frac{1}{2}}}dy$$

$$=\int_{y=0}^{y=1}\left[\frac{1}{3}y^6+\frac{2}{3}y^{3/4}-y^{5/2}\right]dy=\left[\frac{1}{21}y^7+\frac{8}{21}y^{7/4}-\frac{2}{7}y^{7/2}\right]_0^1$$

$$=\frac{1}{7}$$ 。 ■

牛刀小試

求由直線 $x+y=2$ 、 $y=0$ 、 $x=0$ 所圍成之三角形區域 $\Re$ 的二重積分 $\iint_{\Re} xydA=?$

答：本題之積分區域如下：

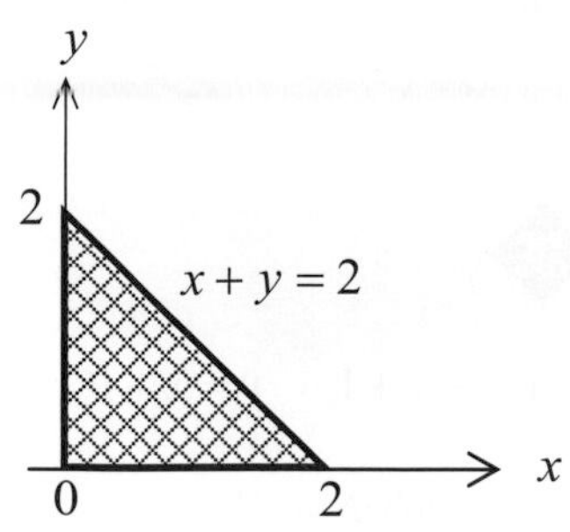

$$I=\iint_R xydA$$

$$=\int_0^2\int_{y=0}^{y=2-x}xydydx$$

$$=\int_0^2\left[\frac{1}{2}xy^2\right]_{y=0}^{y=2-x}dx$$

$$=\int_0^2 \frac{1}{2}(x^3-4x^2+4x)dx$$

$$=\frac{1}{2}\left[\frac{1}{4}x^4-\frac{4}{3}x^3+2x^2\right]_0^2=\frac{2}{3}\text{。}$$

例題 7

求 $\iint_R 3x^3 ydxdy=?$ 其中 R 是由 $y=x^2$，$x=0$，$y=1$ 所圍成之區域。

解 本題之區域如下：

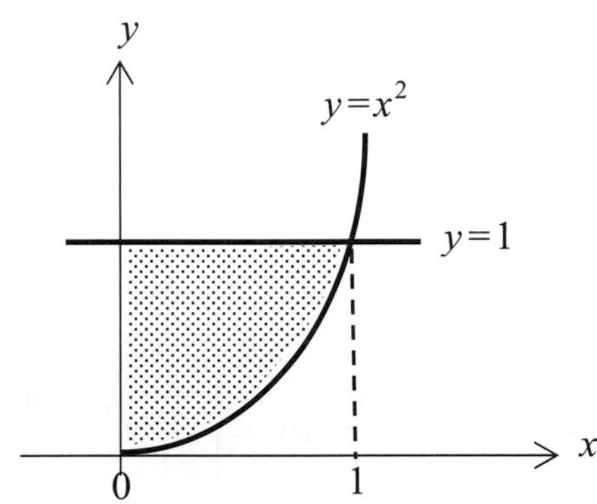

先積 y 再積 x，計算如下：

$$I=\int_0^1\int_{y=x^2}^{y=1} 3x^3 ydydx=\int_0^1\left[\frac{3}{2}x^3y^2\right]_{y=x^2}^{y=1}dx$$

$$=\int_0^1(\frac{3}{2}x^3-\frac{3}{2}x^7)dx=\left[\frac{3}{8}x^4-\frac{3}{16}x^8\right]_0^1$$

$$=\frac{3}{16}\text{。} \quad \blacksquare$$

牛刀小試

求由直線 $y=-x+1$、$y=x+1$、$y=3$ 所圍成之三角形區域 $\Re$ 的二重積分

$$\iint_{\Re}(2x-y^2)dxdy=?$$

答：本題之積分區域如下：

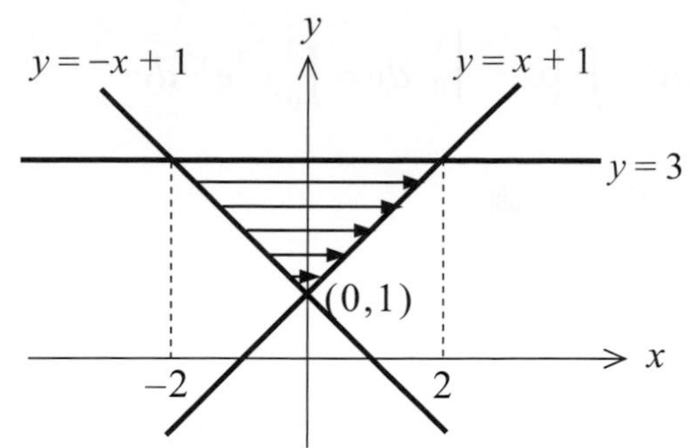

$$原式 =\iint_{\Re}(2x-y^2)dxdy=\int_1^3\int_{x=1-y}^{x=y-1}(2x-y^2)dxdy$$

$$=\int_1^3\left[x^2-xy^2\right]_{x=1-y}^{x=y-1}dy=\int_1^3(-2y^3+2y^2)dy$$

$$=\left[-\frac{1}{2}y^4+\frac{2}{3}y^3\right]_1^3=-\frac{68}{3}。$$

要點六　「**換序積分**」以增加積分成功的機會。

有些題目若依據原題目的積分順序去計算，將會失敗，此時可以「**變換積分順序**」，這是常見的計算步驟。

例題 8

求 $\int_0^1\int_{\sqrt{x}}^1 e^{y^3}dydx=?$

解　一看即知要先積 x 方向！其積分區域先決定：

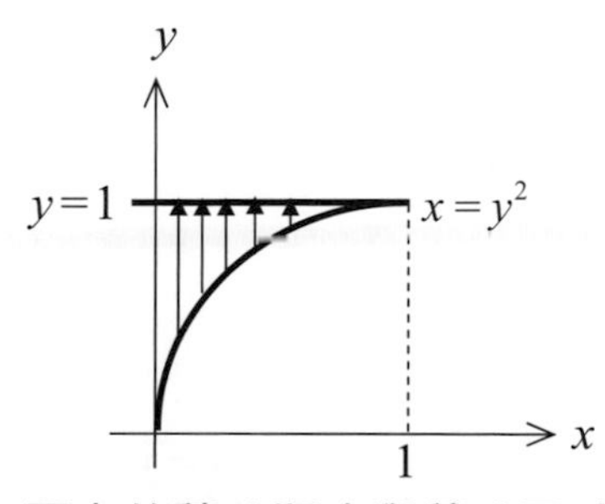

原來的積分順序與積分區域

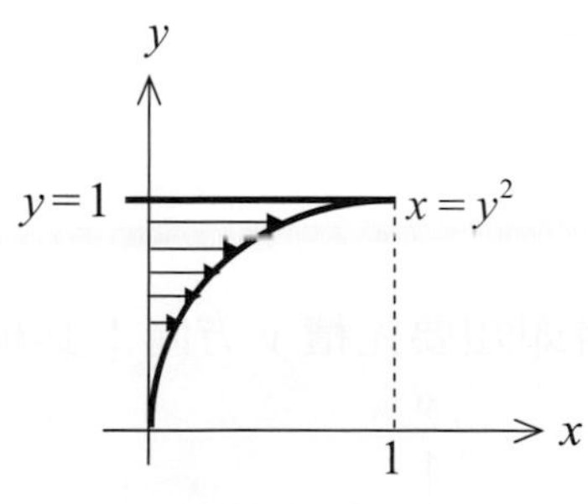

變換積分順序

$$I=\int_0^1\int_{x=0}^{x=y^2} e^{y^3}dxdy=\int_0^1\left[xe^{y^3}\right]_0^{y^2}dy=\int_0^1 y^2e^{y^3}dy$$

$$=\left[\frac{1}{3}e^{y^3}\right]_0^1=\frac{1}{3}(e-1)\text{ 。}\quad\blacksquare$$

牛刀小試

求 $\int_0^2\int_x^2 x\sqrt{1+y^3}\,dydx=?$

答：一看即知要先積 x 方向！其積分區域先決定：

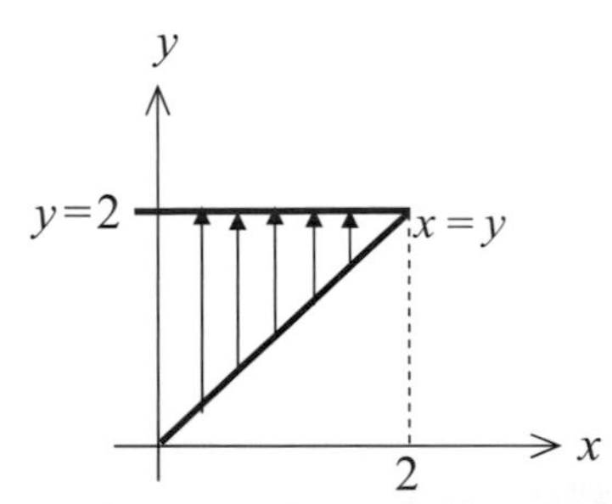

原來的積分順序與積分區域

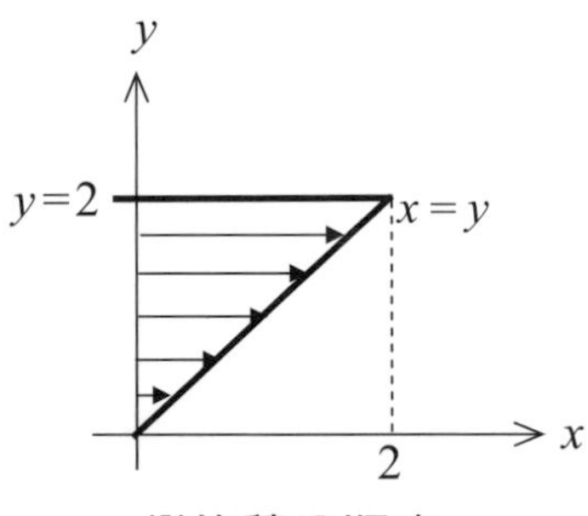

變換積分順序

$$I=\int_0^2\int_{x=0}^{x=y} x\sqrt{1+y^3}\,dxdy=\int_0^2\left[\frac{1}{2}x^2\sqrt{1+y^3}\right]_0^y dy=\int_0^2\frac{1}{2}y^2\sqrt{1+y^3}\,dy$$

$$=\left[\frac{1}{9}\left(1+y^3\right)^{3/2}\right]_0^2=\frac{26}{9}\text{ 。}$$

例題 9

求 $\int_0^1\int_y^1 x\sqrt{x^3+1}\,dxdy=?$

解 一看即知要先積 y 方向！其積分區域先決定：

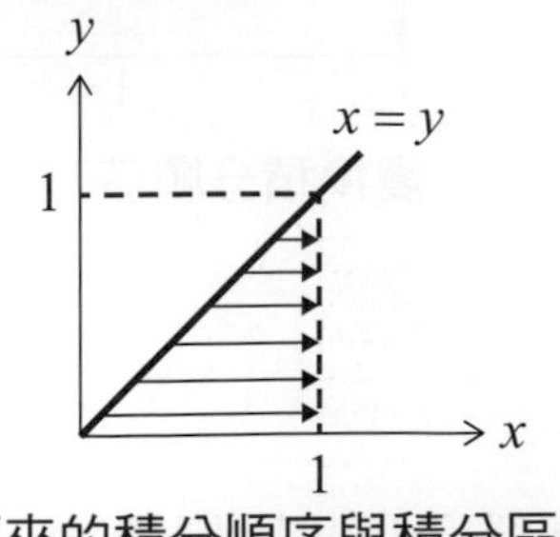

原來的積分順序與積分區域

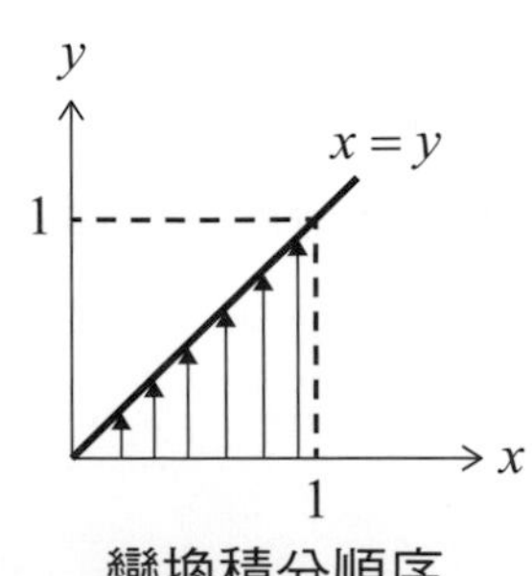

變換積分順序

$$I=\int_0^1\int_{y=0}^{y=x}x\sqrt{x^3+1}dydx=\int_0^1\left[yx\sqrt{x^3+1}\right]_{y=0}^{y=x}dx=\int_0^1 x^2\sqrt{x^3+1}dx$$

$$=\left[\frac{2}{9}(x^3+1)^{3/2}\right]_0^1=\frac{2}{9}(2^{3/2}-1)\text{ 。} \blacksquare$$

牛刀小試

求 $\int_0^2\int_{\frac{y}{2}}^1 e^{x^2}dxdy=?$

答：一看即知要先積 y 方向！其積分區域先決定：

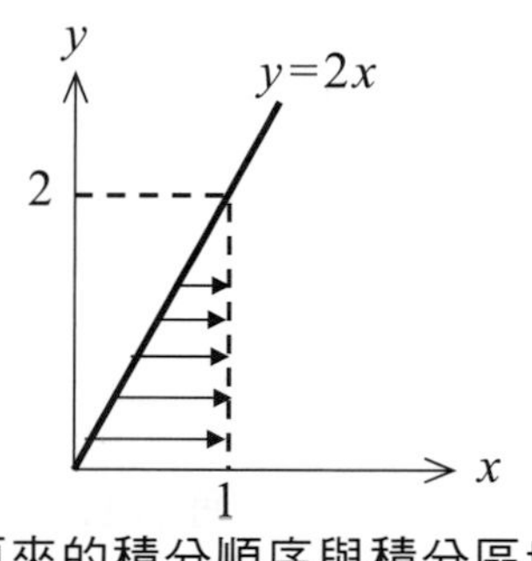

原來的積分順序與積分區域

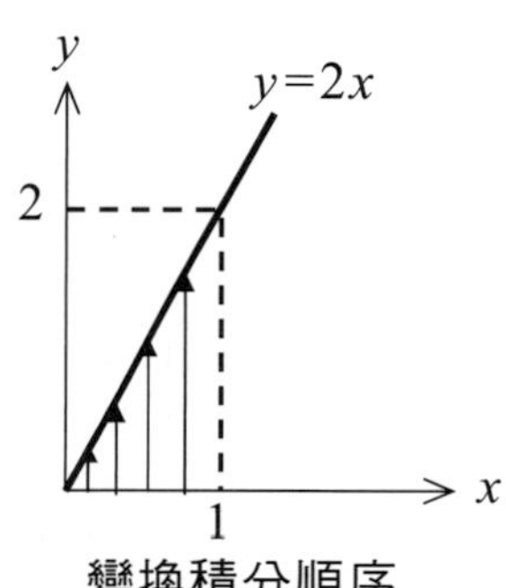

變換積分順序

$$I=\int_0^1\int_{y=0}^{y=2x}e^{x^2}dydx=\int_0^1\left[ye^{x^2}\right]_0^{2x}dx=\int_0^1 2xe^{x^2}dx=\left[e^{x^2}\right]_0^1=e-1\text{ 。}$$

心得 1. 重積分 $\underbrace{\int_\Delta^\Delta\underbrace{\int_O^O f(x,y)dxdy}_{\text{內積分}}}_{\text{外積分}}$：$\begin{cases}\text{內積分：由線到線。}\\\text{外積分：由點到點。}\end{cases}$

2. 適合進行（考）換序積分的題目，其積分區域的形狀皆為「三角形」或「類似三角形」。

習題 9-1

1. 求 $\iint_{\Re}(4-x^2-2y^2)dxdy=?\quad \Re:0\le x\le 1,\ 0\le y\le 1$

2. 求 $\iint_{\Re}(3x^2+4xy)dA=?\quad \Re:0\le x\le 1,\ 0\le y\le 2$

3. 求 $\int_0^1\int_0^1 (x+y)^2\,dxdy=?$

4. 求 $\int_1^2\int_0^x (2xy+3)dydx=?$

5. 求 $\int_0^4\int_1^{\sqrt{y}} (x+y)dxdy=?$

6. 求 $\int_0^5\int_{-2}^1 xe^{-y}dxdy=?$

7. 求 $\int_1^2\int_1^x (\frac{2x^2}{y^2}+2y)dydx=?$

8. 求 $\int_0^3\int_0^{1-x} xydydx=?$

9. 求 $\iint\limits_{\Re} xydA=?$ $\Re$：由 $y=x^2$ 與 $y=\sqrt{x}$ 所圍成之區域。

10. 求 $\iint\limits_{\Re} (x^2+y^2)dA=?$ $\Re$：由 $y=x$ 與 $y=2x$，$0\le x\le 2$ 所圍成之區域。

11. 求 $\int_1^2\int_{e^{-x}}^1 \frac{1}{x^3 y}dydx=?$

12. 利用二重積分求由 $y=\frac{1}{2}x^2$ 與 $y=2x$ 所圍成區域之面積？

13. 求 $\iint\limits_{\Re} xdxdy=?$ $\Re$ 為以 (0,0)、(0,1)、(1,1) 為頂點之三角形區域。

14. 求 $\iint\limits_{\Re} (x+y^2)dA=?$ $\Re$ 為以 (0, 0)、(0, 1)、(1, 0) 為頂點之三角形區域。

15. 求 $\int_0^1\int_0^{x^2} xe^y dydx=?$

16. 求 $\int_{-1}^0\int_0^{y^2} xydxdy=?$

17. 變換積分順序求 $\int_0^8\int_{\sqrt[3]{x}}^2 \frac{1}{y^4+1}dydx=?$

18. 變換積分順序求 $\int_0^8\int_{\sqrt[3]{y}}^2 \frac{y}{\sqrt{16+x^7}}dxdy=?$

19. 變換積分順序求 $\int_0^2\int_{\sqrt{\frac{x}{2}}}^1 \sqrt{1-y^3}\,dydx=?$

20. 變換積分順序求 $\int_0^1\int_x^1 \frac{1}{1+y^2}dydx=?$

21. 變換積分順序求 $\int_0^4\int_{\frac{x}{2}}^2 e^{y^2}dydx=?$

22. 變換積分順序求 $\int_0^8\int_{\sqrt[3]{y}}^2 e^{x^4}dxdy=?$

★9-2 二重積分之應用

二重積分有四個應用，分別以例題說明之。

例題 1 求面積

求位於拋物線 $y=4x-x^2$ 下方、直線 $y=-x+4$ 上方之區域面積為何？

解 先找出交點，由 $\begin{cases} y=4x-x^2 \\ y=-x+4 \end{cases} \Rightarrow 4x-x^2=-x+4$

$\therefore x^2-5x+4=0 \to (x-1)(x-4)=0 \to x=1,\ 4$

如下圖所示：

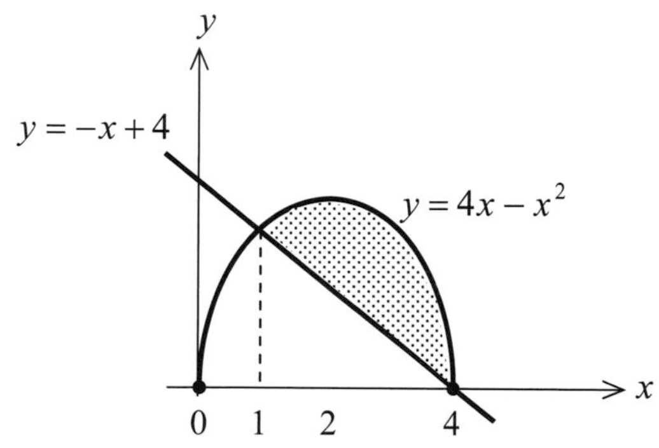

利用二重積分，即

$$A=\int_1^4\int_{y=-x+4}^{y=4x-x^2} 1dydx=\int_1^4 [y]_{y=-x+4}^{y=4x-x^2} dx$$

$$=\int_1^4 (4x-x^2+x-4)dx=\left[-\frac{1}{3}x^3+\frac{5}{2}x^2-4x\right]_1^4$$

$$=\frac{8}{3}-(-\frac{11}{6})$$

$$=\frac{9}{2}$$ 。■

例題 2 求體積

求函數 $f(x,y)=x+y$ 在區域 $\Re=\{(x,y)|0\le x\le 2,\ 0\le y\le 3\}$ 內之立體體積？

解 積分區域如右圖所示：

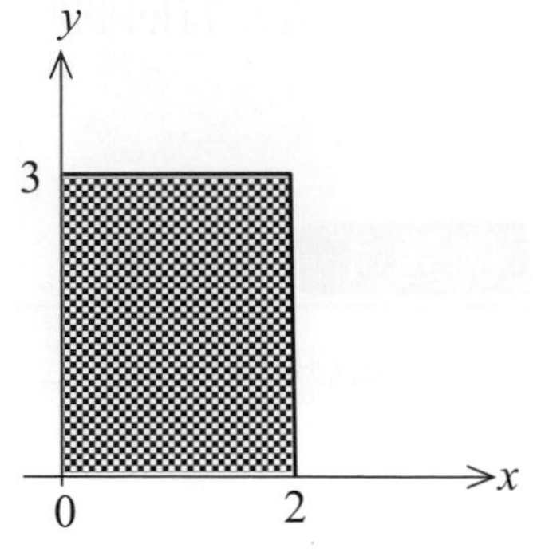

利用二重積分，得體積

$$V=\int_0^2\int_0^3(x+y)dydx=\int_0^2\left[xy+\frac{1}{2}y^2\right]_{y=0}^{y=3}dx$$

$$=\int_0^2(3x+\frac{9}{2})dx=\left[\frac{3}{2}x^2+\frac{9}{2}x\right]_0^2$$

$=15$。 ■

牛刀小試

求函數 $f(x,y)=x^3+4y$ 在區域 $\Re=\{(x,y)|0\le x\le 2,\ 0\le y\le 3\}$ 內之立體體積？

答：本題之積分區域如右：

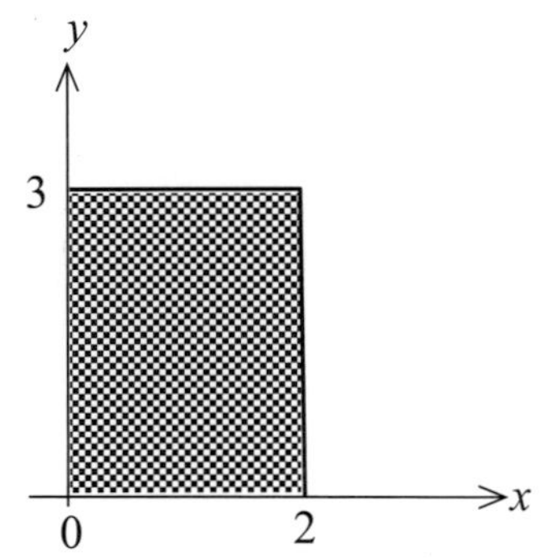

利用二重積分，得體積

$$V=\int_0^2\int_0^3(x^3+4y)dydx=\int_0^2\left[x^3y+2y^2\right]_{y=0}^{y=3}dx$$

$$=\int_0^2(3x^3+18)dx=\left[\frac{3}{4}x^4+18x\right]_0^2$$

$=48$。

例題 3 求平均值

求函數 $f(x,y)=x^2y$ 在區域 $\Re=\{(x,y)|0\le x\le 2,\ 0\le y\le 1\}$ 內之平均值？

解 積分區域如下圖所示：

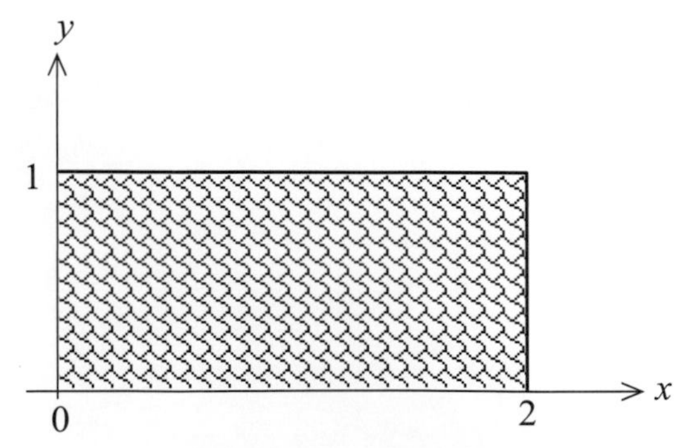

$$平均值 = \frac{1}{2\times 1}\int_0^1\int_0^2 x^2 ydxdy = \frac{1}{2}\int_0^1\left[\frac{1}{3}x^3 y\right]_{x=0}^{x=2} dy$$

$$= \frac{1}{2}\int_0^1 \frac{8}{3} ydy = \frac{1}{2}\left[\frac{4}{3}y^2\right]_0^1$$

$$= \frac{2}{3} \text{ 。} \quad ■$$

牛刀小試

求函數 $f(x,y)=xy$ 在區域 $\Re$ 內之平均值，其中 $\Re$：三個頂點為 (0,0)、(1,0)、(1,3) 之三角形區域。

答：本題之積分區域如右：

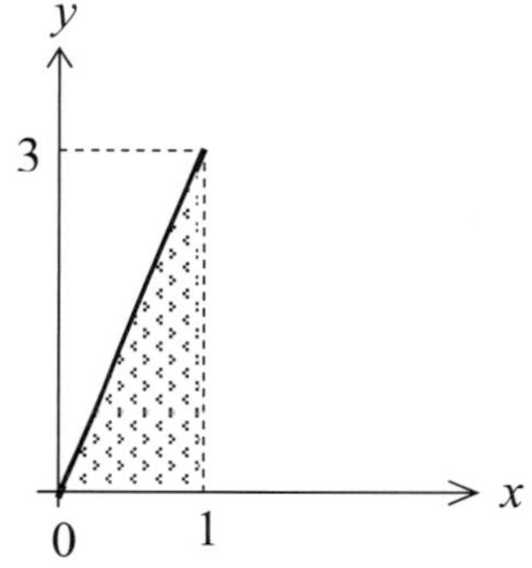

$$\bar{f} = \frac{1}{\frac{1}{2}\times 1\times 3}\int_0^1\int_0^{3x} xydydx$$

$$= \frac{2}{3}\int_0^1\left[\frac{x}{2}y^2\right]_0^{3x} dx = \frac{2}{3}\int_0^1 \frac{9}{2}x^3 dx$$

$$= 3\left[\frac{1}{4}x^4\right]_0^1 = \frac{3}{4} \text{ 。}$$

例題 4 平均利潤

某公司賣二種商品 A、B，A 商品每月賣 x 個， B 商品每月賣 y 個，假設在 $200 \le x \le 300$，$100 \le y \le 150$ 之範圍內賣此二種商品之利潤函數為 $P(x,y) = 6000 - (x-300)^2 - (y-150)^2$，求每月的平均利潤。

解 依定義得

$$\overline{P} = \frac{1}{100\times 50}\int_{100}^{150}\int_{200}^{300}\left[6000-(x-300)^2-(y-150)^2\right]dxdy$$

$$= \frac{1}{100\times 50}\int_{100}^{150}\left[6000x - \frac{1}{3}(x-300)^3 - x(y-150)^2\right]_{200}^{300} dy$$

$$= \frac{1}{100\times 50}\int_{100}^{150}\left[\frac{800000}{3} - 100(y-150)^2\right]dy$$

$$= \frac{1}{100 \times 50}\left[\frac{800000}{3}y - \frac{100}{3}(y-150)^3\right]_{100}^{150}$$

$$= \frac{5500}{3}$$ 。 ■

牛刀小試

金車酒廠生產的葛瑪蘭葡萄酒的生產函數為 $Q(X,Y)=100X^{3/4}Y^{1/4}$，其中 X 為資本額，單位是萬元；Y 是勞動力，單位是工時。若每月的資本額在 10 萬元到 12 萬元之間變動，而每月的勞動力在 2700 至 3200 工時之間變動，試求該廠商每月之平均產量。

答：

$$\bar{Q} = \frac{1}{2\times 500}\int_{2700}^{3200}\int_{10}^{12} 100X^{3/4}Y^{1/4}\,dX\,dY$$

$$= \frac{1}{10}\left[\frac{4}{7}X^{7/4}\right]_{10}^{12}\left[\frac{4}{5}Y^{5/4}\right]_{2700}^{3200}$$

$= 4449.28$。

習題 9-2

1. 求位於拋物線 $y=x^2$ 上方與直線 $y=x+2$ 下方之區域面積為何？
2. 求函數 $f(x,y)=xy+1$ 在區域 $\Re=\{(x,y)|0\le x\le 2,\ 0\le y\le 4\}$ 內之立體體積？
3. 求函數 $f(x,y)=e^{2x+y}$ 在區域 $\Re=\left\{(x,y)\middle|0\le x\le \frac{1}{2},\ 0\le y\le 1\right\}$ 內之平均值？
4. 某公司賣二種商品 A、B，A 商品每月賣 x 個，B 商品每月賣 y 個，假設在 $10\le x\le 12$，$18\le y\le 20$ 之範圍內賣此二種商品之利潤函數為 $P(x,y)=1000-3x^2-3y^2-xy+50x+45y$，求每月的平均利潤。

習題解答

9-1

1. 3
2. 6
3. $\frac{7}{6}$
4. $\frac{33}{4}$
5. $\frac{34}{5}$
6. $\frac{3}{2}(e^{-5}-1)$
7. 3
8. $\frac{27}{8}$
9. $\frac{1}{12}$
10. $\frac{40}{3}$
11. $\frac{1}{2}$
12. $\frac{16}{3}$
13. $\frac{1}{6}$
14. $\frac{1}{4}$
15. $\frac{e}{2}-1$
16. $-\frac{1}{12}$
17. $\frac{\ln(17)}{4}$
18. $\frac{8}{7}$
19. $\frac{4}{9}$
20. $\frac{1}{2}\ln 2$
21. e^4-1
22. $\frac{1}{4}(e^{16}-1)$

9-2

1. $\frac{9}{2}$
2. 24
3. e^2-2e+1
4. 738 元

開心笑園

師問曰：「你們知道老師當年服役時抽到跳傘部隊，為何敢跳傘？」

生回曰：「因為嚴格的訓練！」

師答曰：「才不是哩！因為我當年的長官在飛機上跟我說：『飛機外比飛機內安全』，我就跳了！」

14. $\frac{1}{4}$

15. $\frac{e}{4}-1$

16. $\frac{1}{12}$

20. $\frac{1}{2}\ln 2$

21. $e^{4}-1$

索引

一劃

二劃

三劃

四劃

五劃

六劃

七劃

八劃

九劃

十劃

十一劃

十二劃

十三劃

十四劃

十五劃

十六劃

十七劃以上

國家圖書館出版品預行編目資料

微積分/劉明昌編著. -- 二版. -- 新北市 : 全華圖書股份有限公司, 2022.05

面 ; 公分

ISBN 978-626-328-175-2(平裝)

1.CST: 微積分

314.1 111006353

微積分(第二版)

作者／劉明昌

發行人／陳本源

執行編輯／鄭祐珊、羅涵之

封面設計／戴巧耘

出版者／全華圖書股份有限公司

郵政帳號／0100836-1 號

圖書編號／0913501

二版一刷／2024 年 05 月

定價／新台幣 500 元

ISBN／978-626-328-175-2(平裝)

ISBN／978-626-328-982-6(PDF)

全華圖書 / www.chwa.com.tw

全華網路書店 Open Tech / www.opentech.com.tw

若您對本書有任何問題，歡迎來信指導 book@chwa.com.tw

臺北總公司(北區營業處)

地址：23671 新北市土城區忠義路 21 號

電話：(02) 2262-5666

傳真：(02) 6637-3695、6637-3696

南區營業處

地址：80769 高雄市三民區應安街 12 號

電話：(07) 381-1377

傳真：(07) 862-5562

中區營業處

地址：40256 臺中市南區樹義一巷 26 號

電話：(04) 2261-8485

傳真：(04) 3600-9806(高中職)

(04) 3601-8600(大專)

歡迎加入 全華會員

● 會員獨享

會員享購書折扣、紅利積點、生日禮金、不定期優惠活動…等。

● 如何加入會員

掃 QRcode 或填妥讀者回函卡直接傳真（02）2262-0900 或寄回，將由專人協助登入會員資料，待收到 E-MAIL 通知後即可成為會員。

如何購買 全華書籍

1. 網路購書

全華網路書店「http://www.opentech.com.tw」，加入會員購書更便利，並享有紅利積點回饋等各式優惠。

2. 實體門市

歡迎至全華門市（新北市土城區忠義路 21 號）或各大書局選購。

3. 來電訂購

(1) 訂購專線：(02) 2262-5666 轉 321-324
(2) 傳真專線：(02) 6637-3696
(3) 郵局劃撥（帳號：0100836-1　戶名：全華圖書股份有限公司）
※ 購書未滿 990 元者，酌收運費 80 元。

全華網路書店 www.opentech.com.tw
E-mail: service@chwa.com.tw

※ 本會員制如有變更則以最新修訂制度為準，造成不便請見諒。

廣　告　回　信
板橋郵局登記證
板橋廣字第540號

行銷企劃部　收

23671
新北市土城區忠義路 21 號
全華圖書股份有限公司

（請由此線剪下）

讀者回函卡

掃 QRcode 線上填寫 ▶▶▶

姓名：________ 生日：西元____年____月____日 性別：□男 □女

電話：( )________ 手機：________

e-mail：(必填)________

註：數字零，請用 Φ 表示，數字 1 與英文 L 請另註明並書寫端正，謝謝。

通訊處：□□□□□

學歷：□高中・職 □專科 □大學 □碩士 □博士

職業：□工程師 □教師 □學生 □軍・公 □其他

學校／公司：________ 科系／部門：________

・需求書類：

□ A. 電子 □ B. 電機 □ C. 資訊 □ D. 機械 □ E. 汽車 □ F. 工管 □ G. 土木 □ H. 化工 □ I. 設計

□ J. 商管 □ K. 日文 □ L. 美容 □ M. 休閒 □ N. 餐飲 □ O. 其他

・本次購買圖書為：________ 書號：________

・您對本書的評價：

封面設計：□非常滿意 □滿意 □尚可 □需改善，請說明________

內容表達：□非常滿意 □滿意 □尚可 □需改善，請說明________

版面編排：□非常滿意 □滿意 □尚可 □需改善，請說明________

印刷品質：□非常滿意 □滿意 □尚可 □需改善，請說明________

書籍定價：□非常滿意 □滿意 □尚可 □需改善，請說明________

整體評價：請說明________

・您在何處購買本書？

□書局 □網路書店 □書展 □團購 □其他________

・您購買本書的原因？（可複選）

□個人需要 □公司採購 □親友推薦 □老師指定用書 □其他________

・您希望全華以何種方式提供出版訊息及特惠活動？

□電子報 □ DM □廣告（媒體名稱________）

・您是否上過全華網路書店？（www.opentech.com.tw）

□是 □否 您的建議________

・您希望全華出版哪方面書籍？________

・您希望全華加強哪些服務？________

感謝您提供寶貴意見，全華將秉持服務的熱忱，出版更多好書，以饗讀者。

填寫日期： / /

2020.09 修訂

親愛的讀者：

感謝您對全華圖書的支持與愛護，雖然我們很慎重的處理每一本書，但恐仍有疏漏之處，若您發現本書有任何錯誤，請填寫於勘誤表內寄回，我們將於再版時修正，您的批評與指教是我們進步的原動力，謝謝！

全華圖書 敬上

勘誤表

書號		書名		作者	
頁數	行數	錯誤或不當之詞句		建議修改之詞句	

我有話要說：（其它之批評與建議，如封面、編排、內容、印刷品質等・・・）

得分	全華圖書（版權所有，翻印必究）	
	微積分	班級：＿＿＿＿＿＿＿＿
	學後評量	學號：＿＿＿＿＿＿＿＿
	CH01　函數與圖形	姓名：＿＿＿＿＿＿＿＿

1. 求直線 $x - 5y = 10$ 的斜率與 x 軸截距、y 軸截距？

2. 求抛物線 $y = x^2 + 5$ 與直線 $y = x + 7$ 之交點坐標？

3. 將算式 $\sqrt{x+3} - \sqrt{x-3}$ 反有理化。

（請沿虛線撕下）

4. 已知 $f(x)=\sqrt{x}$ 、 $g(x)=\sqrt{2-x}$ ，求合成函數 $f \circ g$ 與其定義域。

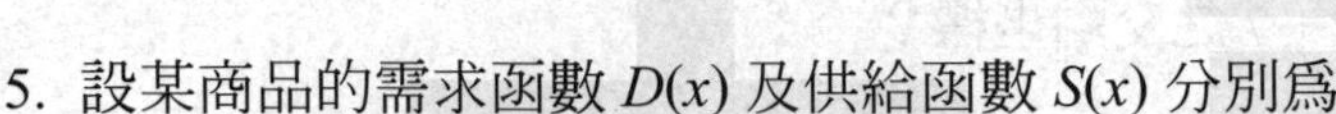

5. 設某商品的需求函數 $D(x)$ 及供給函數 $S(x)$ 分別爲

$$p = D(x) = -0.1x^2 + 25$$

$$p = S(x) = 0.4x^2 - 3.5x + 10$$

其中 p 爲商品的單位價格，x 爲需求量或供給量，試求均衡價格。

得　分

全華圖書（版權所有，翻印必究）

微積分

學後評量

CH02　函數之極限與連續

班級：＿＿＿＿＿＿＿＿

學號：＿＿＿＿＿＿＿＿

姓名：＿＿＿＿＿＿＿＿

1. 求 $\lim\limits_{x \to 2}(x^2+3)=?$

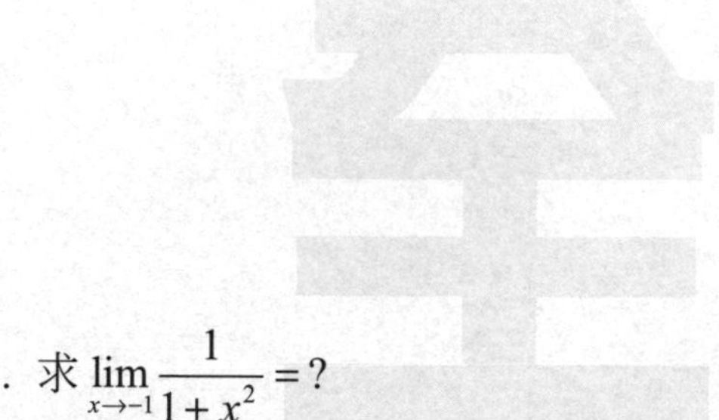

2. 求 $\lim\limits_{x \to -1}\dfrac{1}{1+x^2}=?$

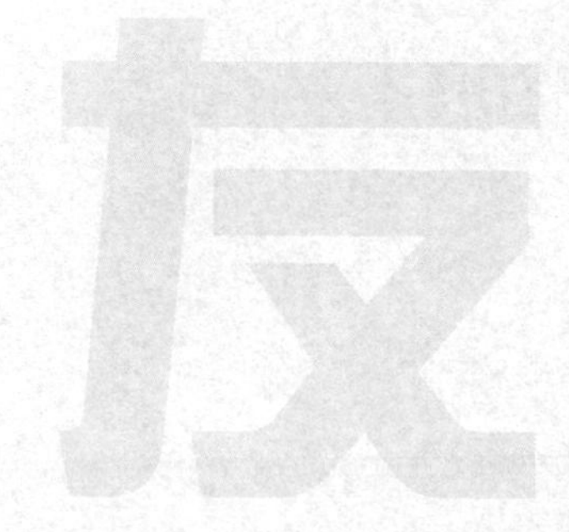

3. 求 $\lim\limits_{x \to 1}\dfrac{x^2-1}{|x-1|}=?$

（請沿虛線撕下）

4. 求 $f(x)=\dfrac{1-x^2}{8-(\sqrt{2}x)^2}$ 之垂直漸近線與水平漸近線？

5. 求 $f(x)=\dfrac{1}{(x-\frac{\pi}{2})(x-\pi)}$ 之垂直漸近線與水平漸近線？

得　分

全華圖書

微積分

學後評量

CH03 微分

班級：________

學號：________

姓名：________

1. 已知 $y = x^3 + x^2 + 2$，求 $y' = ?$

2. 已知 $y = (\frac{x^2}{8} + x - \frac{1}{x})^4$，求 $y' = ?$

3. 已知 $y = \ln(\frac{e^x}{1+e^x})$，求 $y' = ?$

(請沿虛線撕下)

4. 已知 $f(x)=\dfrac{e^{-3x}\sqrt{2x-5}}{(6-5x)^4}$，求 $f'(x)=$？

5. 求 a 與 b 之值使得函數 $f(x)=\begin{cases}x^2-2x, & x\le 1\\ ax+b, & x>1\end{cases}$ 在 $x=1$ 可微分。

6. 試求在曲線 $x^2y^3+y=2$ 上通過點 $(1, 1)$ 的切線斜率？

得　分

全華圖書

微積分　　　　　　　　班級：＿＿＿＿＿＿

學後評量　　　　　　　學號：＿＿＿＿＿＿

CH04　微分應用　　　　姓名：＿＿＿＿＿＿

---

1. 求 $\lim\limits_{x\to 1}\dfrac{\ln x}{x-1}=?$

2. 求 $\lim\limits_{x\to 0^+}\left(\dfrac{e^x}{x}-\dfrac{1}{x}\right)=?$

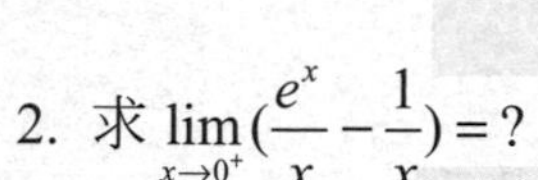

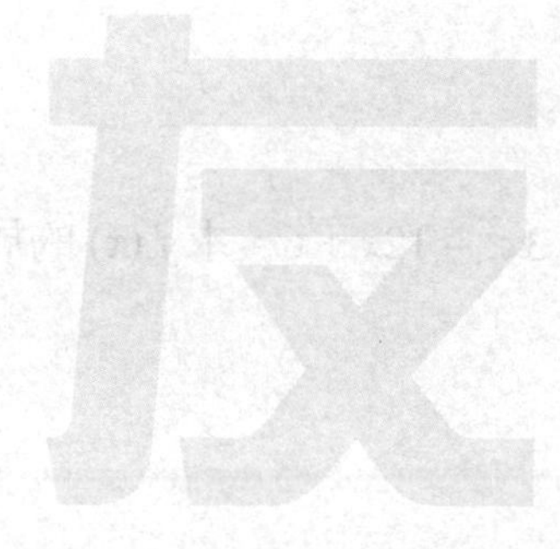

3. 求 $\lim\limits_{x\to 1}\dfrac{x^{10}-1}{x-1}=?$

(請沿虛線撕下)

4. 已知某獨佔廠商的商品所面臨的市場需求曲線是 $q = f(p) = 600 - 50p$，目前的價格 $p = 4$，銷售量 $q = 400$。請問廠商應不應該漲價？（或，漲價後收入會增加還是減少？）

5. 廠商生產 x 個的總成本是 $C(x) = x^3 - 6x^2 + 13x + 18$。請問邊際成本最小的時候產量是多少？

6. 令 $f(x) = 2x^3 - 3x^2 - 12x + 6$，求 $f(x)$ 的局部極大值和局部極小值。

得　分

全華圖書

微積分

學後評量

CH05 不定積分

班級：________________

學號：________________

姓名：________________

1. 求 $\int (24x^2 - 8x + 1)dx = ?$

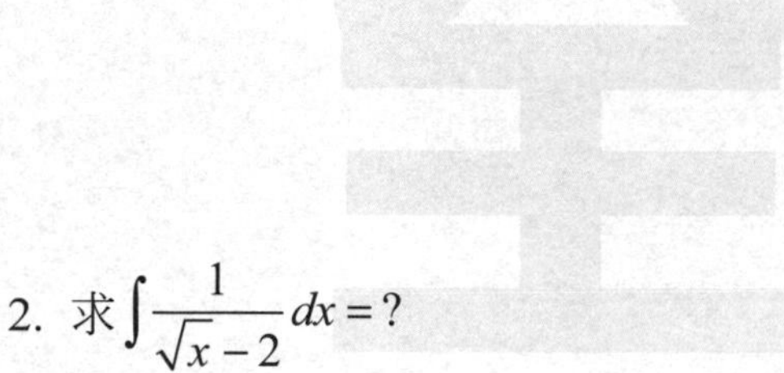

2. 求 $\int \frac{1}{\sqrt{x}-2} dx = ?$

3. 求 $\int \sqrt{3x+5}dx = ?$

4. 求 $\int \frac{2x}{x^2-25}\,dx = ?$

5. 求 $\int \frac{1}{x^2-x-6}\,dx = ?$

6. 市場需求曲線 $Q = Q(P)$ 是價格 P 與需求量 Q 的關係，需求的價格彈性是

$$E = -\frac{\frac{dQ}{Q}}{\frac{dP}{P}}$$

，請問需求的價格彈性爲常數0.5的函數型式爲何？

得　分

全華圖書（版權所有，翻印必究）

微積分

學後評量

CH06 定積分

班級：__________

學號：__________

姓名：__________

1. 求$\int_{\sqrt{2}}^{1}(\frac{x^7}{2}-\frac{1}{x^5})dx=?$

2. 求$\int_{0}^{\infty}t^2e^{-t}dt=?$

3. 求$\int_{-1}^{1}\frac{e^{2x}}{1+e^x}dx=?$

（請沿虛線撕下）

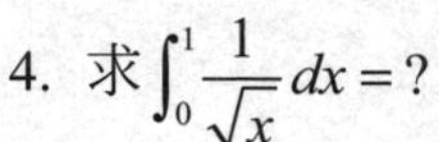

4. 求 $\int_0^1 \frac{1}{\sqrt{x}}\,dx = ?$

5. 求 $\int_{-\infty}^0 xe^x\,dx = ?$

得　分

微積分

學後評量

CH07　定積分之應用

班級：＿＿＿＿＿＿＿＿

學號：＿＿＿＿＿＿＿＿

姓名：＿＿＿＿＿＿＿＿

1. 廠商推出新產品 t 天之後，每日營業收入為 $r(t)=200t-3t^2$。請問推出後第30天到60天期間，每日的平均營業收入是多少？

2. 求曲線 $y=2x^2-8$ 與 x 軸在 $x=1$ 至 $x=3$ 所圍的面積。

3. 某慈善機構的年募款率預測為 $t\sqrt{2t^2+1}$ 百萬元，t 為從現在起算的年份，請計算該機構於兩年後所累積增加的募款有多少？（單位為百萬元，請四捨五入計算至小數點後第二位）

（請沿虛線撕下）

4. 求曲線 $y = x^2 + 1$ 與 $y = x + 3$ 所圍成之區域繞x軸旋轉所得旋轉體之體積。

5. 某製衣廠商估算，當生產 x 件大衣時，其邊際營收為每件 $200x^{-\frac{1}{2}}$ 元，而此時的邊際成本是每件 $0.4x$ 元。如果生產 25 件大衣時，該廠商的獲利為 2000 元，那麼生產 64 件大衣時，該廠商的獲利會是多少？

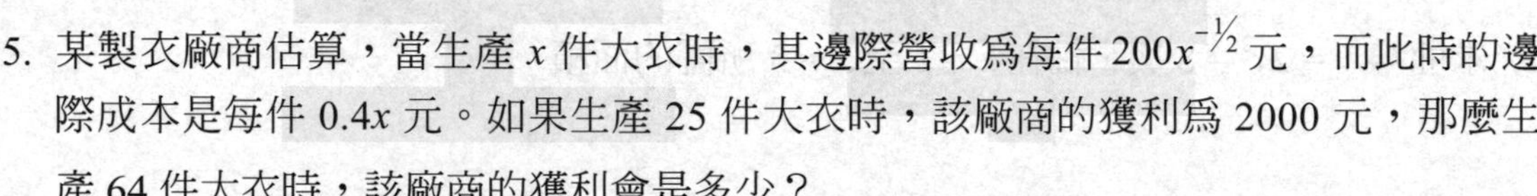

得 分

全華圖書（版權所有，翻印必究）

微積分

學後評量

CH08 偏微分及其應用

班級：________

學號：________

姓名：________

1. 某速食店發現其每天套餐銷售的獲利方程式爲

$$P(x, y) = -0.006x^2 - 0.005y^2 - 0.002xy + 14x + 12y - 300$$

其中x爲招牌套餐每天的銷售數量，y爲精緻套餐每天的銷售數量，目前招牌套餐和精緻套餐每天的銷售量分別爲1000份和1500份，請估算當招牌套餐每天銷售增加至1050份，而精緻套餐每天銷售減少至1450份時，該店每天的獲利會改變多少？

2. 已知某廠商有兩個工廠生產相同的產品，產量分別是x和y，總成本是

$$C(x, y) = \frac{x^2}{8} + \frac{y^2}{4} + 180$$

請問廠商如果要生產9000單位的產品，要如何生產才能讓總成本最低？

3. 若 $w = e^{-x^3 - y^4}$ ，求 $dw = ?$

（請沿虛線撕下）

4. 求 $f(x,y)=xy-x^2-y^2-2x-2y+4$ 之相對極值？

5. 一家廠商的生產函數是 $Y(K,L)=4K^{\frac{1}{2}}L^{\frac{1}{2}}$，$Y$：產出，$K$：資本，單位價格是 6 元；而 L：勞力，單位價格是 24 元。廠商希望以最少的成本來生產 32 單位的產出 Y。請問要用多少的資本與勞力？成本是多少？

6. 求 $f(x,y)=x+2y$ 滿足 $x^2+y^2=1$ 的相對極值。

得 分

全華圖書（版權所有，翻印必究）

微積分

學後評量

CH09 重積分

班級：________________

學號：________________

姓名：________________

1. 求$\int_0^1\int_{-2}^2 x^2e^y\,dxdy=?$

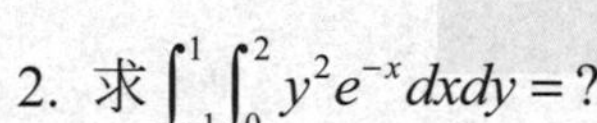

2. 求$\int_{-1}^1\int_0^2 y^2e^{-x}\,dxdy=?$

3. 求$\int_0^4\int_{\sqrt{y}}^2 \sqrt{x^3+1}\,dxdy=?$

（請沿虛線撕下）

4. 求函數 $f(x, y) = xy^2$ 在底部為三角形區域上的體積，其中此三角形的三個頂點為 $(0, 0), (1, 0), (1, 1)$。

5. 某廠商的生產函數為 $Q(X,Y) = 100X^{3/4}Y^{1/4}$，其中 X 為資本額，單位是萬元；Y 是勞動力，單位是工時。若每月的資本額在 10 萬元到 12 萬元之間變動，而每月的勞動力在 2700 至 3200 工時之間變動，試求該廠商每月之平均產量。（請四捨五入計算至小數點後第二位）